U0192634

当代中国建筑理论与批评研究系列　主编 李翔宁

# 20世纪80年代中国建筑话语演变

## 有关“中国性”的话语分析和文本研究

# Evolution of Chinese Architectural Discourse in the 1980s

## Discourse Analysis and Textual Research on Chineseness

**曾巧巧** · 著

广西师范大学出版社
· 桂林 ·

国家社会科学基金艺术学重大项目“中国建筑艺术的理论与实践研究（1949—2019）”（基金号20ZD11）资助

# 序　言

进入21世纪以来，中国建筑师的实践和理论话语日趋丰富——重新理解传统、阐释经典、跨学科对话、拓展研究边界成为近二十年来中国建筑师和研究学者探求学科话语的新趋向。正是在这样的背景下，经过一段时间的筹划和准备，“当代中国建筑理论与批评研究系列”丛书即将陆续出版，该书系的研究旨在通过多维度理论视野对当代中国建筑理论与实践进行系统性归纳和梳理，以此呈现当代中国建筑丰富、独特的理论和认知现状图谱体系，拓展当代中国建筑学科的研究边界，发掘当代中国建筑理论的独特性价值，有效推动当代中国建筑师借助理论和话语工具对近四十年的创作实践经验进行梳理与反思。

曾巧巧博士的这本著作《20世纪80年代中国建筑话语演变——有关“中国性”的话语分析和文本研究》正是其中一部。本书以她的博士论文为基础，是我主持的国家社会科学基金艺术学重大项目——“中国建筑艺术的理论与实践研究（1949—2019）”的一个重要组成部分。20世纪80年代出现的文化热潮使得它在当代中国文化史上留下了特殊的印记。中国建筑历史与理论的学术研究在经历文化断裂的情境下重新展开，和同时代的文化思潮同频共振，在交叉视野下产生了大量的新话语、新观念，极大地促进了20世纪80年代建筑创作和理论研究的蓬勃发展。伴随着建筑文化中自我意识的觉醒和回归，大量的实践理论与本土批判范式被不断生产出来，20 世纪 80 年代作为中国当代建筑实践与理论研究全面开启的阶段具有重要的历史意义，并持续影响着其后数十年的当代中国建筑话语走向。

曾巧巧博士从"20 世纪 80 年代中国建筑学科环境重建"语境出发，系统回溯了 20 世纪 80 年代中国建筑学科官方主导的方针政策状况，对彼时建筑形式与风格的大讨论、建筑创作中涌现出的思想和方法以及理论引介和探新的状况，分别进行了文本分析和知识梳理，努力尝试构建一个基于建筑话语研究的中国当代建筑史研究框架，围绕 20 世纪 80 年代中国建筑学科内部重要学术思想观念的论争，展开有关"中国性"的话语分析和文本研究。

本书的研究聚焦于 20 世纪 80 年代丰富的历史话语，为我们今后开展针对该历史时段的中国建筑理论与批评工作奠定了研究基础，对于整个当代中国建筑历史与理论这一研究领域无疑也是深具意义的。希望曾巧巧博士以及其他热忱关注当代中国建筑理论与批评的学人们能贡献更多精彩的著作，一起努力搭建当代中国建筑理论话语的学术大厦。

李翔宁<br>同济大学建筑与城市规划学院院长、教授<br>2021 年 6 月 10 日

# 前 言

20 世纪 80 年代，中国建筑学科作为一个话语生产的试验场，许多新兴理论和批判范式被不断地生产出来并影响着当代中国建筑学的走向。处于对话关系中的话语，充盈着社会意识形态内容和思想观念的颉颃，很大程度上，话语研究作为描述社会一般观念演变的有效方法，是观察和理解社会思想观念变化的敏感标志。对建筑学而言，专业媒体中的报道在很大程度上引导着大众对学科内外经典历史事件和议题的聚焦，其关注的热点话题甚至成为学科发展的风向标。了解媒体参与建筑学的话语生产及其传播机制，对我们研究和观察当代中国建筑学科观念演变具有重要的参考价值。本书基于20 世纪建筑专业的历史文本，以学科关键词计量统计结合话语分析等史料研究方法，对彼时建筑学科内部讨论较多、论争活跃、话语生产密集的学术事件和设计实践、理论研究几个主要方面展开建筑话语分析。以此归纳和呈现建筑话语内外的学术景观，有效促进当代中国建筑师借助理论和话语工具对自身创作实践进行反思，推动实践与观念话语的变革。

20 世纪 80 年代建筑话语研究对开展中国当代建筑近 40 年来的系统性研究具有重要的开创意义和探索价值。本书既是对中国当代建筑学科前沿的探索，也是对当代中国社会现实的反身思考。如果说历史研究是一个不断被证伪和试错的过程，那么，当代史的研究和书写应当被视作发现问题和提出问题的“历史”，以及一个自我批评和检视的过程。关注社会现实，把握“当代性”这种变动生长的文化过程，将是当代史研究中最为困难但又最具意义的部分。

20 世纪 80 年代作为中国当代建筑学科实践与理论研究全面开启的历史阶段，见证着“一个新传统的成长”，与之相对的状况是，当代中国建筑历史性记述的缺失和理论话语的失声。在此背景下，书写当代中国建筑的地志，拓展中国当代建筑研究的边界，通过不断调整、修正、深化，以逐步接近和走进客观历史是本书撰写的重要目的和意义。

# 目 录

# 第一章
# “重构”的20世纪80年代

## 第一节 “文化断裂”与“新”启蒙运动的观念重构

20世纪80年代的社会主义中国经历了新时期的现代转型，缓冲了“左”“右”思想观念的颉颃，逐渐辨明了改革开放前后社会、政治、经济联系的丰富性及复杂性，进一步拓展了十一届三中全会以来对中国“改革开放”这一历史尺度的深刻理解。作为一段“被符号化”了的特殊历史时期，20世纪80年代是一个打破坚冰、思想解放的“大时代”——有为真理而抗辩的精神和锐意改革的论战，有理论的争鸣、思想的交锋和明辨历史的反思。80年代也是中国突破历史的樊篱，进入全面改革、对外开放的新时代，这一时期的思想解放和工作重心转移奠定了今后国家的历史走向。

“启蒙”是整个20世纪80年代中国思想史发展的基本属性，其思想观念从“清除精神污染”“思想解放”到反思“全盘西化”……围绕着“怎样认识当代中国社会”以及对“中国传统文化的反思”不断更迭演变。彼时的知识分子们普遍渴求突破传统思想的禁锢，在思想解放的观念下，“文化热”[1]“理论热”“美学热”“诗歌热”“沙龙热”等现象成为彰显时代群像的关键词。很大程度上，20世纪80年代是中国知识界话语密布、观念涌动、各种新思想和大胆论述迭出的时代，在80年代中国学术思想图景里，观念的话语被不断地“叙述”和“重构”。[2]20世纪80年代中国的人文与社科学界主要围绕着“传统/现代”“中国/西方”“个人/体制”“主义/问题”等核心观念，在一个多维度的思想版图里展开了激烈论战，这些热烈的思想话语直接或间接地促成了多个思想文化派别的争鸣[3]。由于大量西方社科类文本的引介以及学术知识的重新梳理，20世纪80年代思想文化方面的研究得以全面开展，大量文论批评话语逐渐厘清了当代中国知识界的价值取向，昭示了20世纪80年代中国社会面临的困境和强烈的变革诉求。（图1-1）

然而，局限于时代，20世纪80年代知识分子中普遍存在思想和知识的

---

① “文化热”的展开大致可以追溯到1983年10月开始的“反精神污染”事件导致的言说环境的变化。简言之，“文化热”聚焦“怎样认识当代中国社会”“对中国传统文化的总体反思”等问题。其思想基调有两个，一是批判中国传统思想文化，二是学习借鉴西方先进思想文化。其中，第一个基调的凸显不是单纯承接“五四”传统，也不是激进主义思潮发作，而是对“肃清封建专制流毒”的定向。“文化热”中的三个知识群体即以金观涛为代表的“走向未来丛书”编委会、以甘阳等为代表的“文化：中国与世界”编委会和以李泽厚、汤一介等为代表的“中国文化书院”。学界普遍认为这三者代表了三种主导性的思想动向。正如文化研究学者贺桂梅在《1980年代“文化热”的知识谱系与意识形态》一文中所言：“如果说20世纪80年代前期在某种程度上可以被概括为一个话语转换的‘过渡’时期的话，那么‘文化热’则构成了标识20世纪80年代历史特殊性的新话语形态的主要内容。”

② 在20世纪的中国学界，“重构”“复兴”等词语普遍被后来的相关研究反复提及，基于这样一个历史转型的变动阶段，社会、政治、文化、经济等方面皆产生了大量的新兴话语和思想观念，这也是本书研究的重要切入点。

③ 尤其是20世纪80年代“文化热”讨论过程中，促成了“三大丛书”的译介，对现代西方社科、人文学术思潮等一系列启蒙读物以及各大学术刊物和若干核心文本的论述影响力尤为深远。其中“《文化：中国与世界》丛书”对20世纪80年代影响较为重大，不仅奠定了当代中国对西方人文学科研究的基石，也为当代中国“反思现代性”浪潮的兴起提供了回溯的理论基础。此外，“《走向未来》丛书”截至1988年共出书74部，丛书汇聚了20世纪80年代中国先锋知识分子的论述，代表了当时前沿的思考。

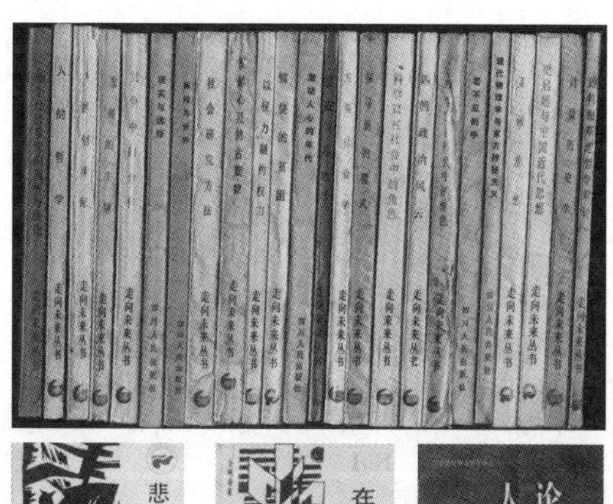

图 1-1 “走向未来”丛书，由金观涛主编，自 1983—1988 年陆续出版 74 册。丛书汇聚了 20 世纪 80 年代中国学术思想前沿的理论和观念，大部分作品是其领域的“破题之作”

局限——“他们对世界政治文明的进程陌生……对西方思想文化的了解限于马克思主义，爱屋及乌地涉猎一点以黑格尔为代表的德国古典哲学，英国的古典政治经济学，法国的社会主义思想，俄罗斯文学……”①某种程度上，20 世纪 80 年代中国知识分子所有可悲命运中最可悲的就是始于“文化断裂”——“历史几乎没有提供任何可供想象和逃避的空间。”②这也是 20 世纪 90 年代以后，开始有学者对 80 年代“启蒙的现代性”提出尖锐质疑甚至是否定性评价的根源。一方面，他们认为 80 年代“空疏”的学风以及并未成熟的“当代思潮启蒙运动”限制了 80 年代学人立场的建构和观念话语的表述，而这种“文化断裂”不仅只是历史时期的中断，还意味着传统价值观念从本质上的转换和隐退；另一方面，尽管 80 年代的中国在思想、文学、艺术等领域思潮跌宕，但就其实质而言大多是空疏、粗浅的探

① 2011 年 9 月北京大学高等人文研究院召开了“80 年代中国思想的创造性：以李泽厚哲学为例”国际研讨会，与会成员徐友渔（中国社会科学院哲学研究所）发表了《80 年代“文化热”：主流思想及其超越》的主题报告。

② 黄专．历史本来就是记忆和想象的混合体［M］//《新周刊》杂志．我的故乡在八十年代．北京：中信出版社，2014.

索。对此现象，时任《美术》杂志编辑的高名潞[①]先生认为："80 年代野史太多……缺乏真正的梳理，没有我们自己的叙事理论和书写。其中还有很多空白。"[②]在"'85 美术新潮"运动影响下，陆续涌现出了新兴的思想观念。尤其是 1985 年开始，在西方人文观念的剧烈冲击下，蓬勃发展的中国当代文化艺术领域[③]开始面临着这样一些"反思"——当代中国知识分子和艺术工作者如何构建自身话语？如何通过话语获得普遍的身份认同？就中国"'85 美术新潮"观念趋同于世界的现象，高明潞先生《'85 青年美术之潮》一文的结语中做出了客观评述："这种狂热的'拿来主义'潮流是开放的必然产物，虽然有某种破坏性……但在一个伟大的复兴之前，必然有一场破坏的运动，它很可能是统领时代的流派与大师出现的序曲，尽管随着日转星移，运动与潮流中的绝大多数作者和作品也许会泯灭，然而运动之潮的精神长存，其主要价值在于作为整体的作用而非与其同步的某件作品……"[④]在他看来，20 世纪 80 年代启蒙的现代性并非体现在某些主流的文艺思潮中，也不是具体的个体话语呈现，而是一种群体观念的镜射。可以这么认为，20 世纪 80 年代中国的艺术家在实践过程中逐渐丧失了思想文化的优越感，产生了强

① 高名潞，1984 至 1989 年任《美术》杂志编辑并参与策展了"'85 美术新潮"运动，担任这一前卫艺术运动的介绍、批评和策划工作。先后主持了 1986 年"'85 新潮美术大型幻灯展"和 1989 年"中国现代艺术展"等重要前卫艺术活动的组织和策划工作。参与撰写了《中国当代美术史（1985—1986）》关于"'85 美术新潮"运动的部分。在"'85 美术新潮"运动影响下，中国大江南北先后涌现出了"北方艺术群体""浙江 '85 新空间"画展（浙江美院毕业生组成的"青年创作社"举办的画展，他们的作品极力避免田园诗意，与前几年风靡一时的生活流绘画相左，从司空见惯的城市生活中挖掘现代意识，多采用"新写实"手法）、"江苏青年艺术周大型展览"（"江苏青年艺术周大型展览"是以反思生活流绘画为主题的重要展览）等实践群体，并在创作实践的基础上提出了"伤痕""唯美""生活流""矫饰自然主义"等文艺理论话语；在文学领域，"伤痕文学""反思文学""寻根文学""纪实文学"以及现代主义诗歌群展等陆续涌现出了新兴的思想观念（图 1-1）。

② 《新周刊》杂志．我的故乡在八十年代［M］．北京：中信出版社，2014.

③ 中国当代艺术的形成与观念艺术的探索关系紧密，它首先出现在理论和评论界，然后在新媒体、波普热等新思潮的影响下中国当代艺术逐渐形成本土创作的语言。

④ 高名潞．'85 青年美术之潮［J］．文艺研究，1986（4）.

烈的位差感——“新观念、民族化、中西合璧是那样遥远的理想，在这西方文化不断冲击东方文明古国，遂使古国的堤坝不断决口而又不断后移的时代……他们何曾不想去构筑艺术的理想殿堂，然而这殿堂怎能构筑在堤坝之上？”①与评论家们的满怀忧思相对，20 世纪 80 年代当代中国艺术实践和探索基本上选择了“反传统”“全盘西化”的激进思想。这一方面映射出这一代学者或艺术家对其置身的时代的空疏繁荣状况的迷茫焦虑；一方面也体现出在“新时期”社会转型的背景下，知识分子和艺术家们急切渴望获得身份认同，竭力挖掘自身话语系统的欲望。（图 1-2）

概括地说，20 世纪 80 年代是当代中国历史上一个“短暂”“脆弱”却颇具特质、令人心动的年代——“在个人与时代的交锋中，思想的辩争激烈地展开，犹如在草原上驰骋厮杀……在这思想的阵地里好学深思、天赋热情、正义理想、崇高远大和功利、狂躁、偏见、荒谬交织。”②也正如黄专先生所言，那个时代根本的东西既不是对抗，也不是政治……“那个时代的主要价值是形成了一种独立人格的判别标准，它不是道德标准，而是人的质量标准，你必须有质感，有语言智力，有思

图 1-2　媒体有关 20 世纪 80 年代的“叙述”和记录

---

① 高名潞.’85 青年美术之潮［J］. 文艺研究，1986（4）.
② 贺桂梅.“新启蒙”知识档案：80 年代中国文化研究［M］. 北京：北京大学出版社，2010.

想。”[①]20世纪80年代在当代中国处于特殊的历史位置，并作为20世纪与当代的枢纽时段连接着当下与过去。在对其文化评判的角力中，对20世纪80年代思想解放运动达成的普遍认识倾向于将其视作一段继承了“五四”精神的文化启蒙阶段。[②]在此背景下，20世纪80年代诸多文化和知识生产活动借助于彼时特定的历史机制与社会结构关系，出现了一个叫作“知识分子”的群体，并基于这个特定的时代背景，建筑学科也获得了知识体系重构的契机。

## 第二节　中国建筑学科环境的重建

20世纪80年代的中国经历了体制改革、经济转型和政治上的拨乱反正。1978年3月22日，全国科学大会召开，邓小平重点阐述了“科学技术是生产力”的论点，会议强调“正确认识科学技术是生产力，正确认识为社会主义服务的脑力劳动者是劳动人民的一部分，这对于迅速发展我们的科学事业有极其密切的关系”；1978年4月，全国教育大会召开，恢复文化教育科技事业，结束了对外封闭的状态；1978年12月18日，党的十一届三中

① 《新周刊》杂志．我的故乡在八十年代［M］．北京：中信出版社，2014.

② 许纪霖，罗岗．启蒙的自我瓦解：1990年代以来中国思想文化界重大论争研究［M］．长春：吉林出版集团有限责任公司，2007.在作者的观点中，对20世纪80年代知识分子和学术界的活动主要围绕着中国现代性和改革的重大核心问题，知识分子们从寻找共识开始，引发了一系列论战，并由此产生了深刻的思想、知识和人脉上的分歧，因此形成了当代中国思想界的不同断层和价值取向，因为当时的社会、人文学科的重建，为我们提供了理解彼时建筑学科与社会、文化、历史语境、思想观念各种条件之间的关联性的基础，并提供了可被参照的理论资源。与此同时，研究认为，20世纪80年代以来中国的知识圈内部，基本形成了三个不同的文化权力场域：（1）以重新塑造国家意识形态为中心的权力内部的理论界；（2）以现代学院体制知识分工为基础的专业学术界；（3）以民间、跨学科的公共领域为活动空间的公共思想界。

全会召开，做出了把工作重点转移到社会主义现代化建设上来等重大战略决策，中国经济逐步完成了从计划经济向市场经济转型。在良好的政治经济环境影响下，建筑学界逐步从禁锢走向开放。“重塑创作环境”“繁荣建筑创作，纠正千篇一律”“创造中国的社会主义的建筑新风格”等观点成为学科改革的主旋律。

解放思想运动积极有效地促进了教育科学文化事业的发展。基于一系列的重大政策和决议指示，建筑学术环境得以重建，建筑学的学术活动和建筑创作得以全面开展。1978年10月22日，中国建筑学会建筑设计委员会（原为建筑创作委员会）在广西南宁召开会议（简称“南宁会议”），就“建筑现代化和建筑风格问题”举办了座谈会。会上，建筑师们表达了对现代化、工业化和先进科学技术的热烈拥抱和憧憬；同时，他们呼吁鼓励和贯彻“双百”方针，要求解放思想、广开言路，重新开展被长期封锁和禁锢的建筑活动。1979年8月22日，国家建筑工程局在大连召开全国勘察设计工作会议，会议进行一系列“拨乱反正”工作，提出“繁荣建筑创作”的指导思想。1980年5月5日，在全国建筑工程局长会议上，肖桐部长在题为“新时期建筑部门的光荣使命”报告中批判了过去30年来的极“左”路线错误，提倡解放思想，反思了20世纪50年代批判“复古主义”“结构主义”“形式主义”的经验和教训，明确未来的发展方针：“今后我们要广泛开展学术讨论，认真组织竞赛活动，进行设计方案的评选……允许评论，百家争鸣……”至此，在繁荣建筑创作思想的指示下，各类设计竞赛、学术论坛和学术活动逐渐开展起来，时至20世纪80年代中期，中国建筑学科开始进入全面的、多向度的自我探索与发展的新阶段。

与此同时，学科建设过程中产生了大量具有重要意义的专题研讨，这些讨论会、座谈会、动员会的开展积极推进了20世纪80年代建筑学界思想观念的进步。其中比较有代表性的讨论会包括：现代中国建筑创作学术研讨会（成立于 1985 年 5 月，武汉）、繁荣建筑创作座谈会（成立于 1985 年 11 月，广州）、当代建筑文化沙龙（成立于 1986 年 8 月，北京）等。以“当代建筑文化沙龙”为例，自成立以来，先后以“后现代与当代中国建筑文化”“新时期的中国文化”等为主题举办学术活动，沙龙还与天津科技出版社合作推出了“当代建筑文化丛书”等，这些实践活动推动了当代中国建筑文化研究的开展。从建筑实践方面来看，20 世纪 80 年代开始，我国有 43 座现代建筑载入世界建筑史册，诸如友谊宾馆等建筑载入 1987 年出版的《弗莱彻建筑史》，这标志着我国现代建筑正式走向世界。与此同时，中国建筑学界在 20 世纪 80 年代经历了对西方现代主义、后现代建筑等理论思潮的续接和接受，并积极探索本土建筑理论，学术讨论和理论争鸣空前活跃，呈现出“重塑学术环境”的新气象。此外，建筑学科环境的重建还体现在建筑出版物的引介和翻译出版的工作上。中国建筑工业出版社《建筑师》丛刊创刊以来，连载了大量外国建筑理论译文和对国外建筑师设计思想和作品评介的文章，在此基础上，中国建筑工业出版社编辑部将这些译文整编成册，收入“建筑师丛书”陆续出版。1986 年年末，在曾供职于《建筑学报》的中国建筑工业出版社编辑彭华亮和后来接任第二辑出版工作的张钦楠先生的主持下，陆续出版了“国外著名建筑师丛书”的第一、二辑。此外，中国建筑工业出版社还请汪坦先生组织人员编写了“建筑理论译丛”。与此同时，中国建筑学专业期刊的陆续复刊、创刊，在极大程度上推进了 20 世纪 80 年代建筑媒体与建筑学科的互动和话语生产，《建筑学报》《世界建筑》《时代建筑》《建筑师》《新建筑》等杂志纷纷辟出建筑评论专栏，刊载了当时重要的学术讨论，而基于专业媒体对国内外建筑时讯的实时报道和对建筑理论评介的重视，进一步拓展了学科视野和界限。

1978 年 12 月 31 日，邓小平同志在十一届三中全会前夕举行的中央工作会议闭幕会上做了《解放思想，实事求是，团结一致向前看》[1]的重要讲话。作为新时期、新道路、新理论的第一篇“宣言书”，报告号召广大干部群众解放思想，实事求是，避免政治的空谈，研究新情况，解决新问题。伴随着这次重要讲话，党中央陆续出台了一系列灵活的政策和有针对性的举措，为20世纪80年代中国迎来改革开放全新格局做出重要铺垫。十一届三中全会召开以后，中共中央做出了将工作重心转移到经济建设上来的重大决策，在“摸着石头过河”的改革试验过程中，长期主导我国的计划经济逐步被市场经济取代。

1980年8月26日，第五届全国人大常委会做出决定，批准了国务院提出的“在广东省的深圳、珠海、汕头和福建省的厦门建立经济特区的决定”，从此开启了中国沿海城市改革开放的新时代。其中，以深圳蛇口的开发开放为前沿阵地，以“时间就是金钱，效率就是生命”为口号，以“深圳速度”“蛇口模式”为范本，特区建设轰轰烈烈地展开。[2]（图1-3、1-4）在此背景下，一批批沿海、沿边开发开放特区的设置，逐渐完善了中国改革开放的新格局。伴随着社会生产力和综合国力的提升，建筑行业的各个领域均取得长足发展，尤其是突破思想的禁区，形成了学科内外百家争鸣的新气象。

这个阶段，虽然学术环境重建还没有完全跟上改革开放的步伐，建筑设计行业规范、法律法规亟待健全，但是与十一届三中全会以前相比较已经获得全面进步。

---

① 这次中央工作会议为随即召开的中共十一届三中全会做了充分准备。邓小平同志的这个讲话实际上是十一届三中全会的主题报告。

② 1984年2月24日，邓小平在一次谈话中提到：“深圳的建设速度相当快……深圳的蛇口工业区更快，原因是给了他们一点权利，500万美元以下的开支可以自己做主，他们的口号是‘时间就是金钱，效率就是生命’……”得到小平同志的肯定和赞许，“时间就是金钱，效率就是生命”的口号从此传遍中华大地，逐步成为当时人们的共识和行为准则，被誉为“冲破思想禁锢的第一声春雷”。

图 1-3　1980 年，时任深圳蛇口管委会主任的袁庚提出“时间就是金钱，效率就是生命”的口号，由此衍生出“深圳速度”的概念，被誉为“冲破思想禁锢的第一声春雷”

图 1-4　20 世纪 80 年代，经济特区建设为改革提速

## 一、建筑设计机构改革

中华人民共和国成立以后，组织机构重建以一种被称为"单位化"的方式展开——"单位"成为政治动员、经济调配与社会控制等诸功能一体化的基层机构。在此过程中，中华人民共和国成立前的私营建筑事务所体制逐步解体，建筑师自由职业者的身份按照国家的划分成为指定国营单位的职工。在此阶段，国营建筑设计机构在短时间内满足了国家大规模基本建设的需要，为中国工业化的起步做出了巨大贡献。但集中分配的工作制度以及计划经济体制下的现实也造成了一种低效率、低活力的工作状态，极大地压抑了建筑师的创造性与个性表达。

1976年以后，各工程勘察设计单位着力恢复和加强对基本建设和工程勘察设计的管理。陆续发布了加强基本建设管理、基本建设程序、设计文化的编制和审批等方面的政策文件，有效地推动了基本建设和工程勘察设计工作的恢复，此前被中断的技术立法工作也重新提上议事日程，建筑行业技术政策的确立促成了建筑规范和标准的完善。①"至1984年，建筑、市政、勘察、设计规范、规程已完成或阶段性完成的有22项，全国建筑标准设计完成19项；多年来一直空白的民用建筑设计规范自1983年开始，下达了24项，至1985年已完成或阶段完成11项。"②1979年5月25日，国家建工总局党组召开第一次扩大会议，会议依据十一届三中全会和中央工作会议精神，分析研究了建筑业面临的新形势，讨论贯彻执行"调整、改革、整顿、提高"的方针措施，提出今后工作的奋斗目标是"在体制改革上有所突破，在队伍建设上起带头作用，在行业建设上搞出一些章法，在对外承包业

---

① 《中国建筑年鉴》编委会．中国建筑年鉴：1984—1985［M］．北京：中国建筑工业出版社，1985.

② 龚德顺，邹德侬，窦以德．中国现代建筑史纲：1949—1985［M］．天津：天津科学技术出版社，1989：184.

务方面打开一条路子，为建筑业的发展打好基础”①。1979年6月8日，国家计委等单位颁布《关于勘察设计单位实行企业化取费试点的通知》，全国18家勘察设计单位成为全国首批企业化管理改革试点单位，这也是中华人民共和国历史上第一次实行设计收费制度。1978年以前，全民所有制的勘察单位一直借鉴苏联的管理模式，实行严格的计划管理，建设任务统一由国家下达，采取自上而下的指令性计划。这种高度集中的任务下达主要依靠行政手段进行管理的体制，严重束缚了地方和企业的积极性。②1979年，中共中央、国务院批转的国家建委党组《关于改进当前基本建设工作的若干意见》，就“广泛采用新技术，大力提高设计水平”问题，提出了“设计是把先进科学技术成果运用于生产建设的重要途径”的观点。此后不断出现“设计是把科学技术成果转化为生产力的桥梁”“设计是先进科学技术工程化的纽带”等提法。这一时期，工程勘察设计单位加强了科学研究和技术开发，单位名称也纷纷由“勘察院”“设计院”改为“勘察研究院”“设计研究院”，从技术进步的视角进一步提高了工程勘察设计的地位。1980年6月7日，国家建工总局颁发《直属勘察设计单位试行企业化收费暂行实施办法》，决定从1980年1月1日起试行企业化收费，勘察设计单位与建设单位试行经济合同制。这是我国设计单位改革靠国家财政拨款作为经费主要来源，打破“大锅饭”制的第一个法定文件。同时，为更好地鼓励设计人员发挥积极性，1980年7月19日，国家建工总局颁发《优秀建筑设计奖励条例（试行）》，要求建工系统逐级推荐优秀设计，规定以后每两年评选一次，评选范围为两年内建成投产的项目。1984年9月3日，建设部副部长戴念慈就国家允许开办个体建筑事务所问题接受《经济日报》记者采访时说：“建筑设计上，允许全民、集体、个人三种所有制并存……”1984年9月21日，

①② 《中国建筑年鉴》编委会. 中国建筑年鉴：1984—1985［M］. 北京：中国建筑工业出版社，1985.

《人民日报》报道，城乡建设环境部系统设计改革打破两个“大锅饭”体制，勘察设计工作走向企业化、社会化……一系列的改革措施促成了勘察设计业打破部门和地区的界限，形成开放、竞争的体制。1983年年初，由国家科委、国家计委、国家经委联合组织了全国性的技术政策制定工作，涉及建筑行业中城市建设、村镇建设、城乡住宅建设和环境保护四方面，统一由建设部负责组织编制工作。1984年4月，建设部科学技术委员会组织了百余位行业专家和建筑行业工作者对11个项目42个课题展开研究论证，归纳提出建筑行业7个专业[①]的政策要点、“七五”计划以及20世纪90年代的建筑任务预测资料，最终将这些文件整合成《建筑技术政策纲要》，与1985年新增的《建筑勘察技术专业政策》文件统一由建设部颁布实施。由此可见，20世纪80年代技术政策的制定是对建筑业和建筑产品观念层面的一次重大突破。在政策引导下，建筑业作为一个产业并以其“产品”——房屋、构筑物及相关环境建设进入市场，自此，设计开始作为产品生产的首要环节，一改过去建筑行业不盈利的模式。[②]

进入20世纪80年代中期，新政策逐渐出台，诸如在城市住宅建设方面，推行商品化试点，开展房地产经营业务，从多种途径增加建设资金来源，以此缓和城市住房紧张的状况；在基本建设管理方面，简化了审批程序，下发审批权限，提高了办事效率。技术政策的制定标志着中国开始运用各种现代科学技术知识和手段，制定可实施和操作的规章制度，为今后的行业发展提供了科学依据。与此同时，在建筑产品设计技术政策中明确规定

① 分别是建筑产品设计、建筑施工技术、建筑材料与制品、建筑设备、建筑标准化、建筑业推广应用电子计算机、建筑科技管理。

② 邓小平曾指出：“要改变一个观念，就是建筑业是赔钱的。应该看到，建筑业是可以赚钱的，是可以为国家增加收入、增加积累的一个重要部门。”在1984年5月15日举行的第六届全国人大第二次会议的《政府工作报告》上，赵紫阳指出：“设计是整个工程的灵魂。把设计工作提到应有的地位。”党和国家领导人对建筑行业体制政策的关心和扶持，为20世纪80年代建筑政策和立法提供了运行空间。

“要全面贯彻适用、安全、经济、美观的方针，高质量、高效率地设计出具有时代性、民族性和地方性的建筑和建筑环境，不断提高工程的经济、社会和环境效益，为人民造福”①。此外，建筑立法也是20世纪80年代行业体制改革的重要举措。1978年开始，国家先后颁布了《环境保护法》《城市建设法》等，并于1984年下达任务制定《建筑法》。自此以后，在设计行业陆续展开了有关设计资格审查及登记发证制度、中外合作设计办法、有关质量监督办法等管理法规的研究与制定工作。②1984年5月第六届全国人大第二次会议审议的国务院《政府工作报告》对建筑行业和勘察设计改革做出了重要指示：“设计行业一定要走企业化和社会化的路子，打破部门、地区的界限，实行招投标，平等竞争。设计单位成为独立的经济法人，责、权、利统一，扩大自主权等。二是要鼓励设计单位采用和开发新技术，提高设计质量。三是要在设计单位内部实行按项目或专业的承包责任制，把职工的收入同贡献大小紧密挂钩。四是要建立以全民所有制设计单位为主体，集体和个人三者并存的体制。要允许社会上有专长的闲散人员开办设计事务所等。”③建筑行业和行业竞争机制的引入促进了建筑创作的繁荣，打破了千篇一律的设计风格，开创了新时期建筑事业新格局。

改革开放带来了建筑体制的转变，也为建筑产业的市场化创造了条件。1985年1月19日，经建设部和经贸部批准，“大地”建筑事务所在人民大会堂举行成立大会，这是北京第一家中外合作经营的建筑设计单位。而1992年小平同志“南方谈话”④也引发了中国房地产业的热潮，土地制度和投资体系进

① 龚德顺，邹德侬，窦以德．中国现代建筑史纲：1949—1985［M］．天津：天津科学技术出版社，1989：184.

②③ 龚德顺，邹德侬，窦以德．中国现代建筑史纲：1949—1985［M］．天津：天津科学技术出版社，1989：185.

④ 1992年邓小平南方谈话之后，外销房的出现打破了销售对象的计划限制，逐步转化了投资主体与消费主体，而真正市场化的开始同样在于住房制度的改变。此后在投资、价格、建设标准、规模、信贷、消费对象、消费信贷等方面都打破了计划的限制条件。生产不再是以长官意志而是以消费者需求为前提，以供求关系决定价格，以市场需求为出发点。

入资本市场，带动了房地产行业的兴盛。[①] 1992 年 1 月，东北地区一些勘察设计单位自发与当地行业主管部门协调，开始了承包经营，将勘察设计业由 1984 年起实行的“技术经济责任制”转变为“技术经济承包责任制”，这一实验性措施的转变极大地释放了设计单位生产力，为全行业的深化改革积累了经验。历经近十年的行业机构改革，中国建筑行业经历了事业型、事业单位企业化管理、事业改企业、建立现代企业制度等多个阶段。建筑勘察设计业全面推进企业化的条件基本成熟，勘察设计单位逐步改建为企业，逐步向现代企业制度过渡，建立起适应社会主义市场经济体制的具有中国特色的勘察设计新机制。

重建学术环境的举措还体现在建筑文化事业的蓬勃发展上。其中，建筑专业媒体的陆续复刊、创刊以及建筑出版活动对学科发展的推动都是极其重要的。《建筑学报》《建筑师》《时代建筑》《新建筑》等核心刊物作为重要的话语交流平台为 20 世纪 80 年代建筑师和建筑学子打开了了解世界的窗户，也让更多的思考和评论在此汇聚。20 世纪 70 年代以来，建筑出版工作开始恢复，国家基本建设委员会决定重建中国建筑工业出版社，恢复工作之后，出版机构开展了调查研究，了解读者需要，组织译著力量，为新时期建筑学术出版事业做出重大贡献。

在建筑科研行业重建上，自 1977 年以来，全国各地通过调整专业，让对口的技术干部归队，为科研部门和单位充实技术力量数百人，省、市一级科研单位恢复到 27 个，中国建筑科学研究院发展壮大至 2 700 人，建筑科研事业重新起步。[②] 与此同时，建筑教育事业的恢复也在短期内收效显著，1978 年召开了全国科学大会和全国教育大会，刚复出主持工作的邓小平同

---

① 计划经济时代土地资源由政府垄断，土地只能用于直接建设而不能成为商品。土地资源充分并以行政划拨为主，土地尚未全面开始有偿出让。南方谈话后，土地可以有偿有期出让，且迅速转变为商品，进入了流通，并在对外开放中使资金和资源能有效地寻求最佳配置，形成了地产发展的高潮。

② 《中国建筑年鉴》编委会．中国建筑年鉴：1984—1985［M］．北京：中国建筑工业出版社，1985.

志主动要求分管教育和科技的重建工作。其倡导要在党内和全国形成一种尊重知识、尊重人才的风气，他要求尽快恢复教授、讲师、助教等职称，并把已经停止了长达10年之久的高考制度恢复起来。1977年年底，中国恢复了高等学校统一考试招生制度，全国有570万青年参加了高考，建筑学专业的高等教育重新走上正轨。① 截至1984年年底，建设部归属下的建筑类高等院校达到16所，另有145所高等院校设有建筑专业，1984年招生16 928人……②1986年11月，全国首届建筑教育思想讨论会在南京举行，31所院校的专家、教授和建筑院系负责人参加了会议，会上就教育体制、教学内容和教学方法进行了广泛深入的讨论，各个院校开始探索其建筑教育改革之路。1990年6月，全国高等学校建筑学教育专业评估委员会成立，制定了一系列评估的标准和方法，1991年全国建筑院校开始进行建筑学专业评估，并于1992年开始授予"建筑学学士"的学位，建筑学教育的正规化、系统化为推广普及注册建筑师制度奠定了良好的基础。一系列相关措施的出台促成了建筑教育实践的全面重启，同时，广大建筑院校继续努力探索办学特色，并在此过程中开始反思改革进程中的不足，"虽然学院式方法在各校建筑系具有深厚的基础和强大的惯性，但是这时候意识形态方面的钳制和压力大为减轻，现代建筑思想有了比较自由发展的空间。随着社会各种事业的逐渐恢复和发展，建筑思想领域也日益活跃起来。在这一背景下，各种具有现代思想的创新方法开始被引入高校的教学之中"③。建筑教育的教学实践突破了特殊时期条条框框的局限，教育工作者在学术交流上获得新视野、新观念，敢于打破常规探索现代教学方法，甚至否定固有教学模式的局限，这些现象意味着我国建筑教育进入相对成熟的发展阶段。

---

① 张廷益．十一届三中全会前的思想解放运动与邓小平的历史功绩［J］．四川党史，1999（1）．
② 《中国建筑年鉴》编委会．中国建筑年鉴：1984—1985［M］．北京：中国建筑工业出版社，1985.
③ 钱锋．现代建筑教育在中国（1920s—1980s）［D］．上海：同济大学，2006.

## 二、建筑学术团体建设

学术团体的兴起为活跃学术思想、“百家争鸣”起到促进作用，中国建筑学会[①]、中国建筑创作小组、中国当代建筑文化沙龙等组织机构是20世纪80年代官方和民间开展学术活动的重要团体。在此期间，中国建筑学会设立了17个专业学术委员会，学会在各地的分会也经常举办各类学术讨论会。《建筑学报》《新建筑》《世界建筑》等刊物的编辑部每年也举办研讨会，对当时重要的学术活动、理论动向展开剖析。此外，高校建筑教育实践和专业建筑媒体等各部门，共同为20世纪80年代建筑话语的发生提供了思想策源地。

中国建筑学会1953年10月23日于北京成立，至今已逾60年，它多角度呈现着中国现代化进程，在中华人民共和国城乡建设活动中发挥重要作用。学会宗旨[②]和章程随着时代进程而调整，在各个历史时期，这些宗旨内容的变化均体现了学术活动的新趋向。20世纪80年代以来，去政治口号的意识觉醒，其中，1980年10月在京召开的中国建筑学会第一次全国代表大会和第五次理事会通过新的会章并沿用至今。新的章程全面紧扣学科诉求，体现着新时期学术繁荣的新面貌。随着改革开放思想解放的进一步深化，学术环境逐渐获得新生。1979年以来，学会各专业委员会就分别组织了36次全国性学术会议，与会代表2 600人，这些活动主要围绕四化建设需要，在

① 中国建筑学会（The Architectural Society of China）于1953年10月23日成立，是全国建筑科学技术工作者组成的学术性团体。学会宗旨是以推进中国建筑文化的大发展大繁荣为中心，贯彻科教兴国和可持续发展战略，团结和组织全国广大建筑科技工作者，坚持“百花齐放，百家争鸣”的方针，倡导严谨、求实的学风，促进建筑科学技术的进步和发展、普及和推广，促进科技人才的成长和提高，为我国城乡建设事业服务。学会的主要任务是开展建筑理论研究和实践经验交流；组织国际科技合作与交流；编辑出版科技书刊；普及科学知识，推广先进技术；开展继续教育和技术培训工作；举荐和奖励优秀科技成果与人才；为行业发展提供政策与技术咨询；反映会员的意见和要求等。

② 学会宗旨是：“旨在团结全国建筑工作者，从事学术研究，总结和交流工作经验，提高建筑艺术及科学技术水平，以服务于国家经济文化建设。”

实际工作中产生积极作用。[①]

为有效应对现代化建设需求，中国建筑学会组织有关部门对建设项目开展审查工作，组织重大项目评选，开展设计竞赛，仲裁工程纠纷，强化了学会的威信。与此同时，进入20世纪80年代以来，学会的学术活动愈发国际化，诸如北京承办了阿卡·汗建筑奖第6次学术讨论会，使得中国现代建筑行业在国际建协和亚洲建协等国际组织中的影响力与日俱增。为增进与第三世界的交往，学会还组织开展海外工程援建，积极组织了丰富多彩的国内外建筑师交流活动，参与并主办了国内外建筑展览、设计竞赛，全面打开了对外交流的新局面。

在中国建筑学会的助力下，建筑职业化进程得以顺利深化，注册建筑师制度的建立为我国建筑事业规范化发展提供了保证。与此同时，为了满足学科发展需求以及更好地开展学术活动交流，建筑学会发展并拓宽了二级学会组织。这一系列学术组织机构的出现为活跃建筑学文化事业提供了重要平台。[②] 其中有代表性的文化活动事件包括建筑师学会年会、建筑史学分会学术讨论会、传统民居文化学术讨论会、中国当代建筑学术研讨会、《转变中的亚洲城市与建筑》国际会议（1989）、以建筑与文化为主题的纪念世界建筑节活动的开展，以及一系列评选活动包括建设部优秀建筑工程设计评选。[③] 由此可见，诸多的分会学术活动的开展为20世纪80年代中国建筑文

---

① 龚德顺，邹德侬，窦以德．中国现代建筑史纲：1949—1985［M］．天津：天津科学技术出版社，1989.

② 中国建筑学会下设21个专业分会（二级分会），专业分会下设64个专业委员会（三级分会）。并由学会理事会分管，统筹安排其开展学术活动。诸如成立最早的二级分会建筑师学会（1989）、室内建筑师学会（1989）、建筑防火综合技术研究会（1990）、抗震防灾研究会（1991）、工业建筑专业学术委员会（1991）、教育建筑学术委员会、中建文协环境艺术委员会（1992）、医院建筑学术委员会、城市交通规划学术委员会（1992）、建筑史学分会（1993）、中国首家私营建筑设计事务所（左肖思，深圳1994）等。

③ 其中，代表性事件包括“80年代世界名建筑评选”（1989）、“中国80年代建筑艺术优秀作品评选”（1989）等。

化事业打开了多维发展的渠道，建筑学会的权威性和凝聚力为中国建筑学术团体组织和开展活动提供了可靠保障。

与此同时，作为我国民间自发组织的社团，成立于20世纪80年代的“当代建筑文化沙龙”以及“中国现代建筑创作小组”①以其探求学科前沿的先锋性成为中国建筑学会等官方学术组织之外的重要补充。在这些民间社团中，思想和观念得以自由交流、碰撞，涌现出大批才华横溢的中青年建筑学者，促进了学术繁荣。其中，“现代中国建筑创作研究小组”②作为民间群众性学术组织，1984年4月20日成立于云南昆明，成立大会讨论并确定了《现代中国建筑创作研究小组公约》。小组认为建筑是社会文化的重要组成部分，创造现代中国建筑是当代中国建筑师的历史使命，建筑师不仅是社会物质文明的建设者，而且是精神文明的创造者。其成立宣言为：“突破部门、体制上的局限，加强中青年建筑师之间的横向联系，发挥集体的智慧和力量，在建筑理论与设计实践两方面深入地进行学术交流和探索，致力于把我国的建筑创作水平尽快提高上去。为产生中国自己的、能够正确指导当前建筑实践的建筑理论，为创作一批无愧于我们伟大时代的建筑、为锻炼出一批高水平的建筑师贡献力量。本小组以使现代中国建筑树立于世界建筑之林为最终奋斗目标。”“小组”成立以来，先后就“建筑师的创作环境”“传统建筑文化与现代中国建筑创作”“现代中国建筑创作与外来建筑文化、建筑环境的关系”“华人建筑师与华夏建筑文化对世界建筑的贡献”等专题进行了讨论。“小组”的学术贡献还包括促成“中国建筑学会建筑师协会”成立，推动《现代中国建筑创作大纲》的发表，为繁荣建筑创作做出了积极的贡献。

---

① 2001年更名为“当代中国建筑创作论坛”（The Contemporary Chinese Architectural Forum，简称CCAF）。

② 第一批小组成员共24人：马国馨、王天锡、毛朝屏、邓延复、刘毅、刘克良、付克诚、何玉如、何干新、陈政恩、陈伟谦、吴国力、林京、周方中、罗德启、张锦秋、韩骥、饶维纯、顾奇伟、顾宝和、鲍家声、曾昭奋、窦以德、蔡德道；后来新增12名成员：丁先昕、卢小荻、刘亦兴、艾定增、李傥、向欣然、杜钰洲、宝志方、陶德坚、张耀曾、聂兰生、顾孟潮。

“八五美术新潮”(New Tide in 1985)时期，随着思想解放进一步深化，体制内的禁锢逐步消解，全国各地涌现出大量的青年艺术团体，在此契机下，以关注建筑文化基本理论为出发点的“当代建筑文化沙龙”应运而生。沙龙[①]于1986年8月22日在北京召开成立会议，沙龙召集人为顾孟潮、王明贤，成立时有成员15人[②]，其中大多数成员为中青年建筑师和建筑理论工作者。正如其成立宣言《同步不同路》开篇所言：“在久旱的建筑理论园地上，我们渴望交流的时机，我们寻求对话的场所，这就是沙龙的源起。”“沙龙”体现着当代知识分子渴望团结一致、轻松自由齐聚一堂，获得话语平等以及对文艺和学术畅所欲言的公共空间的诉求。“当代建筑文化沙龙”的成立无疑为建筑理论研究打开一扇窗。其成立宣言满怀热忱道：“我们想从文化的广阔角度，探索建筑理论的前沿课题及基本理论和应用理论；我们主张兼容并蓄，以哲学为灵魂；我们不是一个流派，我们志同道合不是观点上的一致，甚至还可能颇有对立，但我们都愿意在自我塑造的同时又欣然接受相互塑造，我们愿借倾心恳谈的时机和自由宽松的氛围，呼唤众多建筑流派的崛起，揭示多元的当代建筑文化的真谛。我们相信，文化的基本理论是相通的，我们将进行跨学科的交流，拓展思维空间。”字里行间流露出不同以往的雄心壮志以及锐意革新的时代精神。沙龙成立以来，先后以“后现代主义与当代中国建筑文化”“新时期的中国建筑文化”“环境艺术研究”“走向世界的当代中国建筑”等为主题，不定期地组织沙龙内外的学术活动。他们力

① “沙龙”的概念出现在20世纪80年代中国知识界，意义深远，可以追溯到“沙龙”(Salon)一词的公共空间属性，作为一个舶来的词汇，“沙龙”概念的提出在20世纪80年代的中国极具先锋意识。

② 分别是沙龙召集人顾孟潮、王明贤；沙龙顾问为我国老一辈建筑理论家刘开济、罗小未、陈志华；主要成员有赵冰、李涛、吕江、刘托、张萍、王明贤、赵国文、李敏泉、张在元、顾孟潮、布正伟、邹德侬、萧默、曾昭奋、艾定增；以后，又有一些建筑文化研究的同行成为沙龙成员，其中有李大夏、项秉仁、王贵祥、王小东、李雄飞、洪铁城、金笠铭、程泰宁、蒋智元、马国馨、郑光复、向欣然等，还吸收了一位海外成员——美国费城艺术学院建筑学院副教授王泽。

图把握世界建筑潮流，探讨与中国社会生活密切相关的建筑文化问题。[①] 在理论研究方面，1987 年，沙龙与《世界建筑》联合举办了纪念世界建筑节、勒·柯布西耶诞辰百年等学术研讨活动。对新理论的探索是沙龙的研究重心，沙龙还与天津科技出版社合作，推出“当代建筑文化丛书”，旨在从建筑文化的角度探讨跨学科理论。建筑哲学、建筑美学、建筑艺术、建筑社会学等跨学科研究热潮也从这个时候开始广泛传播。沙龙成员的建筑文化研究也走在学术界的前沿，诸如刘开济《谈国外建筑符号学》、项秉仁《语言、建筑与符号》等文章开始把风靡欧美学界的符号学理论引介到国内，在沙龙内部形成讨论热潮，进而推动了中国当代本土建筑理论的探索。沙龙内外建筑评论的开展也打破了学术界沉寂多年的状况，除了对建筑创作的讨论，越来越多的青年学子开始热衷于对建筑理论的学习和讨论。

## 三、建筑理论的引介

20 世纪学术交流活动中的“西学东渐”运动促成了建筑理论在中国的传播。其中，20 世纪 30 年代对西方现代建筑思潮的译介、20 世纪 50 年代全面学习苏联建筑理论以及 20 世纪 80 年代以“后现代”学术理论舶入为主的知识传播，构成了现代中国建筑理论研究和学习的几次高潮。其中，对国外建筑理论文本的翻译和介绍是理论引介的重要方式，在理论旅行过程中，理论文本的翻译跨越了文化的疆界，从理论到实践的过程也让理论突破其本身的局限，产生出新的话语和观念，促成中国本土理论的生产。

简单回溯建筑理论在中国的传播过程，主要经历了以下几个阶段：

第一阶段以 20 世纪 30 年代近现代中国建筑实践和思想传播的重要阵地《中国建筑》和《建筑月刊》的创刊为代表，在此平台上，建筑理论得以传播和开展。其中，何立蒸刊载于《中国建筑》的《现代建筑概述》一文既是对当时国

① 王明贤．八五时期的“当代建筑文化沙龙”[J]．雕塑.2016（1）：53.

外现代建筑的介绍，也可以看到当时国内学子对国外建筑理论求知若渴的状态。

第二阶段则追溯到中华人民共和国成立以后，由于“社会主义阵营”文化思想的舶入，新的社会意识形态下，建筑理论引介呈现出“政治理论化”倾向，形成了“一边倒”的格局，出现了全面引进苏联建筑理论的热潮，尤其是对斯大林倡导的“社会主义内容、民族形式”思想的全面引介。其中，从窦武发表的《苏联建筑界关于建筑理论的争鸣》等文章中可以看到当时社会环境下，建筑理论学习“一边倒”的状况。20 世纪 60 年代以来，在外交关系影响下，对苏联建筑理论的引介活动戛然而止，仅有的建筑理论更着重于对中国本体创作实践以及对“理论方向”的反思和瞻望，或者转而讨论资本主义国家或者其他“第三世界”兄弟国家的建筑创作和理论，仅有少量的外事活动见诸报刊和媒体。而少量刊载于建筑期刊的文章，诸如在 1962 年发表的《资本主义国家现代建筑的若干问题》也仅仅是一些概括性的文字介绍，没有注入更多的个体思考和思想论争。

进入“文革”后，中国建筑理论引介活动则呈现出缓滞不前的状态，其中，《建筑学报》作为当时重要且唯一的学术刊物也遭到停刊，建筑出版工作也近乎停滞，1967 年、1968 年只出了四种书①，建筑理论处于彻底失声的状态。直至 20 世纪 80 年代，理论界得以拨乱反正，中国建筑理论引介进入第三阶段，呈现出了“读书无干涉、无禁区”，学术交流得以全面恢复的状态。且时逢西方国家“后现代”学术理论繁盛时期，中国建筑理论引介也因“后学”的繁荣进入一个巅峰时期。在文化界兴起了“文化热”“理论热”，一大批西方学者诸如罗兰·巴特、巴赫金、拉康、德里达、福柯和萨义德都是 20 世纪 80 年代被翻译和研究得最多的对象，他们的理论和话语被笼统地译介到国内，深受广大学子欢迎和追捧。在这样的语境下，大量学术理论

① 陈志华．中国当代建筑史纲［M］// 顾孟潮，张在元．中国建筑评析与展望．天津：天津科学技术出版社，1989：20.

和知识来不及细嚼慢咽，误读现象普遍存在。在当时的本土理论生产中，跨学科理论往往借由这批理论文本生产出了建筑学科中的新观念、新话语，因此，难免存在理论的错接。这种状况下的理论生产在今天看来，存在较大争议，应该批判地去理解和对待，而不是一味地肯定和盲目认同。

与此同时，20 世纪 80 年代以来，中国政府和学术组织部门通过与国外科研院校和建筑行业机构签订各种科技交流计划，建筑团体通过出国访问、学术考察、进修讲学等活动极大地开阔了视野，加速了对国外当代建筑思潮和理论的引进，促进了对外学术交流。诸如贝聿铭、丹下健三、黑川纪章、芦原义信、原广司、波特曼等国际知名建筑师和学者有机会来到国内展开学术交流和项目合作。中国建筑学专业期刊陆续复刊，新增刊物出版发行，建筑期刊纷纷创办并辟出建筑评论专栏，评介当时中国建筑热点话题、国内建筑师和在建项目，以及对国内外重要的建筑理论和思想引介等活动。在此基础上，20 世纪 80 年代建筑理论的引介和生产进入一个新时期。

### 四、优秀建筑设计评选

1979 年 3 月 12 日，中共中央批准成立国家建筑工程总局和城市建设总局，直属国务院，由国家基本建设委员会代管。两局成立以来，依照“调整、改革、充实、提高”八字方针，着手行业调整。[①]1980 年 7 月 3 日，国家建委印发《关于开展优秀设计总结评选活动的通知》，旨在全国勘察设计行业开展评选优秀设计。[②]1980 年 7 月 19 日，国家建工总局颁布《优秀

① 葛宁，吉国华．历届建设部优秀建筑设计奖作品统计分析［J］．新建筑，2010（4）：60.

② 建设部部级优秀勘察设计评选包括优秀建筑设计、城镇住宅和住宅小区设计、市政工程设计、城市规划、村镇规划设计、工程勘察等，优秀建筑设计奖是其中之一。2008 年，建设部部级优秀勘察设计奖变更为全国优秀工程勘察设计行业奖，由中国勘察设计协会组织实施，评选范围：工程勘察与岩土工程、建筑工程设计、市政公用工程设计、住宅与住宅小区设计、工程勘察设计计算机软件、建筑工程标准设计以及工程总承包与工程项目管理等专项工程项目。可以发现 2008 年的调整对专业进行了精分。

建筑设计奖励条例（试行）》，要求建工系统逐级推荐优秀设计，规定每两年评选一次，评选范围为两年内建成并使用半年以上的项目。1980 年 11 月开始，国家建委在北京召开全国优秀设计总结表彰会议，会议向评选出的 20 世纪 70 年代国家优秀设计项目授奖，并在会议讲话中指出，打破“大锅饭”是非常重要的，要求在设计体制改革上努力奋斗。这是中华人民共和国成立以来全国设计战线第一次表彰优秀设计的盛会，对繁荣建筑创作有积极的促进作用。[①]1981 年，建工总局公布了第一届部优项目获奖名单，这也是改革开放以来第一个建筑奖项。1982 年 5 月，国家建工总局、城市建设总局、国家测绘总局和国家基本建设委员会的部分机构和国家环境保护办公室合并，成立城乡建设环境保护部，并由新成立的城乡建设环境保护部负责 1984 年第二届[②]和 1986 年第三届全国优秀建筑设计评选。1988 年，城乡建设环境保护部撤销，组建建设部，由建设部主办了 1989 年第四届优秀建筑设计奖评选活动。总的来看，1981 年、1984 年、1986 年和 1989 年举办的四届建筑评优活动[③]（图 1-5、1-6、1-7、1-8）均获得各省、自治区、直辖市的积极响应，极大地促进了 20 世纪 80 年代中国建筑学科的建立、人才组织以及建筑文化活动的推广，既体现了对建筑文化认识的深化，又使得新时期中国建筑行业体制得以不断优化。

---

① 国家建工总局在全国范围内组织进行了评选优秀设计项目的活动，在各省、自治区、直辖市推荐的 68 个项目中评选出 9 个优秀设计，并表扬了 13 个项目。

② 1984 年，城乡建设环境保护部开展了全国优秀建筑设计评选工作，于 1984 年 6 月 28 日结束。各地报送国家计委推荐的省市级优秀设计项目共 158 项。经评选委员会评选出一等一级奖 5 项、一等二级奖 11 项、二等奖 10 项、优秀设计表扬奖 11 项，共计 37 项。

③ 1981—1989 年获得优秀建筑设计奖一等奖的项目有：

1981 年：苏丹友谊厅、广州矿泉别墅、南京五台山体育馆、杭州机场候机楼、北京 325 米气象观测塔；

1984 年：白天鹅宾馆、鉴真纪念堂、大模住宅建筑体系标准化设计、龙柏饭店、武夷山庄；

1986 年：拉萨饭店、山东曲阜阙里宾舍、中国国际展览中心；

1989 年：北京图书馆新馆、北京国际饭店、自贡恐龙博物馆、广州天河体育中心。

图 1-5 1984 年中国优秀建筑设计作品一等奖作品白天鹅宾馆，其他一等奖获奖作品还包括鉴真纪念堂、龙柏饭店、武夷山庄、大模住宅建筑体系标准化设计

图 1-6 1989 年中国优秀建筑设计作品一等奖作品北京图书馆新馆，其他一等奖获奖作品还包括北京国际饭店、自贡恐龙博物馆、广州天河体育中心

图 1-7　1981 年中国优秀建筑设计作品一等奖作品广州矿泉别墅，其他一等奖获奖作品还包括苏丹友谊厅、南京五台山体育馆、杭州机场候机楼、北京 325 米气象观测塔

图 1-8　1986 年中国优秀建筑设计作品一等奖作品中国国际展览中心，其他一等奖获奖作品还包括拉萨饭店、山东曲阜阙里宾舍

从申报到入选以及评选过程来看，历届优秀建筑设计评选普遍对推陈出新，空间和环境结合，探索新形式、新材料、注重节能等特点的项目给予充分肯定，尤其是大量兼具地方传统、地域特色、因地制宜的作品成为评奖热门。另外，在评选中，注重对中青年建筑师的挖掘和培养，也是一个可喜的现象。从 1981 至 1989 年四届一等奖获奖作品来看，在 20 世纪 80 年代优秀建筑评选中涌现出一批新型旅馆的探索。广州矿泉别墅、广州白天鹅宾馆、福建武夷山庄、上海龙柏饭店、上海宾馆、山东曲阜阙里宾舍、北京国际饭店、拉萨饭店等都是各具代表性的高水准作品。而评优的目的也愈发明确，旨在通过作品中呈现的创作意识和作品特质，向社会推介具有新时代精神的当代中国建筑。历届优秀作品中建筑师赋予作品的理念不断更新，更多考虑功能和空间、环境的关系，更注重作品完成度与整体品质，这些都是 20 世纪 80 年代评优活动为设计实践观念带来的重大转变。

综观当时的评优活动，尽管评选项目推陈出新，但也存在不少缺憾，经历过当时的建筑“评优热”的建筑工作者也对评优活动中产生的一些现象表示担忧。其中，在《展望建筑创作繁荣的春天——1986 年“优秀建筑设计评选”项目述评》中，作者在文末对当时评优项目呈现出的不足之处做了点评，有观点认为：“阙里宾舍环境气氛庄重严肃有余而亲切宜人不足，创作有离题之感；有的建议新疆建筑不能只是使用形式语言，还应开发地方建筑内在的精神本质……有的评议黄鹤楼的尺度、色彩尚不够完美和理想……”① 进一步建议在今后的评选中，作品还应接受社会公众的评论和建议，对评议的分歧和争论给予高度重视。与此同时，对“评优”活动的开展也不乏比较消极的观点。曾昭奋认为：“给盖好的建筑颁奖，似乎也是经过评选的，但有时却连评选的宗旨、获奖对象的介绍都不见，好像是在市场上

---

① 邱秀文．展望建筑创作繁荣的春天：1986 年“优秀建筑设计评选”项目述评［J］．建筑学报，1986（11）．

随便挑选几个桃子或柿子，简单得很，无可置评……”①而在王建国《我看建筑创优与评优》一文中则可以看到相对客观的思考和评论：“我国建筑设计评优活动已经开展多年，这一举措有效地培养了广大建筑师的‘精品’意识，激励了他们的创作热情。然而时至今日，我国能真正走向世界、具有国际可比性的建筑精品仍为数甚少……”②究其原因他认为：“我们的评优标准是以‘全面性’作为基本价值取向，即被评选的对象必须同时在国家方针政策贯彻、使用功能、技术经济、文化内涵、环境考虑、设计创意方面均有所建树，才有可能入选。这种追求完美的评选标准尽管在理论上是正确的，但是若按此年复一年评下去，可能会淹没一些真正出类拔萃之作……无疑，要把所有这些都统一起来综合评优，必然会削弱建筑本身在某一方面的独特性。”③在其建议中，建筑评优活动应该分设几个奖项褒奖在某些方面出众的作品，而不仅重视综合表现好的作品，以此鼓励创造性和独特性的发挥。另外，他认为评优还应该有效加强社会和公众的评价份额，而不是仅以少数专家意见为主，要做好双重评价。评优工作不妨采取综合评选、分类评选与分项评选相结合的方式，比如可以借鉴电影奖项的操作方法，设置金鸡奖（专家评选）、百花奖（公众评选），甚至同一建筑可允许申报多个分项甚至参加重复评选。总的看来，20 世纪 80 年代“优秀建筑设计评选”的过程和评议意见对繁荣中国建筑创作具有重要的促进作用，也极大程度地促成了我国建筑设计话语的建构以及优秀作品的推陈出新甚至走向世界。

### 五、开展建筑设计竞赛

20 世纪 80 年代初期，由政府部门、官方学术机构和民间组织举办的各

---

① 曾昭奋．建筑评论的思考与期待：兼及“京派”“广派”“海派”［J］．建筑师，1984（17）．

②③ 王建国．我看建筑创优与评优［J］．建筑，2001（12）．

类建筑设计竞赛陆续走进设计生产单位和高校并引起重视。在本土举办的竞赛大多由国家官方机构组织、主办，其中中国建筑学会联合各部门组织举办的全国农村住宅设计竞赛、全国中小型剧场设计方案竞赛等活动影响深远，具有重要的时代意义。而通过组织参与设计竞赛，建筑师不仅主动学习和获取学科的国内外前沿理论，还在竞赛中呈现出“百家齐放、百家争鸣”的景象，这些都是新时期建筑学科发生的重大转变。尤其自《建筑师》杂志组办大学生建筑设计竞赛，以及多人数次斩获日本《新建筑》杂志举办的住宅设计竞赛大奖以来，设计竞赛活动提供给参赛者宽松、自由的创作平台还有奖励办法，吸引了越来越多的建筑师和高校师生积极参与，在20世纪80年代建筑学界掀起了“建筑设计竞赛”热潮，有效地突破了我国20世纪80年代理论和实践的传统模式。据不完全统计表明：“1980—1989年这十年中，我国建筑师、美术家和建筑院校师生共165人次，在一些外国和国际机构举办的50次国际建筑设计竞赛中，获得了85项奖，其中包括一等奖5项，二等奖6项，三等奖8项以及其他各种级别的奖。这些获奖者大多是建筑院校的学生和中青年建筑师……”①就竞赛起到的“百家争鸣”作用，张开济曾说道：“有一个统一的具体的任务，让建筑来各抒己见，各显身手，根据各人不同的想法、理论、口味、手法，来做各种方案，然后把这些方案付诸评议，或者展开批评与自我批评，这就比一般的文字上或口头上的‘争鸣’来得更切合实际。”②而20世纪80年代开展建筑设计竞赛以来，《建筑学报》《建筑师》《世界建筑》等专业媒体对设计竞赛的专题报道和分析逐渐增多，针对建筑设计竞赛的论坛讨论非常活跃，这些现象均可视作建筑学科真正意义上的“百家争鸣”。

---

① 李宛华.获奖者给我们的启示：《80年代国际建筑设计竞赛获奖作品集》编后感[J].世界建筑，1990(6).

② 张开济.反对“建筑八股”拥护“百家争鸣”[J].建筑学报，1956(7).

较之以实际设计生产任务为出发点的设计竞赛活动，《建筑师》杂志20世纪80年代组办的三次大学生建筑设计竞赛，以及日本《新建筑》杂志主办的住宅设计竞赛则系统、真实地呈现了以大学生为主要参赛者的作品情况。通过其作品体现的设计理念和设计方法的实践，可以窥视出20世纪80年代建筑学科在建筑教育上的探索路程（可参见附录二“1980—1989年中国在国际建筑设计竞赛中获奖概况”）。（图1-9）1981年，《建筑师》杂志筹划举办了“全国大学生建筑设计方案竞赛”，这也是改革开放以来第一次针对大学生举办的设计竞赛。自此，杂志于1981年、1982年和1985年举办了三届大学生建筑设计方案竞赛，分别以“建筑师之家”（1981）、“少年科学宫”（1982），“‘校庆纪念碑’快题”（1985）为题目展开作品征集和评选。① “在当时设计竞赛尚属新鲜事物，而由一本民间的杂志来举办，更算得上开建筑界一时之风气，并得到了在校建筑系学生的热烈响应，收到的参赛方案数量惊人。” ② 与官方组办的旨在解决实际问题的公开竞赛不同，《建筑师》杂志组办的竞赛面向在校大学生，以虚构的设计主题为出发点，弱化了应对实际使用和建造过程中产生的桎梏，给予参赛者更大的设计自主性。20世纪80年代建筑学术领域交流主要在官方主导下展开，中外建筑师互访、展览讲学、设计投标邀请等活动均在建筑学会和政府部门的组织安排下进行。而国际建筑设计竞赛作为20世纪80年代仅有的体制之外的实践，允许以个人名义报名参加。在此情境下，中国青年建筑师有机会参与到国际设计竞赛中并获得认同，这在当时的学界引起的震动是不容忽视的。其中，同

① 刘涤宇．起点：20世纪80年代的建筑设计竞赛与50—60年代生中国建筑师的早期专业亮相［J］．时代建筑，2013（1）．作者在文中提及：1981—1982年，恢复高考之后的第一届建筑学子、77届本科生正处于大学高年级，已形成自己初步的建筑观念和设计思路，其他几届在校学生正在努力摸索形成自己从专业角度对建筑的认识。这是《建筑师》杂志举办的前两次全国大学生设计竞赛的时间背景。

② 《建筑师》．天作奖国际大学生建筑设计竞赛［J］．建筑师，2013（1）．

图 1-9　1986 年国际建筑设计竞赛获奖者座谈会

济大学四名讲师喻维国、张雅青、卢济威和顾如珍共同完成的“中国乐山博物馆”建筑设计方案获得了 1980 年日本国际建筑设计竞赛佳作奖，引发行业内外关注，新华社也对此进行了报道。

综观 20 世纪 80 年代，建筑学子的理论启蒙很大程度上来自仅有的几本国外建筑杂志，当时的学术讨论热点很大部分源自这些舶来的学术刊物。其中，日本的《新建筑》是进入国内比较早且读者面较广的一本杂志，它除了刊载建筑时讯，也刊载竞赛信息，每年都有不同机构赞助的建筑设计竞赛资讯吸引中国建筑师和学子。与其他类型的国际竞赛相比，中国建筑师参与日本《新建筑》杂志组织的设计竞赛逐渐形成了规模和体系，历届获奖者作品呈现的水准和作品内外的思考均高于其他形式的国际竞赛。借由日本《新建筑》，曹希曾设计的“传给下一代的住宅”获得 1980 年日本国家住宅设计竞赛佳作奖，这也标志着中国建筑师开始获得国际认同。（图 1-10）众多参赛者中不乏后来在国内外具有影响力的建筑师，他们早年通过参加《新建筑》

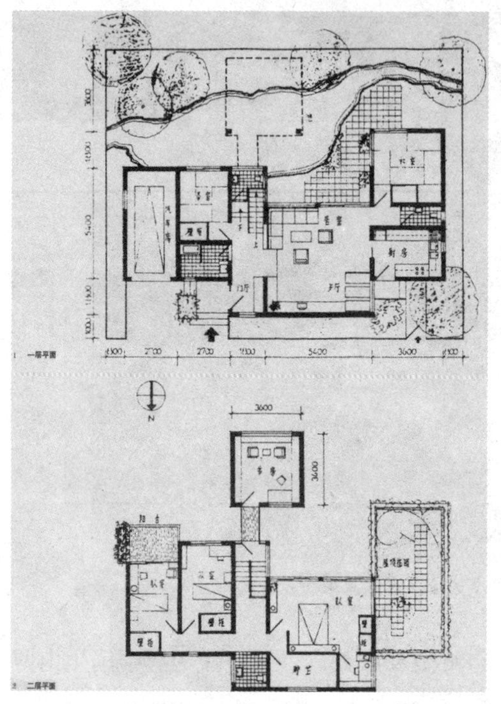

图1-10 “传给下一代的住宅”，1980年日本国家住宅设计竞赛佳作奖，设计者：曹希曾

系列竞赛获得宽广的国际视野，比如1982—1994年间共获奖8次的张在元，其获奖作品以夸张的空间想象力和表现张力获得认同（图1-11）；1986年获得一等奖的张永和，其作品“四间房”（图1-12）以故事性为线索，考虑了建筑形式和空间的逻辑关系，其对设计理念的建构摆脱了形式的困扰，抽象的理念和倾注于作品中的价值观显著区别于同时期纠结于形式惯性的其他建筑师。另外，还有关肇邺、孟岩、朱锫等，他们的作品“埃及亚历山大图书馆”在国际建协举办的国际建筑设计竞赛中获特别奖（图1-13），李傥的“现代的方舟——功宅”、汤桦的“瓦屋顶居住小区活动中心”等作品则均代表了大多数国内建筑参赛作品的不同路线。他们要么较多考虑西方建筑理论和中国传统形式的结合，比如对中国传统园林空间再现的偏好、对传统民居的院落式布局空间的转译、对传统形式的嫁接；要么以西方建筑理论为起点和终点，向现代主义建筑大师致敬或者对当时最时髦的“后现代主义”推崇备至。大量的国际竞赛，呈现出参赛者的作品趣味和理论思考，也反映了20世纪80年代的青年建筑师普遍局限于对理论的一知半解，形式表达囿于美学层面的困扰……但总的来看，当时的青年学子和建筑师借助参加国际竞赛的机会参与到国际讨论中，从对题材的诠释和作品理念的呈现上也乐观地

图 1-11 “长江三峡空中水榭”，1987 年日本《新建筑》建筑设计竞赛二等奖，设计者：张在元

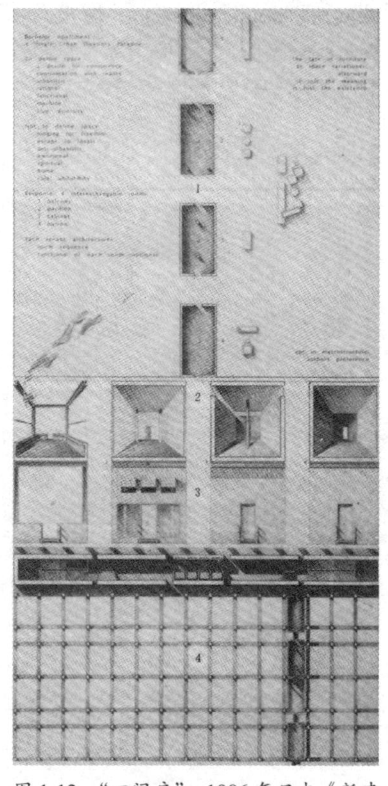


图 1-12 “四间房”，1986 年日本《新建筑》设计竞赛一等奖，设计者：张永和

看到当时的中国建筑师已经具备较高的国际竞赛水准。1986 年年底，《世界建筑》杂志社召开“国际建筑设计竞赛获奖者座谈会”，并提议出版《80 年代国际建筑设计竞赛获奖作品集》，作品集汇聚了 20 世纪 80 年代国际建筑竞赛获奖者名单和方案，还登载了获奖者撰写的文章，这些获奖心得也是我们反观当时作品设计的重要话语依据。

综上所述，20 世纪 80 年代建筑竞赛的开展既是学术活动上的“百花齐放，百家争鸣”，更是 20 世纪 80 年代西方建筑理论和思想对我国当时建筑教育和实践的大面积投影：从早期现代主义理论诸如密斯的“流动空间”

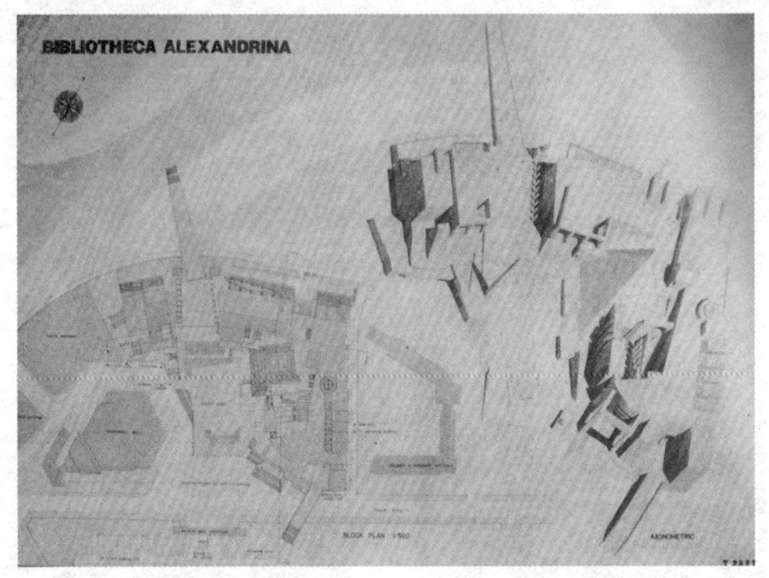


图 1-13 “埃及亚历山大图书馆”，国际建协 1988 年国际建筑设计竞赛特别奖作品，设计者：关肇邺、孟岩、朱锫等

到后现代建筑理论的漫射——埃森曼（Eisenman）的自主性网格空间生成，汉斯·霍莱茵、矶崎新、詹克斯等后现代建筑理念旨在表现“意义”的空间，波特曼的中庭共享空间，芦原义信的“街道美学”思想，“TEAM10”的“空中街道”，哈迪德（Hadid）、蓝天组（Coop Himmelblau）的“解构主义”等一系列西方城市建筑前沿理论对 20 世纪 80 年代的国内学子影响深远。当然，在今天学者的解读里，建筑实践和理论愈发分属于两个体系，而理论也不应该作为设计的指导方法，但在 20 世纪 80 年代的语境下，面对理论的匮乏，当时的学子很难客观地理解实践和理论的关系，产生了诸如“理论与实践相结合”的设计出发点也不足为奇。

总而言之，在 20 世纪 80 年代，建筑设计竞赛中涌现出的作品大多富于形式张力和空间奇想，参赛者对传统形式和空间的思考已经突破传统惯性的束缚，其作品呈现出来的挑战与突破，普遍代表了那个时代高远的专业追求，而当时积极参与设计竞赛的建筑师和学生中，有很多人在青年时代就崭露头角并深刻影响着当时中国建筑实践的发展方向，这些良性循环均得益于20世纪80年代行业体制改革、学术环境的改良，以及建筑学科思想观念的重大解放。

# 第二章
# 话语分析作为建筑批评工具的建构

## 第一节　建筑话语分析与文本研究的史学价值

语词是风，是外在的低语，是风标的抖动，人们在严肃的历史事件中难以听到它。①

——［英］诺曼·费尔克拉夫（Norman Fairclough）

---

① 诺曼·费尔克拉夫．话语与社会变迁［M］．殷晓蓉，译．北京：华夏出版社，2003：36．费尔克拉夫在其著作《话语与社会变迁》中提出"语言学可以作为一种社会实践的语言活动"的观点，至此，话语的向度走出了语言的一般性文本而具有了社会实践的向度。对费尔克拉夫而言，福柯在话语的权力、社会主体对于知识话语的建构以及话语在社会变迁中的作用等方面展开的阐释具有重要的参考价值，但同时他也意识到在福柯的著作中，以"文本"为方向的话语分析始终被其忽略，而突破福柯对文本的忽视正是费尔克拉夫在他的研究中努力做出的挑战。也正是基于对福柯关于"话语"用来建构知识领域和社会实践的不同方式的理解，费尔克拉夫才进一步尝试着走出语言学本体进入更宽广的向度中探索话语的应用价值——比如，以文本为方向的话语分析在社会实践中的解析，并在此基础上进一步认同了福柯提出的"主体性问题、社会身份问题、个性问题等应该作为话语和语言学理论的主要关注对象，以及作为话语分析和语言分析的主要关注对象"等观念。此外，费尔克拉夫还在《媒体话语》中提出了传播事件的分析可以划分为三个思想层次：文本——偏向语言学；话语实践——文本的生产与消费；社会文化实践——解释话语的基础。

在当代西方知识体系建构进程中，知识和权力经由“话语”①的变化来争夺，并逐步发展出一整套相关的思想、观念、文化传统、学术组织和社会机构。“话语”自20世纪50年代以来，逐渐成为语言学的主要研究对象，并经过结构主义和后结构主义②学者的拓展，将其运用于对制度、学科和知识问题的研究。而语言学中的“话语分析”亦成为学者批判和厘清思想与文化机制的主要工具，尤其在文艺理论和批评中，对话语系统和知识考古的研究日渐成为热点。③随着20世纪80年代后现代思潮在中国的兴起，“话语”研究进入中国人文、社科等研究领域。处于“对话”关系中的话语是一个无始无终、永远变化着的过程，“无不充盈着社会情态和意识形态内容，无不具有事件性、指向性、意愿性、评价性，并渗透着对话的泛音……话语将是最敏感的社会变化的标志”④。

以“话语分析”(Discourse Analysis)⑤作为批评研究的方法可以追溯至20世纪以来哲学领域的“语言学转向”(linguistics turn)，尤其是从传统语言学中对语言意义和结构的关注转向了“批判的语言学”(Critical

① 本书的“话语”研究基于当代哲学的语言学转向研究中的“话语分析”理论生产，在此方面，除了传统的语言学学者索绪尔、巴赫金等人，还有更多的思想生发于哲学研究的学者，诸如福柯、利奥塔(Lyotard)、费尔克拉夫等。其中，福柯的话语分析方法被社会学家广泛当作一种模式，在他早期的“考古学”工作中侧重于话语类型在知识结构中的建立，即“话语结构”的建构。他认为：“话语系统及其隐秘的形成、运作和发展，才是语言研究真正有趣的所在。”

② 在后结构主义的话语研究任务中，其研究价值就是旨在通过话语的谱系分析，发现权力是如何在话语中运作、话语是如何发挥其规训功能的。

③ 在赵一凡等主编的《西方文论关键词》一书中，学者战菊在“语言”一文的书写中，认为哲学领域中的语言学转向，主要出现了三种认知：德里达与解构主义，维特根斯坦与语言游戏说，话语理论。并对“话语理论”的出现和意义做出进一步的阐释。本书的书写也参照了此文的相关解释。

④ 巴赫金.巴赫金全集：第2卷[M].钱中文，等译.石家庄：河北教育出版社，1998：359.

⑤ “语言学转向”挑战了西方思想传统的认识论和本体论模式，而把哲学的关注中心放到了人类的语言结构，并以此解构了传统的二元论和本质主义。甚至，维特根斯坦在《逻辑哲学论》(1961)中指出：“全部哲学就是语言批判。”

Linguistics）[1]对话语实践和社会实践向度的探索，进一步深化了语言学研究的界域。在当下的话语研究中，随着语言及其确切“意义”的不断贬值，“话语”上升为文化和历史研究的关键词。诸如诺曼·费尔克拉夫等语言学家普遍认为，话语不仅仅是社会过程和结构的反映，它同时也建构了社会过程和结构，并试图透过意识形态等方面的遮蔽，“在广泛的社会生活过程中重现、诠释或解读文本与话语的真实意义”[2]。由此可见，批判的语言学不仅描述话语实践，而且促成了话语对于社会身份、社会关系以及知识、信仰体系的建构作用。概括地看，在当代文化批评研究中，对“话语”观念的洞见早已突破费迪南·德·索绪尔在语言学研究初期对“话语”作为“言语”（Parole）[3]或“语言表现”（Performance）的保守定义[4]。此外，在巴赫金[5]的文艺批评理论中，强调了话语文本的“开放性”和“未完成”性，其观点认为，作为“言谈”的“话语”总是带有某种观点和价值观的表达，并且和其他“言谈”一起构建了话语的公共空间……而在《批评话语分析：历史、议程、理论和方法论》一文中，露丝·沃达克（Ruth Wodak）和迈克

---

① 20世纪70年代。英国的一些语言学家通过“语义语言学”（哈利迪，1978）文本分析的理论和方法与意识形态理论相结合的途径，发展出了“批判的语言学”（Critical Linguistics）：其中，在费尔克拉夫的定义中，主要囊括了福勒（Fowler）等人的“批判语言学”以及法国的佩奇尤克斯和阿尔都塞在“批评意识形态的国家机制”（Ideological State Apparatuses）和书写政治的话语时提出的“意识形态理论”基础上发展起来的话语分析方法。

② 笔者对“话语”和“话语分析”的概念的界定主要参照了当代语言学家诺曼·费尔克拉夫自20世纪80年代涉足的语言分析研究中对相关概念的界定并试图在建筑学研究领域展开拓展和运用，其代表性著作有《话语与社会变迁》《媒介话语》等。

③ 在传统中，“言语”（Parole）被认为是根本禁不起研究的对象，因为它是独立存在的指示系统。

④ 索绪尔关于语言/言语的划分为话语理论的萌生奠定了理论基础。在结构主义和后结构主义的理论语境下，结构主义人类学家列维·斯特劳斯和语言学家本维尼斯特在从语言转向话语的早期理论规划中发挥了重要作用。很大程度上，从“语言/言语”走入“话语”意味着对传统语言学的挑战。

⑤ 巴赫金（1895—1975），苏联著名文艺学家、文艺理论家、批评家，世界知名的符号学家，苏联结构主义符号学的代表人物之一，其理论对文艺学、民俗学、人类学、心理学都有巨大影响。巴赫金也是将语言学里的“话语”转换为人文社会科学理论范畴的重要学者。

尔·麦尔（Michael Meyer）则导入了批评话语分析中最重要的基本概念：权力（Power）、意识形态（Ideology）和批评（Critique），并认为“批判的话语分析”（Critical Discourse Analysis）① 关注的不仅是语言本身，还有复杂的社会现象，任何一个社会现象都可以纳入批评性的研究中。与此同时，他们还强调了在社会科学领域研究中广泛运用的两个概念“文本”（Text）和“话语”（Discourse）②，在其研究中认为话语在文论研究中亦可指代一个历史纪念碑、一个记忆所系之处、一个政治策略，也可指叙述、文本、主题言说等。因此，话语的范畴已经从一种语言类型延伸到一种文体，以问题为导向，通过语料的分析可以揭示意识形态和权力的面纱并在研究和反思的过程中清晰地阐释立场与兴趣。以上诸多来自哲学和文论研究对“话语”内涵界限的拓展为我们描述当代建筑话语观念潜在的、即兴的、未完成的状态提供了重要的理论基础。

本书很重要的一个研究方法即是通过引介自语言学的话语分析方法与建筑史论研究进行学科交叉，在此基础上对 20 世纪 80 年代建筑学科历史文献展开精读（Close Reading）和话语分析，以此呈现当代中国建筑思想观念演变的图景。与此同时，鉴于本书研究对象主要是建筑期刊文献，因此，在研究方法上有必要再引入一个重要的语言学概念——文本。在后结构主义的概念里，文本不再局限于一个固定的范畴，其阐释对象也不再是一套固定不变的话语，文本的话语以及文本与文本之间存在着互文性对话关系，也意味着文本的意义从自主性走向了开放的历史场域，文本的话语因此具有了开放性和社会性的向度。简言之，作为重要的文献（Documents）形式之一的文本

① 批判的话语分析中，倾向于将话语定义为一种社会活动形式，一个特别的话语事件和形成该话语事件的具体情形、局势、社会结构之间存在着辩证关系。话语事件由它们建构，也反过来重塑它们。也就是说，话语建构了知识的对象、人与人之间的社会身份和关系（Fairclough & Wodak，1997）。

② 福柯、哈贝马斯、墨菲、拉克劳、卢曼等学者在其论文中均诠释了文本和话语这两个概念。

及其解释理论是本书话语研究的重要方法。

为了最大限度获取文本话语的客观真实性，在此必须强调，没有一种单一的研究方法可以还原话语的原真性，文本内容的分析也只能作为其中一种辅助性分析方法。在多米尼克·斯特里（Domonic Striniati）看来："尽管内容分析目标是要按照科学的方法获得客观效果，但是它的分类过程常常是充满主观色彩的，因为它也许潜藏着某些理论或政治的假设，这些假设支持的是更为普遍的倾向。"由此可见，话语的客观性难以真正地建构在研究数据之上，在此之外，我们仍需借助文本分析的方法来最大程度接近话语史实。

如果说20世纪80年代话语理论在中国的接受仅仅是作为结构主义与后结构主义思潮的附属品停留在翻译和引介的层面，那么20世纪90年代以来，伴随着国外话语研究和话语理论著作的译介，"话语"作为现代文学批评理论的一个关键词被广泛探索。本书的研究方法正是源自语言学和文化批评领域的"文本"和"话语分析"的综合。当前，在以建筑话语作为研究方法的论述中，以同济大学王凯博士的论文《现代中国建筑话语的发生——近代文献中建筑话语的现代转型研究（1840—1937）》为范例，在其看来，话语是描述社会一般观念的有效方法，话语分析重视实践的倾向，可以有效处理观念、话语、实践的关系。话语分析突出语言的特殊意义和内涵，进一步强化了思想史研究对关键词、重要命题和概念的敏锐洞见。因此，他在书写中将话语引入对中国建筑学近代文献的分析，旨在延续和进一步拓展已有的话语分析论述，探寻建筑话语内外的思想观念。就本书的书写而言，我们需要理解20世纪80年代的建筑学科状况，就必须走进媒体的话语空间，即在一种面向历史的公共空间中寻求客观的史实。

在此，本书的研究同样作为对传统语言学的"话语"概念的挑战，将话语的"实践"向度引介到建筑学的文本批评中，"建筑话语分析"（Architectural Discourse Analysis）将作为本书对建筑学文本进行解读的最重要的研究方法。此外，“话语”自身的意义也在不断地自我改写，人们不断考察语言作为主观世界的表征，探讨有关词与物、语言与思维、语言与知识的关系，对语言自身进行考察。“由于历史本身的时间制与史书中的时间制并存及二者间的冲突产生的困难，以及这些冲突的话语引起的有趣特征”，导致“历史学家越接近自己的时代，其话语行为的压力就越大，而时间制也就越缓慢：两种时间制不是等时性的（Isochronic）。也就意味着话语是非线性的，暗示了历史陈述的双关语式（Paragrammatism）的可能性”。[①]

综合已有的相关建筑历史研究方法，对20世纪80年代建筑思想论争的研究归属于史论研究范畴，因此可以调动绝大多数历史研究的方法进行研究。20世纪80年代是刚刚过去的“历史”，作为一段亟待被重新叙述的当代史，其利弊显而易见，就其弊端而言，客观地判断和言说一段近身的历史，如何展开客观、开放的建筑批评颇具挑战性；而优势则体现在研究对象大多曾经直接置身和参与到某个具体论争的讨论中，史料充足而且可以展开多重角度的考据，尚可以充分利用经验材料，对这一段思想史进行充分论证和批评。本节的重要研究方法是文本和话语分析，以此呈现媒介文本中显性或隐性的意义，也进一步揭示了诸如机构对文本意义的限制、观众主动与文本协商对文本内容进行解读等因素。本书通过对当代中国建筑话语变化的观察，发现建筑话语的发生和演变绝不仅仅是建筑学科内部的范式变革，而是一种与中国当代社会密切相关的变革现象。在描述当代中国建筑的设计实践和理论研究状况时，将话语分析作为一种研究的方法，以此呈现出中国建筑师是如何在“中国-西方”“建筑自主性-社会现实”“传统-变革”等复杂网络中寻求其自身独特的立场，同时，建筑话语的研究还将促成中国建筑评论走向知识生产，促进本土形式语言的生成。

---

① 袁英.话语理论的知识谱系及其在中国的流变与重构[D].武汉：华中师范大学，2011.

## 第二节　媒体话语与建筑观念的生产关系

……研究者运用恰当的批评文献，追溯其中任何一个观念在历史场景上所扮演的许多角色，它所展示的不同方面，它与其他观念的交相辉映，冲突和联盟，以及不同的人们对它的反应。

——曹意强《观念史的历史、意义与方法》

### 一、何为“观念”

通常意义上，对于那些同时涵盖了人们主观态度、倾向或包含了某种评价意味的术语，我们称之为“观念”①。“观念”有赖于语言媒介而存在，观念史（the history of ideas）② 则强调各种观念、情感、思想和实践行为、哲学、政治、艺术、文学的互通性，力求找出文明或文化在漫长的精神变迁中的某些稳固的核心概念的发生和演变过程。概括地说，观念史的研究侧重对于具有稳定性和延续性的观念或思想本身进行考察。从观念史研究运用的结果导向来看，其研究目的不在于去发现那些固有的观念，而应该试图去消解后人附

① 观念、观念史的研究与定义可以通过若干文献来解读，其中，在雷蒙·威廉斯撰写的《关键词：文化与社会的词汇》一书中，他对“观念史”的词条编写如此阐释——“观念”（Idea）一词的解读可以追溯至古希腊时期的“观看”和“理解”之意，15 世纪西方则用该词表达事物价值的理想类型（Ideal Type），也指代人们对事物形态外观之认识。昆廷·斯金纳（Quentin Skinner，1940—　）则认为，应注重从社会和历史背景中去分析政治思想的形成与发展。斯金纳反对洛夫乔伊式的恒久不变的观念，认为任何观念都是一定条件和环境的产物。当时代和环境改变时，观念也会发生相应的变化，并产生出新的意义。不仅如此，观念的变化还表现在阐释者的主观性上。阐释者在对一种观念做出理解、解释和发扬时，总是会将自己的经验、意愿和目的加入其中，这样，观念距离其产生的时间越远，就越会远离其本义，衍生出更多含义。

② 观念史研究起源于 18 世纪后期，随着语言学转向，自 19 世纪末形成一门独立学科。在维科、赫尔德等学者的相关解释中逐渐倾向于把观念史与哲学反思分离开来，为观念史的发展奠定了重要的方法论基础。

加于观念之上的诸多含义，尽可能地展现观念的原初本义，与此同时，更侧重于从历史的脉络中去探询观念的曲折变化。这就需要研究者搁置自己的立场，深入观念产生的语境之中，去历史地理解观念在不同时期变化的根源。

在观念史（history of idea/intellectual history）研究的范畴中，“观念史不仅研究思想的结构，而且研究思想的过程；不仅分析人们应该如何思考，而且关注人们事实上如何思考。处理这‘思’与‘史’的关系，从纵向的角度说是解决观念的发生学和社会根植性问题；从横向的角度说则要回答特定观念在同时代观念谱系中的位置，以及观念史与其他学术研究形态之间的联系”①。尤其是近年来，当代观念史的研究方法侧重研究近代以来的新术语、新概念而非哲学解释，有的着重于研究外来语词的翻译与解释，有的着重于运用电子技术来整理历史文献的关键词，这些方法和视角的介入均有助于对近代以来出现的新观念做编年史研究。其中，金观涛和刘青峰在《中国近现代观念起源研究和数据库方法》一文中更进一步谈到他们在研究中运用计算机“数据挖掘”进行史学研究的方法：通过建立1830至1930年的中国近现代思想史研究专业数据库，对选取的关键词进行了频度分布的研究，从而探讨这些重要观念在中国的起源和演变以及它们与重大历史时间的关系。②基于此，我们可以借助已有的话语研究的方法，对中国社会、历史、文化等

---

① 高瑞泉．观念史何为？［J］．华东师范大学学报（哲学社会科学版），2011（2）．

② 总的来看，就观念史研究的已有方法而言，当下有关研究的侧重点在于着重研究近代以来的新术语、新概念，研究外来语词的翻译对于这些新概念的意义，运用电子技术来整理历史文献的关键词等。然而，在人文学科已有的研究成果中，运用时兴的大数据文献统计研究“词频”的方法，旨在探求数据的“客观”性而弱化了分析的环节。而实际上，大多数看似“客观”的研究数据还是难逃“主观”的论断，并且，在这样的操作过程中难免局限于数据自身的缺陷（Bug）和方式方法的僵化，并最终造成无法避免的“误读”。因此，在对观念或者概念的形成研究中，运用大数据对“词汇”（或者“关键词”）的词频分析研究，仅能提供一种呈现频率的参照，而拘泥于词频的所谓客观性或过度追述某个词语的历史演变实则很难最大程度呈现其客观性。故此，本书将不局限于对“关键词”进行词频分析，还将着重于对文本话语进行阐释，关注人们如何思考，关注话语言说内外“思”与“史”的关系，进而呈现特定观念在同时代观念谱系中的位置，以此涤清建筑学科观念话语的发生与其他学术研究形态之间的联系。

各个方面展开“观念史”研究。

观念是组成意识形态（Ideology）的基本“单元”（Unit），而意识形态中，各种思想之间存在着独特的言说和思想体系，观念与社会行动关系的建构使得人们能通过话语进行思考和交流，达成共识。作为认知社会变迁的重要维度，观念与社会行动之间的相互关系或者说是“关联性观念”（Articulate Ideas）是我们穿过语言的丛林，抓住历史洪流中变迁的思想之重要方法。因此，尽管数百年来建筑学科在其演变进程中历经数次革命与断裂，但是在思想和意识形态交锋的过程中，那些承载我们逻辑思考的历史事件产生了大量的思想话语并持续不断地影响着固有观念价值观的自我建构或不断重构。例如，在 20 世纪 20 年代的欧洲，激进的现代主义建筑师们时常宣称要和“传统”决裂。然而，通过彼时建筑实践和理论话语的研究，我们可以看到——“传统”之于“现代主义”只不过是“现代性”观念不断展开的另外一个新阶段。这种现象在建筑史研究学者马尔格雷夫（Harry Francis Mallgrave）看来，“将建筑理论看作一种相对封闭的、数个世纪以来形成的各种观念的实体或文化或许更好一些，这些观念在永远变化着的情境中保持着显著的稳定性”。因此，研究当代中国建筑观念的源流与演变，不仅仅是关注建筑学科内部的范式变革，更应该关注建筑学科如何在历史时空下不断开拓和挖掘新的生长点。

## 二、观念话语与媒体再现

媒体除了生产话语、传播信息，在某种程度上也通过报道的主题和评介的内容引导着大众在某个历史时段对某些问题的聚焦，而媒体报道关注的话题转变对学科也具有重要的导向作用。对建筑学而言，媒体是我们获取和理解当下重要建筑话语的渠道，媒体报道呈现了时下最热门的建筑理论、学科思潮以及行业人物、事件和话题。同时，通过观察和解析各家媒体的报道言论和期刊主题，也进一步体现出其自身的趣味和价值观念。当代媒体走进建筑学及其话语生产和传播机制，对我们研究和观察当代中国建筑学科发展起着重要的促进作用。“语言学转向”作为一种寻求文化价值的研究策略以及一种现代语言学方法深入各学科中。[①]学者们日渐将“话语分析”（Discourse Analysis）作为一种学术研究范式运用于文论研究和批评领域，积极思考和探索在中西文化碰撞与交汇过程中建构中国自身的文论和批评话语的有效路径。[②]以文本为向度的话语分析，某种程度上是我们理解和解析意识形态与政治权利关系中社会实践向度的重要途径。因此，建构在媒介材料之上的话语分析具有再现历史和社会史实的重要意义。

“话语”的基本特征为规则明确，意涵清晰而确定，具有事件性、指向性、意愿性、评价性，并且体现着时代的观念意识，在媒体文本研究中具有重要作用。建筑专业期刊作为承载建筑话语的重要平台和思想交锋的主要阵地，既报道和传播学术研究的前沿观念，又承担着构建建筑师社会认同的当代使命。专业媒体的报道在很大程度上引导着大众对经典历史事件的聚焦，其关注的热点话题甚至成为学科发展的风向标。了解媒体期刊参与建筑学话语生产的传播机制，对我们研究和观察当代中国建筑学科观念演变具有重要意义。本书基于20世纪80年代建筑专业期刊的重要文本，以学科关键词计量统计、建筑话语分析等研究方法，对彼时建筑学科内部讨论较多、论争活跃的学术事件和议题展开话语研究，归纳和分析建筑话语内外的学术景观，呈现20世纪80年代中国建筑观念演变的趋向，并对当代中国建筑学科展开批判性反思。

有关现当代中国思想观念演变的书写中，20世纪80年代作为具有重要

① 如果说20世纪60年代以来西方人文研究的“语言学转向”导致了批判性理论的繁盛，那么，20世纪80年代中国正好赶上的语言转向则为建筑学科构筑了一种自我言说的知识谱系。

② 袁英. 话语理论的知识谱系及其在中国的流变与重构［D］. 武汉：华中师范大学，2011.

历史意义的时段，承载着时代观念的变迁，是中国史学界展开话语研究必须聚焦的关键时期。在建筑学科领域，以“建筑话语”作为研究方法的论述还刚起步，已有的研究成果主要为中国建筑工业出版社的“话语·观念·建筑研究论丛”，其中，已出版发行的著述主要有同济大学王凯博士的《现代中国建筑话语的发生》以及王颖博士的《探求一种“中国式样”：早期现代中国建筑中的风格观念》。该丛书旨在为现代中国建筑学的历史与理论研究引入新的研究方法，将关键词研究、话语分析等方法与基本文献和实物的建筑观念研究相结合，并以此为基础倡导多维视角和方法的中国现代建筑研究范式。正如该丛书前言所说，“对研究方法的自觉，是现代研究区别于传统学术的重要标志之一”。丛书聚焦于“如火如荼理解近现代建筑话语乃至建筑文化的巨变”这样的问题，试图与历史文献和当代研究文献进行对话。因此，基于已有的研究方法，在本书的研究和书写中，试以观念史的视角作为话语研究的切入点，通过对文本中的建筑话语进行分析，探寻建筑话语内外的思想观念。

本书旨在将观念史作为重要的研究视角切入20世纪80年代中国建筑话语研究，透过此视角，我们可以发现，中国文化的独特性根植于中国特殊的社会、政治环境。尽管在变化的时局下，观念在不断地被重述，但纵观历史变迁，其根源性的观念几乎没有被撼动。正如金观涛、刘青峰在相关研究中提出：“今日中国的价值系统本是建立在1980年代启蒙运动思想及其退潮之上；而1980年代启蒙运动的兴起则源于对20世纪革命意识形态的批判和反思，它也是1970年代毛泽东思想解构的结果……”①归根结底，数千年来积淀形成的中国文化价值观念根深蒂固，因此，去洞察这些观念的形成和演变过程，寻找观念与事件之间的互动链，尤其是话语论争中那些起源、发展和演变均较为稳定和持续的思想观念，对今天的史学研究具有重要意义。

---

① 金观涛，刘青峰.观念史研究：中国现代重要政治术语的形成［M］.北京：法律出版社，2009.

# 第三章
# 20 世纪 80 年代中国建筑期刊话语生产

## 第一节　建筑媒体与话语

我们从大众交流中获得的不是现实，而是对现实所产生的眩晕。

——［法］让·鲍德里亚（Jean Baudrillard）《消费社会》[①]

新兴媒介将信息汇入我们的日常生活，处于信息生产与消费中的媒体具备了越来越强大的生产性，尤其是不断推陈出新的媒体形式和大众文化的迅速传播，促使新的“意义”（Meaning）被不断地复制、生产出来，这些再现于媒体的话语很大程度上模糊了学科的边界，而言语的混沌和语义的庞杂亦是史无前例的。[②] 诚如媒体文化研究学者道格拉斯·凯尔纳所言：“媒体文化是一种不同再现之间的竞赛，这些再现重现了现存的社会斗争，转译了时

① 让·鲍德里亚.消费社会［M］.刘成富，全志钢，译.南京：南京大学出版社，2014.

② 我们置身的媒体社会由于信息爆炸导致话语能指的游牧，开放的文本和大众参与程度越来越高的媒体也在预示着这个时代学术权威或理论英雄的退场。

代的政治话语。”①

20 世纪 80 年代中国建筑学科作为话语生产的试验场，许多新兴理论和批判范式被不断地生产出来并影响着当代中国建筑学的走向，而建筑专业期刊作为承载建筑话语发生的重要平台是思想交锋的主要阵地。在笔者看来，这些建筑专业期刊在很大程度上具备了“庞大的、综合性社会文本”②的特征，并在其发行过程中推动了建筑话语的传播并促成了对彼时建筑潮流（Trend）的阐释。关注专业媒体的话语生产与传播机制，可以更加全面深入地认识来自四面八方的媒体话语是如何挑战现代社会权力的网络关系的，并通过理解媒体文化的价值观念，客观认识和判断其舆论导向。

媒体除了生产话语、传播信息，在某种程度上也通过报道的主题和评介的内容引导着大众在某个历史时段对某些问题的聚焦，媒体报道的热点话题转变也同样具有重要的导向作用。（图 3-1）对建筑学而言，媒体是我们获取和理解当下重要建筑话语的渠道，媒体报道呈现了时下最热门的建筑理论、学科思潮以及行业人物、事件和话题。同时，通过观察和解析各家媒体的报道言论和期刊主题，也进一步体现出了其自身的趣味和价值观念。了解当代媒体走进建筑学及其话语生产和传播的机制，对我们研究和观察当代中国建筑学科发展起着重要的促进作用。与大众媒体的开放性和多元性不同，作为建筑话语重要的载体，专业的建筑媒体尤其是以纸媒为主体的学术

① 道格拉斯·凯尔纳．媒体文化：介于现代与后现代之间的文化研究、认同性与政治［M］．丁宁，译．北京：商务印书馆，2003：57.

② 蒋原伦．媒体文化与消费时代［M］．北京：中央编译出版社，2004. 蒋原伦在书里针对当前媒体文本的泛滥和混乱状况如此描述：“如果将媒体文化作为一个文本来解读的话，那么这是一个没有明确边际的文本，是各个部分互相关联又有独立研究价值的文本，是内含无数批评角度的立体的、开放的文本，是每天都在发生变化、成长并产生各种意义的文本，是任何学者、研究者、批评家无法一手捉住并固定在自己案头的文本，因此这也是一个将学者和研究者沦陷于批评困境、难以驾驭的文本……”并在著述的结尾进而反身诘问：“是什么力量的推动使得批评家们从封闭的文学和艺术文本中跨出，鼓起勇气走进如此庞大的、综合性社会文本？”

图 3-1　媒体与话语

期刊为我们提供了更为专业、系统的研究内容和语料库。本书将传统专业媒体——建筑期刊文本作为研究对象，也正是考虑到大众媒体难以具备传统纸媒的专业性和系统性。

19 世纪以来，建筑期刊对专业的发展起到了极为重要的促进作用，不仅推动了建筑话语的传播，还促成了对建筑潮流的阐释。就现代建筑期刊的隶属情况来看，可分为科研院所的专刊，各类大专院校的学报、校报，中央所属部门行业型刊物，地方所属各厅局的部门行业型刊物，报社、出版部门所属刊物 5 大块。① 就建筑期刊在中国的发展历程来看，则大致经历了以下几个阶段：20 世纪 30 至 40 年代，由留洋归来的学子创办了中国历史上最早的建筑学术期刊，第一代中国建筑师在此平台上登场亮相。20 世纪 50 至 70 年代，中华人民共和国成立以后，应建筑行业发展之需，在官方主导下创办了一批学术刊物，在政治运动为背景的大环境下，期刊发展分别经历了“设

① 蒋妙菲 . 建筑杂志在中国［J］. 时代建筑，2004（2）.

计革命”和阶级斗争为纲等历史阶段，期刊的发展举步维艰。20世纪80至90年代，建筑界突破了思想束缚，在繁荣建筑创作、活跃学术思想的时局里，期刊得以迅速成长，建筑生产部门和教育机构纷纷创办建筑期刊。据不完全统计，1987年有上百种建筑刊物得以发行，除了《建筑学报》创刊于20世纪50年代以外，《世界建筑》《建筑师》《新建筑》《时代建筑》《世界建筑导报》《华中建筑》《建筑创作》等当前我国主要的建筑核心刊物大多初创于20世纪80年代前后，各家刊物的办刊特色各有倾向，为繁荣建筑创作做出重大贡献。其中，《世界建筑》由清华大学主办，1979年试刊，正式创刊于1980年，是改革开放以来第一本系统介绍国外建筑实践和理论的学术杂志，在曾昭奋、汪坦、吕增标等清华大学教授的支持和领导下，杂志以大量的译介文章和建筑评论为特色，深受广大专业人士推崇。《世界建筑导报》1985年创刊于深圳经济特区，面向港澳地区的独特区位也影响着该期刊的办刊趣味，杂志强调国际性和导向性，也是国内当时唯一的中英文双语杂志，以大量的图片介绍国外当代建筑，深受青年建筑师和在校师生欢迎。众多的期刊各具特点，在此就不一一赘述。2000年以来，各大核心刊物逐渐明晰了各自的办刊理念并拥有广大的专业受众，同时，一批新锐先锋的本土杂志也加入建筑媒体的队伍，呈现出期刊时尚化的特征，或称“时尚杂志建筑化”①。近十年来在全球化的趋势下，大量来自国外的建筑刊物也进入中国市场，这些国外核心刊物以纸媒的形式着陆中国，以双语化或原版的形式进入国内，部分国外期刊在理论研究的深度或者设计图纸细部的表现上吸引着建筑理论研究学者和建筑师的眼球，这些舶来的建筑期刊很大程度上滋养了我国的建筑学术环境。在众多的纸媒和新兴媒介的推动下，当代中国建筑学科获得了前所未有的话语空间。鉴于建筑专业期刊的学术性、系统性特征，

① 蒋妙菲.建筑杂志在中国［J］.时代建筑，2004（2）.

以及当代巨大的媒体空间及话语生产现实，本书研究选择了发展历程相对系统完整的几家国内建筑期刊，以其20世纪80年代的文本为主要的研究材料，运用文本分析的方法对20世纪80年代具有明确特征的话语进行剖析，为我们理解建筑学媒体话语生产机制提供一种批判性视野。因此，试从话语置身的语境及其互文关系展开分析，由表及里去发现那些隐藏在文本中的、不能为一般性阅读所把握的意义在相关研究中尤显必要。

面对当代网络媒体的信息爆炸，大众文化通过媒体逐步地渗透到学术研究的视域，形成了一种全新的媒体批评参与机制，尤其在当今自媒体①文化的冲击下，专业媒体正在面临巨大的困境和挑战。在大众媒体中简单化、扁平化、碎片化的图文消费冲击下，专业媒体的优势在逐渐丧失，学术的价值遭遇贬值，一种迅速而廉价的碎片信息正在试图取代知识向学问转化的过程，大众媒体对专业媒体形成了一种强大的挤压之势。除此之外，专业媒体信息反馈缓慢、知识生产与实际需求错位等因素，愈发加剧了传统意义上专业媒体的自我更新。明确当下时务，应对新语境下的社会现实或许是当代媒体未来的重要任务。《世界建筑》杂志主编张利在谈及今日建筑媒体的取向问题时曾指出："当代中国正处于建筑文化的再梳理、再争鸣与再积累时期，建筑媒体的表现非常活跃。任何媒体，在生存需要之外，都必然存在一个取向，而这一取向决定了该媒体对所传播信息的选择、组织及影响预判。"时至今日，建筑媒体不再满足刊载和报道等基本的传播功能，建筑媒体人冀望通过媒体的力量为中国建筑师搭建更宽广的实践平台，促使当代中国建筑走向世界。"专业建筑媒体既承担着提高建筑师社会话语权的当代使命，又要为带领中国建筑师走向国际推波助力。"②在建筑媒体集体的努力下，多种参

① 自媒体（We Media）形式已经全面进入大众的视野，尤其是当代纸质媒体正在被电子网络媒体逐渐替代的状态下，在事件报道、信息交互和快速检索等方面，专业建筑媒体仍旧依托传统纸媒，而自媒体相对而言并不拘泥于形式，以更为迅速的应变适应了网络媒体的新浪潮。

② 王寒妮．传播与介入：建筑媒体的当代角色［J］．世界建筑，2015（1）．

与形式的大师讲堂、学术论坛、乡村实践、境内外建筑展览、发现青年建筑师等活动和议题正积极有效地展开，建筑媒体逐渐成为学术事件的组织者和推动者，以多种形式拥抱新媒体时代。我们坚信，无论传统意义上专业媒体生产的话语多么庞杂模糊难以驾驭，甚至我们始终无法透过专业媒体深入而客观地陈述事实，但专业媒体可以系统和完整地呈现出特定时段里建筑学界最关注、讨论最多的话题，而这正是吸引大量专业学者走进建筑媒体的重要原因。

## 第二节　话语的异化

《书写与差异》① 中文版问世时，德里达（Jacques Derrida）曾说："从某种角度上说，它会变成另一本书。即便最忠实原作的翻译也是无限地远离原著、无限地区别于原著。然而这很妙。因为，翻译在一种新的躯体、新的文化中打开了文本的崭新历史。"② 由此我们可以看出，文本在传播过程中出现了话语的"异化"③，或者说是话语的"延异"④ 现象，一种基于原文却迥异于原话语的新概念、新内涵被"创造"出来，甚至生成了一个全新的文本。也可以这么理解，在话语生产和传播过程中，必然存在且难以回避的，我们在"再诠释"或翻译过程中，已经在不同程度上"曲解"或"误读"了原

① 雅克·德里达.书写与差异[M].张宁，译.北京：生活·读书·新知三联书店，2001.

② 钱冷，赵红.理论旅行与翻译延异：谈西方思潮在中国的延异与阐释[J].科技信息（科学教研），2007（20）.

③ 本书提及的"异化"（Foreignization）概念特指文本翻译或话语转述过程中出现的延异，而非马克思主义哲学中的"异化"（Alienation）概念。

④ 本书涉及的延异（Differance）概念出自法国哲学家德里达的一个自创符号，他在"差异"（Difference）的基础上进行了单词的变化，以此生产新的词汇。也以此表示对逻辑意义上的概念的质疑和颠覆，突破形而上学思维方式的死结。"从差异到延异"的变异，这样的操作方法本身也在"异化"和"创造"概念。

本。因此，对一种理论或者学科概念进行定义抑或说开展对文本的研究的过程正是一个不断产生新话语的过程。

戴锦华曾在某次访谈中如此回顾20世纪80年代的中国知识界："80年代，整个中国知识界都在寻找新的理论和学术话语，希望从旧的准社会学式的思想方法和话语结构中突围出去。"20世纪80年代的建筑学科作为一个理论话语生产的试验场，许多学科理论和批判范式在不断被生产出来，在某种意义上，探寻新的话语资源几乎是整个中国20世纪80年代的文化动力。也正因此，20世纪80年代的理论探新过程正是一个话语异化的过程。在这个过程中，话语的生产是对历史世界和意义世界的开拓，历史性"被构成"为差异的织体，意义被延异在永恒的生产中。①

观念支配世界，观念改变世界。观念的力量促成人类世界颠覆性的改变并折射出漫长的人类文明进程。在思想史家以赛亚·伯林的论述里，有两个突出的事件塑造了20世纪的人类历史——自然科学与技术的发展以及意识形态风暴，这两个标志20世纪特征的史实，彻底改写了人类的生活，在伯林看来这归根结底肇始于人们头脑中的观念生产和认知观念的颠覆。正是为了探究这个重大问题，观念史在两次世界大战之间的黑暗岁月里从哲学史学科脱胎而出，成为一门独特的研究领域。因此，对思想观念与社会历史变迁关联性的关注，是本书研究的主要出发点。

媒体不断再现着历史，也在折射着各个时期人类思想观念的变化。尤其是在媒体频繁地参与到社会文化的话语生产中的当代，考察媒体话语的变化对研究当下思想观念图景具有重要意义。现代媒体环境的形成可以追溯到19世纪以来大量发行的报刊、书籍、广播以及影像在民间的迅速传播。随着传媒技术的快速发展，逐渐形成了今日以图像消费为主体，影像生产为

① 赵一凡，张中载，李德恩．西方文论关键词［M］．北京：外语教学与研究出版社．2006.

辅助的新兴媒体。今天看来，书籍、报刊、广播电视、互联网络等媒介形式正在主导着知识话语的传播；大众文化（Mass Culture）催生出的“大众媒体”[①]较之专业媒体具有更大的开放性和兼容性，其制造话题、追踪时事、引发众议的功能更加强大，其参与社会生活的姿态是积极开放而富有策略性的——拉拢广大的受众群、攫取市场的同时也在影响甚至操纵受众、左右舆论。可以这么说，大众媒体传播逐渐摈弃传统意义上的信息搬运，在传播过程中施加于知识话语的思想观念、形式内涵上的强大的抽象力量甚至决定着社会意识形态的“中心–边缘”界限。某种程度上，传媒和权力的相互助力也是当代媒体的主要特征，在知识与话语的运作中，社会各阶层存在着某种共谋关系。如媒体文化研究学者道格拉斯·凯尔纳所言：“媒体文化是一种不同再现之间的竞赛，这些再现重现了现存的社会斗争，转译了时代的政治话语。”[②]关注专业媒体和大众媒体的话语生产与传播，分析其介入当代社会的种种形式，才能更加全面深入地认识到来自四面八方的媒体话语如何挑战现代社会权力的网络体系，并通过理解媒体文化价值观的生产机制去客观认识和判断其舆论导向。

随着媒体越来越具有生产性，媒体的折射、投射或者其“镜像”的功能和意义愈发值得我们去研究。镜像理论中，古希腊哲学家柏拉图曾提出过著名的“洞穴理论”[③]，在当下大众传播理论研究学者看来，“洞喻”理论是媒体理论的重要参照，如果被囚禁在洞穴中的囚徒是大众，那么，大众媒体就

---

① 在大众文化研究学者看来，大众文化是一个开放的系统，没有自身的理论界限，在大众文化中，快感和参与起着重要作用。而大众媒体既是社会流行趣味的实践者也是制造者，它们注定成为媒体文化猎取对象的同时，也使媒体文化成为社会流行趣味的加工厂。

② 道格拉斯·凯尔纳.媒体文化：介于现代与后现代之间的文化研究、认同与政治［M］.丁宁，译.北京：商务印书馆，2003：57.

③ 他将缺乏哲学思辨的人喻作被囚禁的罪犯，由于他们被限定在固定不变的空间里，只能把目光投向洞穴深处的一堵矮墙，而矮墙上则仅仅可以折射出他们身后烛光的投影，这些囚徒难免把矮墙上的投射视作真实世界的存在。

是那座充斥着自身投影的矮墙。另外，学者拉康在其著作中，从心理分析的角度讨论了“我”——关于“一个身份的形成”，并就此引申出“媒体镜像”的经典概念：“是因其反射了一个自身，它制造了一个第二者，或多或少地可信，是一个已经建成了的原本自身的相似物、模仿物和翻译产品。”即某种程度上是镜像建造了自身，在这样的镜像过程中，媒体还在不断地折射现实，然而，现实的虚像经过反复折射，再现出来的“像”却并不与真实主体一一对应。此外，在众多再现理论的阐释中，镜像作为重要的再现特征，对自身的重建过程也在混淆着建筑学自身的概念。其中，瓦尔特·本雅明的重要研究《作为生产者的作者》和《机械复制时代中的艺术作品》中提出了“生产”与“复制”的概念，并通过进一步延伸“复制”的观念，进而引发了“物体的危机”和“光环的消失”的思辨……由此可见，置身于信息爆炸时代，学者和大众无不困惑于当下这样一个充斥着现代性“过渡、短暂、偶然”特征的、难以描述和捕捉的语义空间。以文本为向度的话语分析，某种程度上是我们理解和解析意识形态与政治权利关系中社会实践向度的重要途径。通过媒体话语的研究，呈现多种不同解读的可能。试从某个“影像”出发，回到媒体这个“镜子”本身。

## 第三节　观念的再现

以文献、文本作为主要对象的观念史研究通常借助对文本话语的内容分析来考察历史进程中观念变迁的情况。对选取文献的相关作者、受众、语境甚至是话语传播媒介的考察是其中的必要环节。历史在对文献进行处理的过程中，对文献进行了再组织、分割、安排、分配、层次划分以及序列建立，并从不合理因素中提炼出合理的因素、测定各种成分、确定各种单位。因此，选取具有代表性的文章归纳分析、判断文献的价值是操作文献内容分析的主要手段。在米歇尔·福柯对文献的历史价值的评述中如此说："历史的首要任务已不是解释文献、确定它的真伪及其表述价值，而是研究文献的内涵……描述各种关系。因此，对历史来说，文献不是一种无生气的材料，历史试图通过文献重建前人所言，重建过去所发生而如今仅留下印迹的事情；历史力图在文献自身的构成中确定某些单位、某些整体、某些序列和某些关联。"① 本书的研究涉及大量刊物文献的爬梳和整理。因此，笔者在研究中通过主题分类的方式进行文献研究，以"重要学术讨论热点议题""建筑实践"和"建筑理论"三个主要线索的话语生产来归纳 20 世纪 80 年代中国建筑专业期刊文献大量而繁杂的语料，并在此基础上对 20 世纪 80 年代建筑学文本进行关键话语统计分析，对多家建筑专业媒体话语分别进行综合性概述，以此管窥 20 世纪 80 年代中国建筑观念流变的主要趋势。

作为知识话语传播的重要途径，"话语再现"( Discourses Representation )是一个重要的媒体现象。通过研究发现，在文化传播过程中普遍存在着同一时间内大量不同的"话语再现"，却很难有一种文化再现能够提供事实的"真相"并解释清楚到底什么被再现。而内容分析和意识形态分析作为当代媒体研究中常用的"再现"研究方法，旨在发现或呈现社会的权力关系以及思想观念之间彼此关联的机制，某种意义上，媒体的"再现"是一个有关意义的斗争场所。与此同时，媒体为"语料"的呈现提供了重要的信息载体，话语传播过程中"原话语""再现话语"及"当前话语"的相互关系可以作为我们进一步了解学科思想观念形成和演变的途径。而以文本为向度的话语分析，既是对原话语和当前话语的转译，也再现了社会意识形态与政治权利

① 米歇尔·福柯.知识考古学 [M].谢强，马月，译.北京：生活·读书·新知三联书店，2003.

的关系，甚至衍生出了更多维度、深层次的观念性解释。因此，基于媒介材料之上的话语分析具有再现历史和社会现实的重要意义。

媒体话语研究作为本文研究的主要方法和视角，作者将在此进一步解释“再现的话语”和“新话语”或者说是“原本”（the Original）和“拷贝副本”（the Copy）之间的关系。语言学研究中，有关“原本-副本”问题的论述通常会援引德里达在《书写与差异》中论述的观点——在其看来，“副本”的产生不可避免，每个副本在某些情况下都会变成新的原本，他更进一步举例强调“被再生产”出来的副本极有可能超越原本所传达的原意：“20世纪欧洲整个哲学传统的基础便是如此。哲学家用其他哲学家作为代言人来表述自己的想法。德里达对胡塞尔或海德格尔的讨论，不仅没有削弱彼此，反而为新的‘原本的’海德格尔或德里达建立了一个语境。”① 由此可见，尽管话语通过转译者或者经由媒介的传播往往很难保持原话语，在转述和传播过程中出现的信息丢失、语义混淆也在不断颠覆着原话语，然而，在话语的接收者（受众）一方，其鉴赏能力和理解程度的深浅再次或多次重构着“原话语”，甚至生产出具有全新内涵的“再现话语”或者多重解码的“当前话语”。可以这么说，“原话语-再现话语-当前话语”之间，“再现”话语内涵的多次转译正好比行走在黑暗泥沼之上的脚步，随时都面临语义沦陷的危机。这也是我们在接受媒体语料以及转译过程中很难准确理解“原话语”的桎梏。因此，如何通过文本分析进一步接近原话语将是本书媒体话语研究面对的重大挑战。

综上所述，媒体价值观的影响力不容忽视，媒体文本的价值观也并非单一形态，多元而矛盾的话语是其间最基本的主题。在对媒体价值观做出判断的过程中，社会意识形态对媒介文本的影响应作为考察的重要因素。意识形

---

① 雅克·德里达．书写与差异［M］．张宁，译．北京：生活·读书·新知三联书店，2001.

态与媒体的研究中，以路易斯·阿尔都塞的研究为重要参考，在他看来，被称为“意识形态国家机器”来支撑和维系的社会关系中，政治系统、文化、媒体等都是必要的因素，媒体研究有必要对生产媒体文本的过程所涉及的权力关系进行考察，对媒介进行意识形态分析，以此揭示“某些观点和信仰是如何通过媒介再现被合法化，被‘制造成真实的’”①。在传统媒体研究中，文本的批判分析是一个重要的里程碑，通常被称为“解读”媒介文本，即对媒介内容产生的意义进行严密的文本研究。研究媒体文本话语，辨识词语内涵变化的事实，可以进而描述词语作为“符号”及其在历史、社会和文化中出现的可能性。

当代媒体的漫射正在修改大众对世界的普遍看法，被媒体所主宰的世界是一个偏爱新事件的物质环境，是一个被过度膨胀的符号严重污染的语义空间。词语和图像的力量也在威胁着物理空间作为当代文化经验和身份空间的有效性。“如果说对建筑师及其群体的活动更多地体现的是建筑杂志的交往范围的话，那建筑杂志中的文章则更多地体现的是杂志和撰稿人群体的兴趣。”②20 世纪 80 年代中国建筑话语的主要传播媒介是报纸和专业学术期刊。（图 3-2）媒体中的论争重心作为再现历史的重要部分，最能代表某个时代的主流观念。例如，在改革开放之初，《建筑学报》1980 年第 4 期刊载了学会第五届副理事长汪季琦的《回忆上海建筑艺术座谈会》一文，文章借上海建筑艺术座谈会之机，以回忆刘秀峰 20 世纪 50 年代极具争议的文章《创造中国的社会主义的建筑新风格》为线索，回顾了 20 世纪 50 年代以来近三十年中国在社会主义阵营下是如何围绕“社会主义内容，民族形式”展

① 利萨·泰勒，安德鲁·威利斯．媒介研究：文本、机构与受众［M］．吴靖，黄佩，译．北京：北京大学出版社，2004.

② 王凯，曾巧巧，武卿．三代人的十年：2000 年以来建筑专业杂志话语回顾与图解分析［J］．时代建筑，2014（1）.

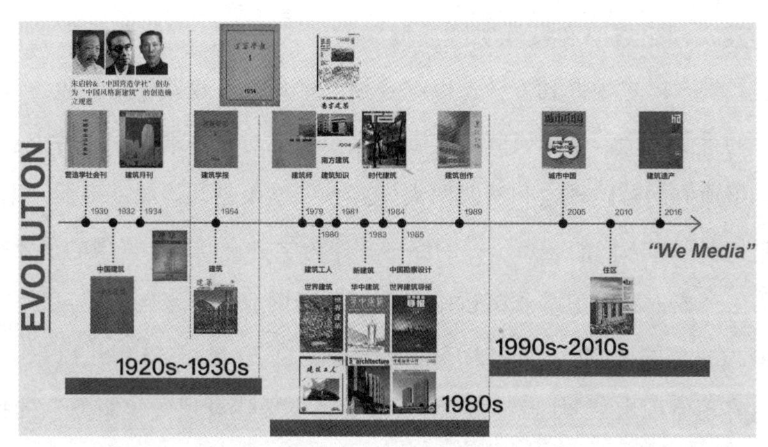


图 3-2　20 世纪建筑期刊的发展进程："如果说对建筑师及其群体的活动更多地体现的是建筑杂志的交往范围的话，那建筑杂志中的文章则更多地体现的是杂志和撰稿人群体的兴趣。"

开批判与自我批判的。在诉诸媒体的舆论中，这次论争的风暴中心——"创造中国的社会主义的建筑新风格"自提出之日起就被若干次改写和异化，这些来自媒体的舆论形成强大的话语力量，不断地"再现"了历史，以至于史实本身已经不是论述的重点。就 20 世纪 80 年代中国建筑话语发生的整体情况来看，如果说大众传媒在更大的社会范围内宣传了主流社会的思想观念，那么，通过学术刊物和专著，我们可以捕捉到当时的政治气象下建筑学科的重大决策对彼时思想论争以及话语角力的深刻影响。

## 第四节　话语的密林

### 一、《建筑学报》20 世纪 80 年代文本分析

《建筑学报》创刊至今 60 余年，以全面反映中国建筑行业发展历程、促

进中国建筑理论繁荣和设计实践的健康发展为宗旨，以服务国家的建设政策、倡导学术民主为办刊方针，以综合性、学术性、权威性为特色，以国内建筑界的重要活动、学术研究及实践为主要报道对象，根据学科特点和读者定位，报道方向兼顾理论和实践两大内容。① 学报创刊伊始就遵循“适用就是要服从国家和人民的需要”② 的原则，作为学科官方话语呈现的重要媒体，其话语生产成为我们追踪和剖析中华人民共和国成立以来国内建筑学科观念变迁最为完整的文本。(图 3-3)《建筑学报》自 20 世纪 80 年代以来，其刊载的内容多体现出“面向经济建设、为社会主义建设现代化服务”的特点，强化了社会、经济、环境等方面的政策导向，尤其对城乡建设、旧城改建、文化历史名城保护以及国内外优秀设计工程等建设议题展开较为密集的报道。在理论研究方面，打破了“文革”时期设立的思想禁区，开辟了“国外建筑”“学术交流”“青年建筑师专栏”等栏目，呈现了新时期建筑学科思想观念的转型。与国内同期其他建筑学术刊物明显的区别是《建筑学报》的议题紧跟国家形势政策，及时、准确地呈现学科热点。以下是对学报文本的概括性话语分析：

(1) 对历史遗留问题的肃清。20 世纪 80 年代初期，中华人民共和国成立以来学术讨论的重要议题诸如“创造中国的社会主义的建筑风格”以及“社会主义内容，民族形式”等再次被提及，“拨乱反正”是此时重要的学术风向。其中主要包括了对建筑形式问题的集中反思。以上议题占据了 80 年代初期学报报道的大半篇幅，就某个问题展开针锋相对的论争是这个时期思想意识讨论的主要方式，比如 1981 年第 2 期刊载了应若《谈建筑中“社会

① 参见《建筑学报》官网简介，《建筑学报》是由中国科学技术协会主管、中国建筑学会主办的国家一级学术期刊、中文核心期刊。《建筑学报》创刊 60 多年来，涵盖了国内建筑学专业高水平的理论研究论文和重要建筑实践，记录了中华人民共和国建筑创作发展的历程，在国内建筑学领域具有权威性，发行量一直在同类期刊中居首位。

② 《人民日报》社论．反对建筑中的浪费现象 [N]．人民日报，1958-3-28.

图 3-3　20 世纪 80 年代《建筑学报》部分封面

主义内容，民族形式”口号》一文，同年第 12 期，汪涤华发文《对“谈建筑中‘社会主义内容，民族形式’口号”的意见》，两文就此问题形成争鸣的气象。

（2）“繁荣建筑创作”作为 20 世纪 80 年代最重要的学科发展目标，国内各家建筑学术刊物均以此作为报道重点。从《建筑学报》的组织工作来看，以 1978 年全国科学大会为契机，集中报道了我国住宅建设的新局面，张开济、戴念慈等老一辈专家学者就繁荣建筑创作均发表了重要文章。其中，1984 年戴念慈的文章《中国建筑师走过的道路和面临的问题》既是对我国三十年来建设活动总局的概括、评价，也是对新形势下产生的问题做出预判，在其看来要防微杜渐，比如反思学习苏联的得失、号召建筑创作要打破“左”倾思想、在创作中要意识到建设规模与经济之间的矛盾以及现代化与民族传统之间的矛盾等。就“繁荣建筑创作”议题来看，1985 年进入讨论的高潮，有代表性的讨论有建设部设计局和中国建筑学会于 1985 年 2 月召开的繁荣建筑创作座谈会，会议就如何繁荣建筑创作以及更好地适应城乡两个文明建设的需要展开热烈讨论并在学报 1984 年第 5 期选登了各家言论。

（3）集中报道建筑学会组织举办的各类学术会议是《建筑学报》的优势。诸如，1978 年 10 月，中国建筑学会建筑创作委员会召开恢复活动大会（简称“南宁会议”），会上对建筑现代化和建筑风格问题进行了座谈；1979 年 4 月，建筑学会召开常务理事会扩大会议（简称“杭州会议”），讨论了落实政策、拨乱反正，建筑学会召开第五次全国代表大会等问题；1980 年 10 月，中国建筑学会在北京召开第五次全国代表大会，会议贯彻党的十一届三中全会的路线，动员广大会员和建筑科技工作者为实现城乡建设和建筑现代化的新任务而奋斗，会议还举办了“80 年代建筑发展方向”的学术年会等。20 世纪 80 年代建筑学科的新气象、新观念大多来自建筑学会的会议决策，通过学报刊载的会议内容和发言纪要我们可以大致了解学科发展的动向。

（4）20 世纪 80 年代建设部开始组织各级相关部门开展评优、评奖和设计竞赛等活动，推动了建筑创作的多方位实践；其中，1981 年、1984 年、1986 年和 1989 年分别举办了四届评选优秀建筑设计的活动，评选出的优秀项目为我们研究 20 世纪 80 年代中国建筑创作提供了最重要的范本。此外，中国建筑学会联合各部门组织举办的全国农村住宅设计竞赛、全国中小型剧场设计方案竞赛等活动也是 20 世纪 80 年代学报报道的重点，学报作为获奖项目的评介、公布媒介起了重要的推动作用。

（5）在理论研究栏目中，学报更关注译介事件作为一种学术现象的价值和意义。以邹德侬发表的数篇关于“引进国外建筑理论教训”的文章为代表，体现了学报逐步走出对 20 世纪 80 年代建筑学“理论热”的盲目追捧，开始反思我国学术环境的变化。这些转变既显示了国内理论研究进入更为理性的范畴，也表明了学报的学术视角和深刻的理论诉求。

## 二、《新建筑》20 世纪 80 年代文本分析

《新建筑》1983 年创刊，由华中科技大学主办，主要以推介建筑设计、城市设计和环境设计的新方法、新理论、新作品以及建筑教育改革的新尝试为己任。自创刊发展至今，其核心栏目有专栏、新作视窗、考察与研究、新建筑论坛、境外建筑、建筑师档案、建筑人生、新事记、建筑评论等，从不同角度阐述学术思想，活跃学术气氛。[①] 综观 20 世纪 80 年代《新建筑》刊载文章的趋势，重在以“新”见长，不拘泥于某些固定的报道主题，更倾向于以当下建筑设计行业的发展趋势为风向标，其刊载的文章大多为国内外行业时讯，也为大批中青年建筑学者在媒体上发表文章提供了重要的平台，如张在元、薛求理、顾大庆、张永和、张伶伶、阮昕等年轻学者均于 20 世纪 80 年代就在《新建筑》上发表了重要文章。相关分析如下：

（1）在学术讨论和思想议题上，《新建筑》有别于《建筑学报》对国家政策和发展路线的实时追踪和报道，相对弱化了此方面的讨论。围绕“繁荣建筑创作”，《新建筑》在 20 世纪 80 年代初期对国内建筑的热议主要集中在香山饭店、阙里宾舍等优秀作品的形式争论上，诸如 1984 年 3 月《新建筑》编辑部邀请全国 30 多位建筑师于香山饭店讨论建筑创作思想问题，并普遍认为建筑创作中要反对千篇一律、探索中国新建筑语言以及现代化与民族化问题。与《建筑学报》等期刊中观点针锋相对的文章居多的现象不一样，《新建筑》较少针砭时弊，而是着力于国内外新建筑的引介以及评述，周卜颐《从香山饭店谈我国建筑创作的现代化与民族化》以及 1986 年第 2

① 参见《新建筑》官网杂志简介的内容。另，中国建筑杂志的发展值得一提的是陶德坚参与了《世界建筑》与《新建筑》两份杂志的创办，陶德坚在清华大学建筑学系任教期间协助吕增标创办了《世界建筑》杂志并担任编辑兼做出版发行工作。

期齐康的《构思的钥匙——记南京大屠杀纪念馆方案创作》等文章均从建筑创作的角度来阐释时下最前沿的设计思想和设计方法。

（2）《新建筑》杂志对国内外建筑设计方法以及跨学科设计理论的关注较多，尤其以城市和建筑的空间环境问题的研究居多。在引介国外建筑设计方面，大多以建筑师个体及其设计思想为主，直接翻译相关文本或者由国内学者转述是主要的引介方式，其中，周贞雄的《日本建筑设计方法论研究简介》、龚德顺的《进入八十年代的日本建筑》是《新建筑》刊载的较早对日本现代建筑进行推介的文章；在设计方法引介上，“空间句法”理论的介绍也集合了多篇要文。与《世界建筑》《建筑师》对国外建筑师的引介居多相似，《新建筑》每一期均以多篇文章来介绍国外建筑师，诸如约瑟普·路易斯·瑟特、斯特林、阿尔多·罗西、彼得·埃森曼等，均在 20 世纪 80 年代的《新建筑》杂志开始登场。

与 20 世纪 80 年代日本兴起的街道美学、欧美国家城市公共空间研究相对应，一批中国中青年学者对城市和建筑设计方法论兴趣浓厚。他们从建筑与城市的空间、环境等方面进行研究，胡正凡的《易识别性与环境设计》、赵冰的《人的空间》、郑定国的《模糊空间美学》、阮昕的《街道与广场的意义》、余卓群的《城市文脉与建筑创作》均体现了当时的学术兴趣，在这一类文章中，建筑空间、空间美学、街道美学、公共空间等空间延伸概念被普遍提及，而这些当时的中青年学者逐渐成为当下重要的专家学者。由此可见，《新建筑》作为一个重要的媒体平台对 20 世纪 80 年代中国学术界有重要意义。

（3）建筑理论研究方面，《新建筑》对国外当时最热门的理论展开了较为全面的讨论和译介。其中，占据 20 世纪 80 年代《新建筑》最大篇幅的译介文章当属 1984 年以来由芦原义信著写、尹培桐翻译的《街道的美学》《续街道美学》。这两篇文章在《新建筑》连载并获得热烈反响，芦原义信提出的“街道美学”概念逐渐衍生出的“城市美学”“技术美学”“模糊空间美学”等相关研究文章也纷纷占据期刊版面。很大程度上，混杂、错接的美学观念开始在建筑学界滋生蔓延。时值20世纪80年代中后期，随着后现代建筑理论进入我国，跨学科理论与建筑本体理论相结合风气正盛，《新建筑》中跨学科理论研究也产生了大量视角丰富多元的报道。当时主要的跨学科理论有建筑美学、建筑心理学、建筑语言学、建筑生态学等，而历史主义、场所精神、文脉等理论话语也开始占据文本重心，张庭伟的《从罗马俱乐部看后现代主义的哲学基础》，大谷幸夫的《“文脉”之探求》以及诺伯格·舒尔茨著、薛求理翻译的《含义、建筑和历史》均呈现于当时的学科语境中。

（4）对建筑教育的关注也是20世纪80年代《新建筑》报道的重点。1983年第1期，林志群发文《从城乡建设面临的任务看高等建筑教育改革的方向》，就城乡建设任务和相应的建筑人才培养问题提出建筑人才应具有综合能力的观点；1986年第1期刊载了顾大庆的《设计方法论与建筑设计教学》；1989年第1期，张永和的《谈在美国建筑教育中我所看到的三个问题》，就美国建筑师的职业性问题、学位认可制度和执照考试制度、基本功问题等阐述了观点。

综上所述，《新建筑》作为一本求新、探新的建筑期刊，为我国20世纪80年代建筑工作者打开了前沿学科新视野。

### 三、《建筑师》20世纪80年代文本分析

由中国建筑工业出版社主办的《建筑师》于1979年8月开始发行，因种种原因，直到2004年才获得国家正式期刊号，以双月刊形式出版发行。[①]虽然其真正意义上的创刊时间较晚，但是作为20世纪80年代最为系统和详

① 《建筑师》创刊于1979年，但是一直没有正式的期刊号，虽然一开始就以每年4期的周期出版，但不能算作真正意义上的期刊，而是以书代刊，属于建筑学理论丛刊。

尽引介建筑理论的刊物其历史地位不容忽视。在40余年的办刊历史中，《建筑师》作为中国建筑界的理论阵地与学术平台，拢聚了大批专家、学者、建筑师与院校师生，记录了几代中国建筑师的成长历程以及20世纪后期中国建筑理论的发展史，全面反映国内外建筑理论的最新动态以及相关建筑设计成果。笔者从20世纪80年代《建筑师》的文本中梳理出几个主要方面，以此呈现80年代学术界关注的重点：

（1）学术讨论热点议题方面，刊物对20世纪80年代提出的“解放思想，繁荣创作”议题展开热烈讨论并组织学者从不同角度撰写文章。其中，以熊明的《关于建筑创作的若干问题》为例，此文从20世纪50年代的重要文献《创造中国的社会主义的建筑新风格》提出的主要观点出发，对束缚建筑创作的种种因素进行了分析和论述，否定建筑的阶级属性，认为不应强调传统形式，建议在今后的建筑创作中大胆吸收中外建筑精华，探索新风格、新形式，多进行建筑创作交流活动如竞赛、报告会等；曹伯慰的文章《解放思想，繁荣创作》主张解放思想，分清学术、技术和政治问题，合理审定设计方案，反对领导的瞎指挥，鼓励建筑师争取创作的自主权，视“设计为施工服务”为错误口号，认为建筑管理部门应加强法制建设，建议建筑论坛上应当百家争鸣等；同时，《建筑师》杂志还推出一系列具有反讽性质的漫画，以图绘的形式呈现作者观点，其中，较有代表性的连载有张钦哲的《建筑创作漫话并漫画》系列，这些作品均较有代表性地从反思历史问题的角度来重新审视新时期建筑创作未来的发展趋向。

（2）建筑设计方面，《建筑师》通常以当时的建设热点为主题，组织召开学术讨论会议，或者以征文的形式将相关文章选编成辑。在20世纪80年代的文本中，可以较为系统地查阅到“旅馆建筑”“旅游风景区建设”“住宅设计”“大学生设计竞赛”等重要议题的讨论和文章，借此了解20世纪80

年代我国建筑学科的发展概况。以全国大学生建筑设计方案竞赛的组织开展为例，1981 年《建筑师》丛刊发起首届全国大学生建筑设计方案竞赛，评选委员会收到 521 份设计方案，并在此后继续举办了数届大学生设计竞赛，为培养青年建筑师提供了平台，而这也是《建筑师》以一刊之力推动建筑教育发展的重要事件。

（3）在建筑理论研究方面，《建筑师》自办刊以来刊登过大量具有较高学术价值的论文和译文，作为中国建筑界最具学术分量和影响力的刊物，其对建筑理论的译介主要以连载的形式出现。较有影响力的连载有：张似赞翻译的布鲁诺·塞维的《建筑空间论》、尹培桐翻译的芦原义信的《外部空间的设计》、李大夏翻译的查尔斯·詹克斯的后现代理论名著《后现代建筑语言》、项秉仁翻译的凯文·林奇的《城市的形象》(后改名《城市意象》）等。大量的译文连载，打开了当时青年学子的理论视野，同时，国外建筑理论的大量舶入也使得“理论热”风靡建筑院校。比如，伴随大量后现代主义建筑理论的引介，引发了中国后现代建筑学习的热潮；后现代理论迅速被广泛接受的同时也在跨学科领域产生了大量相关理论；1988 年，乐民成翻译的《符号·象征与建筑》在《建筑师》杂志连载，并于 1991 年由中国建筑工业出版社结集出版，是将建筑符号学引介到国内的重要作品；1989 年，罗伯特·斯特恩的《现代建筑之后》由常青节译并刊载在《建筑师》杂志上，斯特恩提及的“文脉·隐喻及装饰主义”在中国引发热议；1990 年“解构主义”随着后现代主义的引介引发热捧，意大利建筑师阿尔多·罗西的作品《城市建筑学》的译介引发了建筑类型学的讨论；随后，关于“地域主义”“建筑人类学”的讨论也陆续展开。《建筑师》的官方介绍中对期刊的未来发展满怀信心——“《建筑师》也将一如既往地扶持建筑历史与理论界厚积薄发的历史洞见，给予其争鸣的园地与土壤。”

## 四、《时代建筑》20 世纪 80 年代文本分析

《时代建筑》1984 年创刊，由同济大学（建筑与城市规划学院）主办，刊物自创刊号发行以来，在首任主编罗小未先生的带领下，期刊定位突出时代主题，与当代中国建筑学科发展形成良性互动，推动学科繁荣发展。与同类型国内刊物相比较，《时代建筑》对当代中国城市与建筑实践的现实问题更为关注，同时，刊物立足上海，在当代问题的研究上具有更为广阔和开放的平台与国际视野。在此背景下，数十年来，刊物以“中国命题、世界眼光”的视角发行了近百个围绕中国当代建筑主题的专刊，为我们研究当代中国城市与建筑发展提供了重要的文本。其 20 世纪 80 年代建筑文本要点归纳如下：

（1）对本土建筑创作作品的关注，比如对美籍华裔建筑师贝聿铭新作北京香山饭店的集中报道，对冯纪忠先生主持改建的方塔园项目进行讨论。此类文章均以介绍性文字为主，对作品以及设计思想进行简述，进而思考中国建筑创作民族化道路、传统与现代化结合等问题。同时也有罗小未先生等评论家的文章提及了国外现代和后现代建筑实践的状况。

（2）建筑理论的研究以七八十年代西方后现代主义建筑的译介为主，同时对当时“跨学科热”也有大量的译介，比如“建筑符号学”“建筑美学”等跨学科理论和设计的引介占据较大篇幅。较有代表性的建筑理论研究活动有：1985 年同济大学建筑系教师就教学过程中，学生作品呈现出对后现代主义热衷的现象，以“如何对待后现代主义”为题，召开教学研讨会，卢济威教授发文《如何对待后现代主义——记一次教学研讨会》对此次学术活动进行客观的反思和评介。此外，刘先觉教授发文《后现代建筑的价值观》记述其与美国著名建筑理论家文森特·斯考利（Vicent Scully）的谈话纪要，双方围绕美国电报电话公司大楼等后现代建筑作品各抒己见，由此可见，媒体已经开始对国外新锐建筑师及设计理念产生了浓厚兴趣。与同时期其他建筑媒体类似，20 世纪 80 年代《时代建筑》大量的文章聚焦后现代主义建

筑，占据了 20 世纪 80 年代建筑理论研究的主要位置。与此同时，一批学者则呈现出对建筑理论多角度深入的探讨，比如冯纪忠先生对建筑空间设计原理的探索，罗小未先生对几位国外著名建筑师及其思想的引介，郑时龄先生则发表一系列评介意大利建筑理论、介绍新理性主义等的文章，前辈学者们在 20 世纪 80 年代的专业媒体上呈现了诸多对国外建筑理论系统深入的思考和理解。另外，还有大量文章集中在本土建筑理论的热烈讨论中，鉴于当时的本土理论主要呈现出跨学科的趋势，诸如“建筑艺术”“建筑美学”“建筑符号学”“建筑心理学”“建筑文化”等等，似乎在人文自然学科前加上“建筑”，就形成一个本土理论的研究方向，相应地，杂志对建筑文化、“识别性”（Identity）的思辨也是此时理论研究的热点。

（3）在学科思想动向研究上，整个 20 世纪 80 年代建筑专业媒体主要围绕“打破千篇一律”“繁荣建筑创作”展开学术讨论。比如 1985 年 5 月，由《时代建筑》主办，在同济大学召开了上海市建筑创作实践与理论畅谈会，与会代表就“如何开创建筑创作的新局面”提出了见解，认为“建筑创新实践与繁荣学术理论”首先必须重视提高建筑师的社会地位、健全建筑法规、加强国内外建筑信息交流，呼吁应该大力宣传尊重建筑师的创造劳动、开展建筑评论，建议成立上海建筑师协会。其中，张钦楠先生在《时代建筑》发表了重要文章，呼吁建筑创作要打破“千篇一律”，同时谈及新时期如何理解“适用、经济、美观”的建筑方针；并就什么是“社会主义风格”分析了国内外“建筑阶级性问题”。值得注意的是，当时的建筑评论学者普遍开始意识到对国外建筑理论的引介的必要性，在很多文章中直接、大篇幅地引述了国外建筑理论观点，透过大量文本话语，我们可以看到当时的建筑评论学者对中国自身问题的迫切关注，也寄望通过建筑理论的引介能指导实践。当然，在近十年以来的理论研究中，我们已经逐渐修正这样一个认识，既然建筑理论很难作为一种应对实践问题的手段或者途径，建筑理论研究的目的和意义也不局限于创造和构建一种设计方法论。但是，自 20 世纪 80 年代以来，“理论结合实践”在很长时间里曾经作为我国建筑工作者的美好愿景指导了我国的社会主义建设事业。总的看来，《时代建筑》杂志刊载的文章趋向着力体现“时代性”特征，对 20 世纪 80 年代中国重要的建设议题的关注均处于国内媒体的前沿位置。

# 第四章
# 20世纪80年代重要学术思想观念的论争

> 不能仅仅在某种论战式的理论争辩中进行肯定或否定的评判，而是要将其置于复杂的历史语境中，在某种超越当时特定意识形态限定的批判性理论视野的关照下，做出历史性的分析和阐释。①
>
> ——贺桂梅《“新启蒙”知识档案：80年代中国文化研究》

“论争”或者“争鸣”是学术进步的重要表现，是一种通过话语的交锋呈现思想立场的方式。正如巴赫金曾经说：“致力于理解的人不应该拒绝改变放弃自己已经形成的观点和立场。发生在理解过程中的争论将导致彼此的改变和丰富。”②西方世界早在古希腊时期就有论辩的传统，从国家大事到民间纷争均在公共论辩中解决问题，在此过程中国家的民主思想观念逐渐建立起来，在思想和话语的碰撞下，各学术流派也形成了自己的理论体系并深刻影响着人类文明进程。在中国的历史上，论争的现象可以追溯到春秋战国时期，诸子百家之间彼此诘难、各抒己见，形成了盛况空前的“百家争鸣”景象，促进了中国古代文化繁荣发展。在人类文明进程中，理论争鸣与思想进步齐头并进，20世纪以来的中国知识界同样成长于充斥着知识话语的论战

① 贺桂梅.“新启蒙”知识档案：80年代中国文化研究［M］.北京：北京大学出版社，2010（3）.
② 凌建侯.巴赫金哲学思想与文本分析法［M］.北京：北京大学出版社，2007.

环境中。20 世纪 20 年代开始的“新文化运动”就在“东西方文化”“科学与人生观”“中国本位文化”① 等论争和思辨中形成巨大的启蒙力量，构建了现代中国思想体系之雏形。

在现代建筑学科的发展进程中，思想的争鸣同样积极推动了学术的发展。综观学科发展历程，学术观念的变迁不只是简单的真理战胜谬误，还是复杂的社会关系相互交织的产物。20 世纪 50 年代以来，政治运动中所夹杂的意识形态也渗透进学术论争中。例如 1959 年召开的“住宅标准与建筑艺术座谈会”上，刘秀峰以“创造中国社会主义的建筑新风格”为题的总结报告在建筑学界引发了巨大争议，报告提出的观点裹挟着政治运动极“左”的意识形态和对事件“上纲上线”的论战，其影响力一直延续至 20 世纪 70 年代末。20 世纪 50 年代以来的建筑学术讨论就中华人民共和国成立十年来建筑行业各方面的进展和不足各抒己见，畅所欲言。某种程度上，这些会议紧密关联着国家主要发展动向，专家学者提出的种种建议亦影响着学科未来的走向。(图 4-1）整个 20 世纪 70 年代，因为政治运动的影响，建筑媒体中的论战转向了政治批判，批判大会或者见之于刊物针锋相对的文章是彼时展开论战的主要方式。

1978 年 3 月 18—31 日，中共中央在北京召开了全国科学大会，邓小平同志明确指出“四个现代化，关键是科学技术的现代化”“从事体力劳动的，从事脑力劳动的，都是社会主义社会的劳动者”“科学技术是生产力”的重要论断，进而澄清了长期束缚科学技术发展的重大理论是非问题，破除了“文革”以来禁锢知识分子的桎梏，迎来了科学的春天。在此背景下，中国建筑学科得以展开学科重建，几次有影响力的学术会议的召开极大地推动了学科建设。比如，1978 年的“南宁会议”中关于“建筑现代化和建筑风格问

---

① 参考新文化运动 20 世纪 20 至 40 年代中国文化思想界的重要论战一览表，出自邓庆坦．中国近、现代建筑历史整合研究论纲［M］．北京：中国建筑工业出版社，2008：93.

图 4-1 “文革”时期建筑批判漫画

题”的商榷，张镈、林克明、吴景祥、哈雄文等老一辈建筑师就此问题发表意见。1979 年 5 月 25 日，国家建工总局党组第一次扩大会议召开，会议根据十一届三中全会精神，分析研究了建筑业面临的新形势，讨论了贯彻执行调整、改革、整顿、提高的措施，提出今后的行业奋斗目标：在体制上有所突破，行业建设上搞出一些章法……1979 年 8 月 22 日，国家建筑工程总局召开全国勘察设计工作会议，讨论三年调整时期工作情况，肖桐就活跃设计思想发表讲话，阎子祥做了《解放思想，脚踏实地，努力做好建工勘察设计工作》的报告。1980 年 5 月 5 日，国家建工总局召开全国建筑工程局长会议，贯彻邓小平同志关于发展建筑业的指示，会议就发展建筑业提出 6 条政策性意见[①]，肖桐在题为“新时期建筑部门的光荣使命”的发言报告中彻底批判了过去 30 年的学界极“左”路线错误并提倡解放思想。1981 年 3 月 5 日，国家建筑工程总局召开全国建工局长会议，分析了当时经济工作中“左”的错误在建筑行业的表现和影响，对片面追求速度、建设任务大上大下、脱离生产力发展水平，以及建筑创作乱贴政治标签、瞎指挥、打乱战等现象做出分析和研究，及时遏制了问题的恶性循环。1985 年年底在广州

---

① 6 条方向性、政策性意见包括：1. 建筑作为一个产业部门，必须纳入国民经济计划；2. 要以施工为主，联合经营，发展行业综合生产力；3. 房屋建筑向商品化发展；4. 企业向地区化、专业化发展；5. 大力发展建筑工业化，用现代化大生产的方式建造房屋；6. 加强行业技术经济立法。

召开的“繁荣建筑创作学术座谈会”对十一届三中全会党和国家提出的改革开放、拨乱反正做出回应……[1] 可以这么说，20 世纪 80 年代建筑行业的规范化、学术化进程与会议精神紧密关联。此外，就建筑创作展开的专题讨论中，百家争鸣的现象也促成了建筑设计的百花齐放，自北京“前三门”高层住宅的讨论开始，1982 年上海龙柏饭店创作座谈会，1983 年香山饭店设计座谈会，曲阜阙里宾舍、北京饭店、杭州黄龙饭店等工程座谈会均为繁荣我国旅游建筑和旅馆建筑设计起到了导向作用。随后，还有琉璃厂文化街座谈会、维护北京古都风貌的讨论、北京亚运会工程会议、上海新建筑讨论等就设计问题展开的热议，均推动了我国 20 世纪 80 年代建筑创作的繁荣发展。

## 第一节 “建筑现代化”理想：会议精神与思想交锋

20 世纪 80 年代中国学术思想的分歧主要源自知识背景、问题意识、学术视野和工作方法的差异，学者们针对同一现象往往得出迥然相异甚至针锋相对的结论，从而引发不同话语之间的猛烈碰撞，形成了一系列繁复多义的话语图景。其中，刊载在官方出版物的文章普遍具有代表性、典型性，其文本内容信息量大、具有明显的时代特征。鉴于此，本章节选取了建筑媒体曝光频次较高、影响力较大的几次国内建筑学术讨论会，以见诸媒体的会议内容选登、专家学者的撰文为线索，回顾 20 世纪 80 年代回绕在建筑学科领域内的重要会议事件下的思想观念及其演变历程。本章节的研究旨在通过对 20 世纪 80 年代重大学术论争的系统梳理，观察话语和观念的形成与演变，

① 《中国建筑年鉴》编委会 . 中国建筑年鉴：1984—1985［M］. 北京：中国建筑工业出版社，1985：588.

在理论分析中力图凸现各次论争之间的内在联系，进而通过这种联系来把握论争的思想线索和历史意义。

## 一、建筑现代化和建筑风格问题

### （一）南宁会议

十一届三中全会前夕，经过恢复整顿的中国建筑学会建筑设计委员会（原为建筑创作委员会），于1978年10月22日在广西南宁召开恢复活动大会（简称“南宁会议”），并以“建筑现代化和建筑风格问题”为主题举办了座谈会。“文革”以来，这是中国新老建筑师首次齐聚一堂，自由开放、不带太多政治色彩地讨论学术问题，也是第一次对当下思想观念和建筑体制展开批评，提出言论和建筑实践自主性的诉求。一方面，建筑师们表达了对现代化、工业化和先进科学技术的热烈拥抱和憧憬；另一方面，他们普遍呼吁鼓励和切实贯彻“双百”方针，要求解放思想、广开言路，活跃长期禁锢的建筑活动，尽量多举办设计竞赛、开展建筑评论。会议上，多位建筑师谈及如何使民族形式与现代化相结合的问题，更有些学者提出了此后成为论争焦点的所谓“形似-神似”的二元划分。就发言内容可以从如下两方面来分析各家观点：

#### 1. 对“建筑现代化”问题的看法

张开济认为，“实现建筑现代化，设计思想必须首先现代化”；西南建筑设计院的徐尚志坚定地认为，“建筑现代化的中心问题就是建筑工业化”；同济大学吴景祥教授在发言中同样指出，“达到这个要求的唯一途径就是设计的标准化与建筑生产方式的工业化”；林克明则结合具体的问题来提出建议，他认为：“建筑现代化要成片、成街坊地建设，结合旧城改造、卫星城建设来规划……”总结来看，一种观点侧重于设计思想的先进性，一种则是通过提升设计方式方法来实现“现代化”。

2.“建筑风格”问题

张镈认为：“必须努力创造社会主义新中国的建筑新风格、新形式，要有地方性和民族性，不能千篇一律。”提倡借鉴古代智慧，古为今用、推陈出新。张开济则对设计中“好大喜高”“公式主义”的设计思想以及立面处理离不开“壁柱挑檐”“转角阳台”等当前建筑设计中千篇一律的手法提出批评，并通过列举杭州某博物馆与北京革命历史博物馆近似、北京天安门广场上的英雄纪念碑在多地均有翻版等问题再次强调了千篇一律的现象亟待制止；哈雄文在谈及建筑风格问题时则提出不同的看法，“新造型不是模拟古代的东西，也不是抄袭国外的东西，而是要以新材料、新技术创造出有我国固有风格的新造型”，并强调要“神似”而非“形似”；吴景祥认为：“今天的民族形式是在今天建筑的物质条件、工程技术与思想意识中产生出来的，而绝不是抄袭古典形式……代表国家的有纪念意义的建筑当然要表现得隆重些，民族色彩要浓厚些，一般生活性的、大量性的、实用性的建筑则要求以适用、经济、整洁大方为主……”与吴景祥提出的观点近似的还有几位建筑师，对建筑风格问题他们提倡区别对待，纪念性建筑可以强调民族形式，而一般性、大量性建筑则以实际需求为出发点。大多数观点倾向于“古为今用、洋为中用”，建议走一条继承与创新并重的道路。此外，大部分与会者对今后繁荣建筑业均提出了几个建议：今后要多搞设计竞赛、开展建筑评论以及探讨建筑理论，贯彻“双百”方针，探索建筑工业化，加强建筑法制化等。就各家发言观点来看，大多数专家学者在态度和立场上均比较折中，以互相交流和听取建议为主，意见和观点也大致相同，较少提出迥异的观点。

（二）杭州会议

1979年4月初，中国建筑学会在杭州召开了第四届第二次常务理事扩大会议（简称“杭州会议”）。出席会议的有82位同志，包括常务理事、部分理事、各学术委员会和地方学会负责人等。此次会议是在全党工作重点转移到社会主义现代化建设上来的新局势下召开的，围绕党的工作重点的战略转移，结合学会工作实际，旨在为实现建筑现代化和工业化而奋斗。会议学习并讨论了国家建委党组关于撤销1966年原建工部党委9号文件的决定，全面回顾了建筑学会和《建筑学报》为我国理论建设和生产实践做出的历史贡献，热烈拥护国家建委党组为中国建筑学会以及受到污蔑的《建筑学报》恢复名誉。[①] 此次会议还就当前建筑学会工作中达成共识的若干问题展开讨论，把学术活动的重心放在实现建筑工业化等重大技术问题和学科基本理论方面。鼓励建筑创作，开展建筑设计竞赛，增进国际学术交流……同时，会议提出要重新认识和理解《创造中国的社会主义的建筑新风格》一文及其思想观点。该文是由时任中国建筑工程部部长的刘秀峰同志在1959年原建工部和建筑学会联合召开的"住宅标准与建筑艺术座谈会"上所做的总结性发言，很大程度上推动了有关建筑艺术问题的讨论。然而，在"文革"期间，刘秀峰因此受到全面的政治批判，其文被上纲上线地视作"反党反社会主义的黑纲领"，当时参与过该文讨论的学者、建筑师都受到了牵连。在这样的时局下，建筑理论、建筑风格问题的讨论成了思想的禁区。

杭州会议的召开，既是一次调动建筑界积极性、开展学会工作的总动员，更是一场学术上的拨乱反正。在很大程度上，以对该文的重新认识为起点，建筑师续接上"文革"时期戛然而止的理论争鸣。《创造中国的社会主义的建筑新风格》及其论争再次进入20世纪80年代学术讨论的议题里，并在《建筑师》杂志创刊初期大篇幅重新刊载，再次引发学术界的热烈讨论。对《新风格》一文的论争在某种意义上可被视作中国建筑学界重获言论自由，畅所欲言的新起点。至此，建筑创作、建筑理论的讨论逐渐远离政治话语，政治

① 《建筑学报》编辑部．中国建筑学会召开第四届第二次常务理事扩大会议［J］．建筑学报，1979（4）：1—2.

运动的阴影逐渐退散，中国建筑学术活动开始走上健康发展的正轨。

## 二、拨乱反正，发扬学术民主

### （一）全国建工勘察设计工作会议

根据十一届三中全会、五届人大二次会议精神，建工勘察设计部门贯彻执行“调整、改革、整顿、提高”的情况，1979年8月22日国家建工总局在大连召开了全国建工勘察设计工作会议。会议旨在总结历史经验，深入开展设计思想问题的讨论，贯彻十一届三中全会精神，进一步肃清文革流毒，打破思想的禁区，实现建筑现代化大业。就此次会议，《建筑学报》及时组织开展了相关研讨活动，自1979年第6期开辟了“建筑创作问题讨论”专栏，组织学者专家交流意见。为了最大化地鼓励解放思想，畅所欲言，《建筑学报》允许讨论的话题可以涉及30年来建筑界的重要历史事件和有关建筑理论、建筑风格等问题。

阎子祥《解放思想，脚踏实地：努力做好建工勘察设计工作》的报告总结了30年来的经验教训和取得的成绩，批判和反省了“文革”期间出现的种种问题，在此基础上鼓励解放思想，发扬民主，活跃建筑评论，坚持实践是检验真理的唯一标准……他认为，繁荣建筑创作还应该正确处理民主和集中、领导与群众、集体与个人等辩证关系，“在重大工程中，要多做方案比较，条件合适的，可以搞方案竞赛，但要注意实效，不要搞形式主义”，发言还就建筑设计的未来工作进行了部署。龚德顺的报告《打碎精神枷锁，提高设计水平》首先提及“设计思想要解放”，批判并反思了中华人民共和国成立初期学习苏联造成的思想僵化，以及在“民族形式，社会主义内容”观念下“大屋顶”蔚然成风的现象；在反浪费、反复古主义运动后，刹住“大屋顶”之风，诸如和平宾馆等一批新建筑建造起来，却又被扣上“方盒子”“结构主义”的帽子；建筑创作一时间陷入形式问题的困境，形式问题的困扰一直持续到“文革”时期，也一直束缚着建筑创作的探索求新。改革开放以后，几次重大学术会议均鼓励解放思想，就此问题，龚德顺进而提出，要去掉领导瞎指挥的毛病，按科学规律办事，要有建筑立法，明确建筑师的责权。他还在发言中要求贯彻“适用、经济、在可能条件下注意美观”的建筑设计方针，“美观”作为一种新时期的设计要素被提及，一扫“文革”时期谈“美”必诛的风气。肖桐的报告《解放思想，开动机器：把勘察设计工作提高到一个新的水平》也就相关主题提出了近似的看法，鼓励今后的建筑创作勇于创新。在建筑形式问题上，他认为公共建筑要反对形式主义，机场、车站等建筑要讲究实效、便捷，不要搞大台阶、大空间。同时，他也强调建筑造型不要千篇一律，应该讲究建筑艺术，凸显地方特点，创造社会主义建筑新风格。本次会议延续了此前南宁会议、杭州会议的重要决议，更进一步强调了建筑创作中思想解放和学术民主的必要性。在会议的讨论中，各家观点依旧温和折中，并没有过多针锋相对的意见产生。由此可见，在20世纪80年代初期，学界讨论的注意力主要集中在拨乱反正、肃清官僚和极“左”思想的流毒等问题上，在建设事业上还处于排兵布阵的阶段，建设实践中的问题还没有全面凸显出来，就建筑创作和理论思辨的论争尚未成气候。

（二）中国建筑学会第五次代表大会

1980年10月18日，中国建筑学会第五次全国代表大会在北京举行，到会代表241名，这次会议的召开是粉碎“四人帮”以后学会召开的第一次全国代表大会，也是中华人民共和国成立以来建筑科技界最盛大的一次会议。会议旨在贯彻科协二大精神，审议此前四届理事会的工作，研究新时期学会的工作方向，修改学会章程，并选举出第五届学会领导班子。会议期间，谷牧、万里等中央领导与会并发言，万里同志指出，国家进入新的历史时期，建筑界肩负着光荣而艰巨的历史任务，要总结教训、拨乱反正，希望建筑学会能在建筑立法、监督执法、发扬民主、培养人才等方面发挥积极作用。① 现任理事长阎子祥做了工作报告，回顾了十年“文革”对学会活动开展造成的严重破坏，概述了粉碎“四人帮”之后学会取得的成绩和存在的问题，阐述了新形势下的新任务、新课题，并提出实现城乡建设和建筑的现代化目标。会议上，代表们踊跃发言，敢于说真话、提意见，就繁荣建筑创作发表了见解，肯定了建筑学会和建工部1959年于上海召开的住宅标准及建筑艺术座谈会，较好地贯彻了“双百”方针。同时解除了思想束缚，打破了沉闷的创作环境，推动了建筑创作。

就当前学会工作中存在的问题，有代表指出，当下的工作中仍旧存在以党代政、以政代群的情况，学会作为一个学术团体而非行政机关，应该民主办会、独立自主地开展工作。就当前出现的影响建筑创作的因素，代表们指出：“当前还应该注意的问题是崇洋思想有所抬头。盲目抄袭外国，不问具体条件，到处想搞高层。什么都想引进，连设计也要外国人做，对国内外搞的设计不能一视同仁。在外资旅馆建设中，存在着不少问题。”② 此外，技术政策不完善、经济条件限制、缺乏新技术和新设备、人才老化等因素也制约了建筑创作的发展。会议期间还就“设计革命”问题提出意见，大家认为，在设计革命中确实搞了不少极“左”的东西，搞乱了思想，混淆了是非，“在设计单位，设计革命代替‘四清’，不仅整了所谓的走资派，实际上整了广大设计人员。批判‘三脱离’，号召‘下楼出院’，搞现场‘三结合’，以致后来提倡‘掺沙子’‘以工人为主体’等”③。会上，代表们认识到，在“设计革命”运动中受到影响和牵连的大多数还是知识分子和设计人员，造成了当时学科内外一片动荡的局面。对此历史事件功过问题的反思，代表们认为不应该回避历史错误，要总结经验、拨乱反正，在新时期的工作

---

① 《中国建筑年鉴》编委会．中国建筑年鉴：1984—1985［M］．北京：中国建筑工业出版社，1985：590.

②③ 《建筑学报》编辑部．中国建筑学会第五次代表大会在北京召开［J］．建筑学报，1981（1）.

中调动广大设计人员的积极性。此次会议，学会会员发展至4.7万余名，专业学术委员会发展到17个，为今后统筹工作打下良好基础。会议期间，以实现城乡建设和建筑现代化为主题，举行了学术年会，收到论文193篇，20多位与会者做了学术发言，展望了20世纪80年代中国城乡建筑综合发展的前景，根据会议讨论组织出版了《建筑·人·环境：中国建筑学会第五次代表大会论文选集》。其中，戴念慈发文《现代建筑还是时髦建筑》，系统回顾了世界建筑发展历程和现代建筑大师创作思想，提出他对现代建筑的精神实质的看法，主张学习借鉴国外经验，同时要意识到："不要求全，求全必然导致平庸和千篇一律；要善于从对立面吸取营养，不要一时刮西风，一时刮北风，清一色；从精神实质看，民族形式与现代的社会主义建筑并不绝对排斥；民族形式不是建筑师说了算，只有人民群众说了才算。"① 同时，重大学术问题以及建筑创作思想方面的学术争鸣较为活跃。渠箴亮在《试论现代建筑与民族形式》一文中指出，现代建筑（或现代主义）是我国现代化的必由之路，建筑风格走向"国际化"是大势所趋。陈鲛在《评建筑的民族形式——兼论社会主义建筑》中提出相反的观点，认为要观察分析世界上建筑形式的动向，国外有国外的问题，中国应该坚定地创作社会主义建筑形式。对形式问题的讨论围绕着东西方、现代还是传统等观念展开。此外，会议还就20世纪80年代建筑学科各方面存在的问题展开学术讨论，顾奇伟的《从繁荣建筑创作浅谈建筑方针》一文引起较大反响，对建筑方针中提及的"美观"问题争论得尤为激烈。由此可见，思想解放运动已经推动建筑学科内部发生变化，虽然大多数的学术讨论和发言共性较大，对重点议题的观点重复的现象仍旧很明显，但是不少学者专家敢于陈述对立的观点，各抒己见，突破了禁锢已久的"美观"问题禁区，标志着学术争鸣的气象已经初步形成。

---

① 林志群，刘荣原．广开才路，广开思路：记中国建筑学会第五次代表大会学术活动［J］．建筑学报，1981（1）：47—48.

## 三、更新观念，繁荣建筑创作

### （一）繁荣建筑创作座谈会

20 世纪 80 年代中期以来，建筑行业在思想解放运动方面有了充分准备，建筑行业体制改革得以发展，以此为前提，“繁荣建筑创作”成为 20 世纪 80 年代中期学科热点话题。1985 年 11 月 29 日，中国建筑学会在广州召开了繁荣建筑创作学术座谈会，进一步探讨繁荣建筑创作的问题。当时文献中的观点普遍认为，这是自 1959 年上海建筑艺术座谈会以后最重要的一次研究建筑创作问题的全国性专题会议。出席会议的有来自全国各地的代表近百人。① 会议由学会理事长戴念慈主持，与会代表围绕建筑创作中千篇一律、继承传统、吸收外来建筑文化等问题展开讨论。

《建筑学报》1986 年第 2 期刊载了多篇文章对会议议程和主题进行全方位报道，其中包括戴念慈的《论建筑的风格、形式、内容及其他：在繁荣建筑创作学术座谈会上的讲话》一文。该文谈及近几年在繁荣建筑创作观念的指导下，新时期建设成效显著。针对创作中出现的形式问题争议，他再次提出了建筑既是技术，又是艺术的观点，以优秀传统为出发点进行革新，辩证看待内容和形式，强调应该提倡民族形式、社会主义内容，并提示“现代化建筑”不等同于“时髦建筑”等论点。戴念慈这篇讲话综合、全面地概括了 20 世纪 80 年代前半段时间里，我国在繁荣建筑创作上，从认识到实践均取得了突破性进展。同时，张钦楠在其发表的文章《明确目标，创造环境：对繁荣建筑创作的几点认识》中，就“建筑创作”的概念以及“建筑创作”需要一个良好的学术环境展开论述。他首先从建筑功能三层次的划分引出“建筑创作”的价值观，认为作为“掩护所”（Shelter）满足最基本生理诉求是空间的初级层次，其次是视作“产品”（Product）的生活空间，再次是承载

① 《建筑学报》编辑部 . 百家争鸣，繁荣创作［J］. 建筑学报，1986（2）.

了人类文化（Culture）的具有精神价值的空间。在他看来，我们国家不同于西方国家，从语言上就有对 building 和 architecture 的概念区分，在他的分析中，认为存在“建筑设计”和“建筑创作”的提法，并在具体指向上存在类似西方 building 和 architecture 的区别：“我们这里所称的‘建筑设计’，可大体相当于 building design，‘建筑创作’大体相当于 architectural design。”他认为当前我国虽然以“经济、适用、美观”为设计指导原则，但“‘创作’目标的‘上限’似乎还不限于做到‘经济、适用、美观’，而是在此基础上，力求体现出建筑环境的时代性、民族性和地方性”。此观点把“建筑创作”视作出精品、出优秀作品的方法和态度，赋予了“建筑创作”这个 20 世纪 80 年代被频繁提及的词汇一种社会责任，也体现了作者期待涌现出更多优秀建筑作品的美好心愿。会议上，张锦秋从继承发扬建筑文化传统上谈了几点认识，其中，她肯定了梁思成先生为首的老一辈建筑师对古典建筑的探求及其在作品中呈现出的对中国传统的继承和发扬，并对如何继承发扬古典建筑优秀特质及在此过程中应该注意到的一些问题做了提示：“以往，对传统研究的重点在于古典建筑表现出来的形式和风格，目前则是转向对传统空间意识、美学意识等本质上的发掘。”① 在其看来，20 世纪 80 年代新形势下，建筑工作者“运用现代的建筑观点和理论来分析中国古典建筑设计问题，运用中外建筑对比的方法阐释其异同……我国传统造园的立意、布局和手法已在国内外现代建筑中被广为借鉴”②。由此可见，进入 20 世纪 80 年代中期，虽然谈及设计或创作问题仍旧以“形式”为重，但是对“形式”的诠释上，业界人士已经注意到不再局限于从传统或现代的一元论来讨论形式问题，对“传统”的理解和认知范畴愈发深远，对“建筑现代化”或者“传统文化”也有了辩证而客观的见地。本次会议最终并没有做出某个明确

①② 张锦秋．继承发扬，探索前进：对建筑创作中继承发扬建筑文化民族传统的几点认识［J］．建筑学报，1986（2）．

的决议，却被业界一致认为这样的讨论胜于决议。

（二）创造良好的建筑创作环境

1986 年 5 月，现代中国建筑创作研究小组以“论建筑师的创作环境”为议题，举办了关于创造良好的建筑创作环境的讨论会。与会代表就建筑创作首先要观念更新、吸收外来新观念新思想以及继承传统文化等方面展开发言。关肇邺教授从“创新和创造性”谈起，认为建筑创作不应该以标新立异为出发点，把创新和创造简单地理解为运用从来没有出现过的形式。在他看来，这是杜绝“奇形怪状”的建筑产生的根本。而事实上，大多数的“创新”实际上是建立在抄袭、模仿和拼贴上的再加工。“创新和创造”的提出实则是针对当时模仿和抄袭国外建筑的风气盛行的问题，尤其是在西方后现代建筑的影响下，国内的建筑创作有了大胆构思的“底气”，一时间出现了很多难以描述的设计。此外，就“创新和创造”中出现的复古倾向，关肇邺也谈了看法，当时被热议的是建造在曲阜孔庙附近的阙里宾舍，设计者选用了“大屋顶”与孔庙相呼应，在建筑的平面和空间设计上也借鉴了传统庭院的表现形式，此设计方案在当时引起了热烈争论。有相当一部分观点认为“在古建筑旁边建有大屋顶的新建筑是‘没有创造性’因而‘愧对先人’”，在关肇邺看来，这种想法大可不必，不能认为用“大屋顶”就是复古主义；用“大屋顶”与周边环境协调的方法未尝不可，不能一棍子否定。这种思想上的担忧在当时是有渊源的。首先，20 世纪 80 年代以来对 50 年代建筑创作中复古主义、“民族形式”的批判仍然心有余悸，作为当时“民族形式”的典型创作手法，“大屋顶”成为一个比较敏感的话题；其次，在提倡建筑现代化的 20 世纪 80 年代，对现代主义及其理论的认同，普遍认为在新建筑的设计上应该避免重复使用其历史形式，在历史环境中新建筑应该用新形式、新材料，强调对比和差异。时值 20 世纪 80 年代，还是有不少保守思想遗留在部分建筑学者身上，这些思想一方面使得他们对历史上的政治运动存在忧虑和畏惧，同时也导致他们长期固守教条，要么全盘否定，要么全盘接受，难以辩证、客观地对待创新问题。此外，发言中有学者专家谈及了市场化下产生的相关问题。新时期建筑行业走向市场，和以往单位制度下建筑从业人员较少地与甲方直接接触不同，此时职业建筑师制度刚开始起步，在市场化需求下，建筑创作各个环节的联系更加紧密，对建筑师与创作环境的关系提出更高的要求。在此语境下，王小东从建筑师职业要求谈起，他认为建筑师要善于与各种人打交道，创造一个良好的人际环境，强调了建筑师和业主、工程师、建筑评论家等相互关系的建立是营造良好的建筑环境的必要环节。同时，要重视建筑评论，尤其强调建筑评论中批评和被批评者之间要注意学术讨论的严肃性，比如，“批评别人的观点要指名道姓，引证出处，少用挖苦讽刺之语”等。以王小东为代表的彼时专家学者，对建筑创作环境的考虑不仅局限在关注“形式”“风格”等方面，还开始对从业人员和学术市场规范性等问题有了自觉，这与20世纪80年代初期谈及建筑创作必谈“建筑现代化和建筑风格”的观念有了很大的区别。综观整个20世纪80年代重要学术会议和座谈讨论，此次讨论会仅仅呈现出20世纪80年代中期学术繁荣的一个侧面。在此后见诸媒体的报道中，讨论从更广阔的层面谈及建筑创作环境、学术和制度法规以及建筑文化等议题，繁荣建筑创作获得了一个更加全面、系统的话语语境。

本小节选取20世纪80年代较有代表性的几次学术讨论会、学会工作会，通过相关建筑期刊中的会议专题文本剖析彼时的学术讨论的热点。通过文本分析，我们可以大致看到会议讨论的议题大多围绕着“繁荣建筑创作，纠正千篇一律”来展开。从《建筑学报》的专题讨论来看，各家学术思想、观点以各抒己见的发言为主，少有针锋相对的争执。虽然，在这些话语密集的讨论中不乏观念的“暗度陈仓”，但总的来说，媒体以及学界中的学术讨论气氛是自由民主、积极向上的。在活跃的学术讨论下，20世纪80年代思想解放运动使得学术研究重拾言论自由，中国建筑学科环境重建得以有效推进。

## 第二节　身份认同的焦虑:“民族形式”大讨论

西方文论研究中，“身份认同”( Identity ) 是现代性的产物，历经裂变，衍生出不同范式。身份认同强调社会因素的决定作用，认同过程中自我与他者、个体与社会之间相互影响、相互制约。而“形式”问题导致身份认同的焦虑，自现代建筑学科诞生以来就一直是困扰学界的难题。

19 世纪以来，从西方国家“民族主义”( Nationalism ) 观念的建构到“批判的地域主义”( Critical Regionalism ) [①] 理论范式的建立，或者“后殖民主义”( Post-colonialism )、“智识帝国主义”( Intellectual Imperialism )、“女性主义”( Feminism ) 等思潮的扩散，无不旨在通过理论话语的建构在知识的话语场中寻求身份认同。就建筑学科中“民族 / 国家形式”与身份认同的建构来看，这种诉求并非仅存在于中国，还存在于欧洲国家中。德国自 19 世纪以来就在民族主义国家意识鼓舞下迅速崛起于欧洲大陆。辛克尔 ( Karl Fredrich Schinkel ) 等国家建筑师以“希腊复兴”作为其“民族形式”代表，借古希腊建筑伟大、肃穆的形式来表现德意志国家的新精神，以此“民族形式”呼应“国家”崛起。在斯堪的纳维亚地区，“民族主义”形式的探求也

---

① “批判的地域主义”首次提出可以追溯到亚历山大 · 佐尼斯 ( Alexander Tzonis ) 与利亚纳 · 勒费夫尔 ( Liane Lefaivre ) 1981 年发表的文章“The Grid and the Pathway”，他们在地域主义的理论概念前增加了“Critical”一词。可以这么说，20 世纪 80 年代初期，“批判的地域主义”理论开始出现在西方建筑学科的讨论中，在各理论学者的不断诠释下，逐渐将其发展为具有抵抗后现代主义，挽救现代主义的使命。本书引介此理论概念也旨在说明，“批判的地域主义”实质上是某种国家或者民族身份认同的“良药”或者“武器”。

体现在建筑作品形式语言的建构中，在“民族形式”探索中，丹麦、瑞典等国家的新建筑普遍暗含着社会民主解放意识，以阿斯普朗德（Erik Gunnar Asplund）的实践为代表，其作品中呈现出来的简化古典主义形式不仅为瑞典，也为邻国呈现了一幅北欧现代主义图景。邻国芬兰从地理位置和文化特征来看，多年来夹杂在瑞典和俄罗斯的领土之间，形成了一种杂糅的地方文化，在其获得民族独立以后，为了建立一个独立国家的形象，普遍推行“去俄化”“去瑞典化”，从语言、文字到建筑形式全面探新，这些探索无不体现其迫切寻求一种新的国家身份认同的诉求。其中，以阿尔瓦·阿尔托为代表的芬兰建筑师对本土建筑语言的探索使得芬兰建筑形成了一整套独特的乡土性语汇。由此可见，欧洲国家通过探索建筑的“民族形式”来寻求“国家/民族”的身份认同是由来已久的传统。在悠久的欧洲文明发展历程中，他们多次从英雄时代或者伟大的建筑历史中寻找经典样式，复兴古代希腊、罗马建筑中的建筑形式，从古典柱式、柱廊、凯旋门等歌功颂德的形式中获取灵感，将其再现于新兴国家建筑之上，种种做法无不旨在借助历史的伟大“形式”彰显国家身份。因此，“形式”与国家身份认同的焦虑不仅存在于西方社会，似乎也是人类文明进程中始终不断遭遇的问题。某种意义上，寻找或者建构“国家/民族形式”，成为建筑学科构建身份认同的重要途径。

## 一、反思“社会主义内容，民族形式”

### （一）20世纪三次“民族形式”探求

20世纪以来，中国建筑学科大致经历了三次重要的“民族形式”探求浪潮，这些探求活动在今天看来不仅仅是对某种建筑形式的寻找，更是求索时代精神以及建构身份认同的重要过程。有学者认为，以南京中山陵设计竞赛为起点，中国建筑师开始了“中国固有式”建筑的探求，该作品也

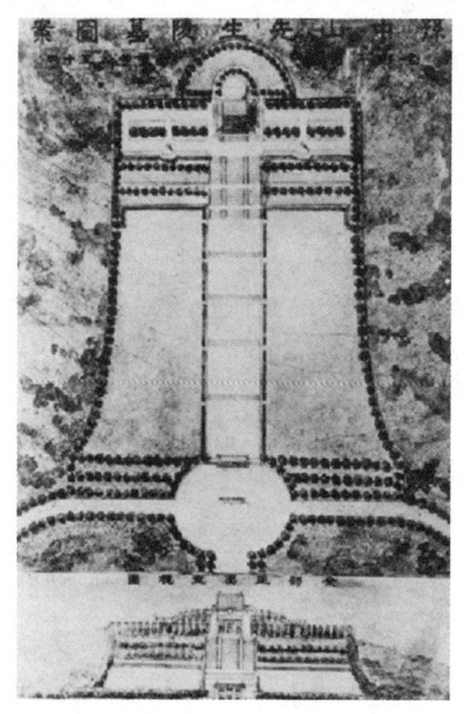

图 4-2　吕彦直的中山陵设计方案，以南京中山陵设计竞赛为起点，中国建筑师开始了“中国固有式”建筑的探求

被评价为：一个“根据中国精神特创新格”的作品。①（图 4-2）20 世纪 30 年代围绕着“首都计划”“上海市中心区域计划”，兴建了大批体现官方民族本位主义的“中国固有式”建筑，其中“首都计划”规定“要以采用中国固有之形式为最宜，而公署及公共建筑尤当尽量采用”……在这种官方诉求中，“宫殿式”“大屋顶”等中国古建筑法式与西洋古典建筑特征相结合的折中样式成为主流的“民族形式”。与此同时出现了一些削足适履的做法，比如为了把办公空间布置到“宫殿式”的外壳中，在建筑采光、通风等方面均做出牺牲……然而好景不长，“宫殿式”建筑造价高昂、工期长等因素与 20 世纪 30 年代动荡不安的时局共同导致了这种建筑形式的改弦易辙，一种“平屋顶”或者“平坡结合”的折中形式取代了“宫殿式”。20 世纪 30 年代后期，以华盖建筑事务所以及庄俊、沈理源、杨廷宝、范文照、林朋等一批建筑师为代表，开始了对经济、适用的现代建筑的实践，随后，中国建筑师普遍逐渐从“中国固有形式”转向了现代建筑的实践探索。遗憾的是，在当时风云突变的政治时局下，现代主义建筑在中国并没有完全地成长起来，仅仅作为一种风格和形

① 邓庆坦．中国近、现代建筑历史整合研究论纲［M］．北京：中国建筑工业出版社，2008.

式的选择，并没有转化为一种具有改革性质的建筑运动。我们从这一代中国建筑师身上也可以看到，他们担负着整理国故和吸收转化西方建筑思想的双重使命，但是在巨大的官方压力下，他们的实践始终保有折中的思想，既要体现官方"民族形式"的诉求，又要在自我抱负的挣扎中呈现现代建筑的新精神，而这种徘徊于"中 / 西""传统 / 现代"的状态，及其对建筑形式与风格长期形成的折中观念持续影响着中国近现代建筑形式的探索。① 这种情愫在梁思成、林徽因先生的建筑理想中体现得尤为突出，他们曾乐观地预见："关于中国建筑之将来，更有特别可注意的一点：我们架构制的原则适巧和现代'洋灰筋架'或'钢架'建筑同一道理；以立柱横梁牵制成架为基本……中国架构制既与现代方法恰巧同一原则……"② 这种笼统地把中国传统建筑梁架结构与现代建筑的框架结构同构比较的方法，实则体现了这一代建筑师在科学理性和民族情感间的焦虑徘徊，他们对西方建筑的洞见往往受制于民族情感的裹挟。

二战结束以后，国际社会政治格局和意识形态形成了对立的两大阵营，包括以苏联为首的社会主义阵营和以美国为首的资本主义阵营。中华人民共和国成立以后，为了尽快恢复社会主义建设事业，国家决定采取"一边倒"学习苏联的外交政策，对苏联"社会主义现实主义"的创作方法、"社会主义内容、民族形式"以及"批判结构主义"等建筑创作口号进行全面学习，新一轮的"民族形式"探求浪潮拉开帷幕。其中，1953 年梁思成访问苏联期间，把斯大林时期提倡的"社会主义内容、民族形式"建筑创作观念引介回国，并做了《建筑艺术中社会主义现实主义的问题》学术

① 本书在此提及的典型代表人物诸如梁思成先生，从他个人的教育背景和理论高度，不难看出他对当时的现代主义建筑思想是理解和肯定的，但是他所置身的历史环境以及他对中国传统文化深厚的情感与家学渊源又使其很难成为一个彻底的现代主义战士。他身上体现出折中和矛盾，是彼时建筑师典型的特征。这也许影响了他们在此后对中华人民共和国建筑方向把控上的倾向。

② 林徽因 . 论中国建筑之几个特征［M］// 林徽因文集：建筑卷 . 梁从诫，编 . 天津：百花文艺出版社，1999：14—15.

报告[1]，此事件标志着阶级斗争理论引入建筑理论，使得建筑理论上升到政治话语的高度。其报告观点指出，建筑艺术具有阶级性，阶级斗争通过民族斗争展开，因此，“在建筑中搞不搞民族形式，是个阶级问题”[2]的观点对此后的建筑创作影响深远。除了梁思成在其文章《祖国的建筑》[3]中绘制的两幅“民族形式”建筑想象图（图4-3），张镈设计的1958年首都“十大建筑”之一的北京民族文化宫（图4-4）也是这种阶级观念下“民族形式”的典型代表作。曾几何时，胡适先生曾经告诫知识分子们要恪守学术立场的中立，反对学术服务于政治的思想，“我不认为中国学术与民族主义有密切关系。若以民族主义或任何主义来研究学术，则必有夸大或忌讳的弊病。我们整理国故只是研究历史而已”[4]。这段话在此后很长一段时间里听来却颇具讽刺意味，综观20世纪50至70年代，以梁思成为代表的一代中国建筑师深陷建筑政治化的涡流中，他们已经很难摆脱身份的桎梏，去秉持纯粹的学术理想。这个时期的建筑创作与其说是“社会主义内容，民族形式”的探索，不如说是一代知识分子对历史时局的无可奈何。20世纪50年代的建筑民族形式可具体体现在传统大屋顶复兴、中西结合以及模仿苏联建筑形式的表现上。其中，北京友谊宾馆、地安门机关宿舍等建筑均采用了传统对称构图结

---

① 报告中，梁思成引述了苏联专家阿谢甫克夫的言论：“艺术本身的发展和美学的观点与见解的发展是由残酷的阶级斗争中产生出来的，并且还在由残酷的阶级斗争中产生着。在艺术中的各种学派的斗争中，不能看不见党派的斗争、先进的阶级与反动的阶级的斗争。”

② 邓庆坦.中国近、现代建筑历史整合研究论纲［M］.北京：中国建筑工业出版社，2008：221.

③ 梁思成在《祖国的建筑》一文中如此描述：“我们试将中国的建筑和绘画在布局上的特征和欧洲的做一个比较。我觉得西方的建筑就好像西方的画一样，画面很完整，但是一览无遗，一看就完了，比较平淡。中国的建筑设计，和中国的画卷，特别是很长的手卷很相像：用一步步发展的手法，把你由开头领到一个最高峰，然后再慢慢地收尾，比较的有层次，而且趣味深长……过了太和门就到达一最高峰——太和殿。这可以说是这幅长‘手卷’的中心部分。由此向北过了乾清宫逐渐收场，到钦安殿、神武门和景山而渐近结束，在鼓楼和钟楼的尾声中，就是‘画卷’的终了。”（梁思成.祖国的建筑［M］//梁思成文集：第四卷.北京：中国建筑工业出版社，1986（9）：104—158.）由此可见梁先生对中国历史文化的情有独钟，其强烈的民族责任感也体现在其设计的作品中。

④ 杨念群，黄兴涛，毛丹.新史学：多学科对话的图景［M］.北京：中国人民大学出版社，2003.

图 4-3 《祖国的建筑》中，有关中国“民族形式”的想象图。其中，左图为 35 层高层建筑，右图为十字路口广场

合歇山琉璃大屋顶；张开济等建筑师设计的中国革命历史博物馆以及“文革”后期建成的毛主席纪念堂，还有北京展览馆、上海中苏友好大厦等作品均是以上几种“民族形式”的具体体现。随着中苏关系交恶，国内建筑学界开始对学习苏联造成的复古浪费和形式主义问题展开了批判反思。在此期间，“我们要现代建筑”的声音愈发强烈，中国建筑学科再次陷入彷徨，政治斗争的大环境下，对“民族形式”的论争也逐渐失声。“一五计划”时期，在“适用、经济、在可能条件下注意美观”的建筑方针指引下，社会主义中华人民共和国的建设事业再次进入新阶段，“社会主义内容，民族形式”的指导意义也逐渐淡出了建筑界。

图 4-4　民族文化宫的“大屋顶”

20世纪80年代以来，建筑学科得以全面重建。在此情境下，建筑创作活动呈现出前所未有的繁荣状态，对新时期“建筑形式”的探索再次出现在学科讨论的重要议题中。在此期间，大量的建筑话语围绕着“建筑现代化”“新而中”等议题展开论争，而在有的学者看来，较之此前形式问题的讨论，20世纪80年代形式的论述深受意识形态的影响，似乎不能视作学术讨论，“如果说前两次‘民族形式’的活动也还有其学术价值的话，那么80年代民族形式的活动，仅留下了政治干预的粗暴痕迹。它是行政命令的产物，其学术建树的意义已不大了”①。无论如何，在相关研究中，我们不难看出20世纪80年代关于形式的讨论很大程度上延续了世纪之初以来在民族/国家身份认同上的焦虑，也不难看出，在“中国固有式”“社会主义内容，民族形式”等形式问题的延续下，20世纪80年代中国建筑学仍旧未能走出这种形式探索的困境。

（二）20世纪80年代媒体话语中的“民族形式”讨论

20世纪80年代见诸媒体的“形式”论争中，一方面旨在反思20世纪50年代“社会主义内容，民族形式”的是非功过，另一方面则通过反思“民族形式”问题来展开“传统/现代”“形式/内容”“形似/神似”等新时期“形式”问题的讨论。此时的讨论大多结合20世纪80年代建筑创作重大议题展开，在旅游宾馆、风景区建筑实践上最为集中。与20世纪50年代明确提出“社会主义内容，民族形式”的建筑创作口号的时代背景和目的不尽相同。20世纪80年代对“形式”的界定不仅仅局限在“民族形式”上，还以更为宽泛的“传统”取而代之，尤其是将民居、园林、庭院甚至是乡土等方面的形式囊括进来，在提法上，“传统形式”“传统文化”等词汇逐渐取代了“民族形式”“民族风格”。随着20世纪80年代建筑学界对西方理论的舶

① 高名潞，等.中国当代美术史：1985—1986［M］.上海：上海人民出版社，1991（10）：530.

来以及认知的深入，建筑设计方法上逐渐兴起了对“空间”问题的关注，一时间，空间、场所、文脉、环境等理论概念的探讨丰富了“形式”讨论的维度。20 世纪 80 年代关于“形式”的争论中，中国建筑师开始接近对建筑学本质的问题的思考，而非仅仅是对风格问题的焦虑。其中，以夏昌世、莫伯治、佘畯南等为代表的“岭南派”建筑师，在建筑创作中通过一系列建筑实践探索了地方“形式”，总结了岭南地区的现代建筑设计方法，他们把岭南地区的园林庭院建造手法借鉴到设计中，建筑与环境相结合，在现代建筑创作中再现了岭南地区传统建筑形式，其中，广州的白云宾馆、友谊剧院等作品均成为当时建筑创作中广受欢迎和效仿的对象。而岭南派建筑师们的创作作品主要是旅游建筑，因此也被称为“旅游设计小组”，他们在传统和现代之间的探求为 20 世纪 80 年代建筑创作中形式问题的讨论提供了重要的范本。

20 世纪 80 年代“民族形式”在理论领域的争鸣可以追溯到 20 世纪 70 年代末期“建筑现代化和建筑风格问题”的讨论以及繁荣建筑创作的议题中。其中，在中国建筑学会第五次代表大会上，陈鲛的《评建筑的民族形式——兼论社会主义建筑》一文，较为全面地梳理了 20 世纪 50 年代以来中国建筑“民族形式”探索的历程，文章认为不应该孤立地强调形式的自律性（Autonomy），建筑和社会要联系起来看待，从建筑本质出发去理解形式，批判地理解过往国内外出现的“民族形式”。在他看来，只有创作才能被称为“真的式样”（True Style），那些模仿和堆砌的复古建筑只能被称为“抄袭或模仿的式样”（Copying or Imitation Style）①。作者更进一步指出，20 世纪 50 年代以后我们走上一条建筑创作的“邪路”，并不仅是由于对民族形式的误解。为了回避对“民族形式”就是复古主义的误解，一度有人建议

① 作者的定义参考自建筑史学者詹姆斯·弗格森（James Fergusson）的观点，他把建筑史上的式样分为“真的式样”（True Style）以及“抄袭或模仿的式样”（Copying or Imitation Style）。

用“民族特色”“民族风格”等口号来代替，实际上这些毫无实际意义的条条框框不仅没有消除误解，甚至束缚了建筑创作。在20世纪80年代的“民族形式”讨论中，追寻官方建筑师的话语，似乎更容易接近当时对形式探求的主流思想。其中，1986年在繁荣建筑创作会议上，戴念慈认为应从优秀传统出发，提倡民族形式、社会主义内容，批判“时髦建筑”：“我以为利用过去历史上的精华就没有危险，而且还有好处。如果一个民族不分青红皂白，不问精华糟粕，对过去的传统一概否定，那就是鲁迅所讲的‘孱头’，我以为这倒是很危险的；如果一方面抛弃本民族过去的精华，另一方面对外来的和自己过去的糟粕大加欣赏，则我认为是危险加危险，双倍危险了。”① 同时，针对“提社会主义内容会限制建筑创作自由”“如果要求建筑有社会主义内容，那么社会主义建筑是个什么样子？资本主义建筑又是个什么样子？”“没有人要求汽车搞民族形式，做成花轿的样子；因此没有理由非要让建筑搞民族形式”“民族形式就是民族的旧形式，它会导致民族旧内容的复活”等疑问，戴念慈总结并回答了这些质疑，就“为什么要提民族形式”如是作答：“对中国来说，要求建筑的社会主义内容是个客观存在，不承认它，失掉自觉性，就不能充分地为我国的社会主义物质文明和精神文明的建设服务……因为它建设在中国的土地上，为中国的四化服务，必须与中国的国情、中国的民族特点结合……毛泽东同志《新民主主义论》……‘中国文化应有自己的形式，这就是民族形式’。”② 由此可见，在官方话语中，“民族形式”问题的争论几乎贯穿了整个20世纪80年代繁荣建筑创作议题的讨论，即便将“民族形式”置换为“民族风格”“民族特色”或者“传统形式”等提法，究其根本无不是在建筑的形式问题上各抒己见。

---

① 高名潞，等．中国当代美术史：1985—1986［M］．上海：上海人民出版社，1991（10）．

② 戴念慈．论建筑的风格、形式、内容及其他：在繁荣建筑创作学术座谈会上的讲话［J］．建筑学报，1986（2）：9．

20世纪80年代围绕“民族形式”或者说是“形式”问题展开的论争占据了官方和媒体主流话语，而针锋相对的讨论在学界更为热烈。（图4-5）其中，以《建筑学报》1981年第2期应若的《谈建筑中“社会主义内容，民族形式”的口号》与《建筑学报》1981年第12期汪涤华的《对“谈建筑中‘社会主义内容，民族形式’的口号”的意见》为代表，两文前后阐述了各自的观点和立场。其中，应若同志开篇以彼时流行的塑料凉鞋做比喻——“明明是整片的鞋面，却要压成皮条编织的样子，甚至皮鞋缝线也历历可见。”类比时下的建筑创作，建筑师不得不按照领导指示，把现代建筑硬贴上“民族形式”的标记。接下来，应若同志明确提出他的看法，“‘社会主义内容，民族形式’的提法是不科学的”，究其实质，“不过是打着社会主义招牌的一种形式主义而已”。在他看来，这个口号在历史上就没有起到积极的作用，反之，为了搞“民族形式”，人们专心致力于民族样式的改装，不去研究新材料、新结构，它是建筑现代化的绊脚石……在汪涤华就此文提出的“意见”来看，他是积极肯定“社会主义内容，民族形式”的，他反问道：“‘民族形式的现代建筑’真的‘总不顺眼’吗？”就此提出“大屋顶”不该彻底否定，如果说其是“糟粕”，那它必然也有“精华”的部分，“个人认为‘精华’十分难得，它是历代劳动人民千锤百炼的结晶；而‘糟粕’则可通过现代技术加以改造”，提倡在当下应该辩证地对待形式问题。此外，1982年10月总第12期《建筑师》以“关于建筑风格问题讨论的综述”为题展开“百家争鸣”，论争围绕“建筑的民族形式和现代化”“决定建筑风格的若干因素”“正确地理解‘民族形式’”“繁荣发展新中国的建筑”等议题展开。其中，杨新民就如何正确理解“民族形式”发表意见，他认为学习和继承古代建筑中的优秀传统并非为了回到古代，而是为了创造为社会主义服务的现代建筑，在新的历史条件和社会思想意识下，即使是旅游区的建筑，也不能依赖古建筑招徕顾客。就此，他援引了英国建筑师路易斯·爱迪的观点——

图4-5　20世纪80年代中国"民族形式"的多元探索："三唐工程"、北京东湖别墅区、重庆山城电影院、绍兴鲁迅电影院、新疆维吾尔自治区迎宾馆、北京菊儿胡同改造

“保存古迹非常重要，但更重要的是创造未来的古迹。”[①] 与大多数学者的论述观点较为折中相异，曾昭奋在其文章中多次提出对“民族形式”并不乐观的看法，他认为传统的民族形式作为一定历史时期的产物、作为一个整体，它们既可以为我们的作品锦上添花，也可以迷惑和束缚我们的创作，还可以成为人们扼杀创新、复古守旧的武器和凭借。总的看来，20 世纪 80 年代“民族形式”的话语论争中，除了相关词汇有了变化、转换，似乎并没有在论争中产生明确的结果，至今为止，对形式问题的论争依旧没有画上句号。

## 二、为“创造中国的社会主义的建筑新风格”辩诬

> 1958 年的全面大跃进，不仅在工业农业生产和基本建设战线上取得了史无前例的胜利，而且大大地推动了建筑事业的发展。为了迎接建国十周年，检阅十年来的伟大成就……同时也检阅我们建筑设计与施工的技术水平，所以去年决定在北京修建一批重大工程。这些工程是特殊的政治性建筑……是我国近代建筑史上的一件大事，它们引起了关于建筑理论与建筑艺术问题的讨论，这是一件十分有益的事情。[②]
>
> ——刘秀峰《创造中国的社会主义的建筑新风格》

20 世纪 50 年代充盈着阶级意识的政治话语逐渐占据建筑学话语生产的主要位置。“一五计划”实施以来，党和国家呼吁群众“鼓足干劲，力争上游”，加快社会主义经济建设，在一系列指示下，中国进入“赶英超美”的“大跃进”时期。1957 年 11 月 13 日，《人民日报》发表社论，正式提出

---

① 《建筑师》编辑部 . 关于建筑风格问题讨论的综述［J］. 建筑师，1982（12）.

② 刘秀峰 . 创造中国的社会主义的建筑新风格［J］. 建筑学报，1959（Z1）.

了“大跃进”的口号；1958 年 5 月，中共八大二次会议正式通过了“鼓足干劲、力争上游、多快好省地建设社会主义”的总路线，全国上下形成了全民大炼钢铁和人民公社化的高潮，各行各业陆续参与到这场政治运动中。在此语境下，建筑行业不甘示弱，为了迎接 1959 年建国十周年，北京“十大工程”从立项到施工完成仅仅用了一年时间。此时的中国建筑师普遍鼓足干劲、肩负着强烈的使命感，“为实现更大更好更全面的跃进而斗争”①，畅想着社会主义中华人民共和国建筑学科新方向。

如果把中国近现代建筑学科发展大致划分为三个主要历史阶段，那么，20 世纪 50 年代是一个承上启下的转折时期，承接了 20 世纪 30 年代以及 80 年代学术思想观念的转型，是研究现代中国建筑学科思想变化的重要阶段。通过回顾 20 世纪 50 年代重要学术事件和议题，有利于我们展开对 80 年代拨乱反正工作的了解，进而看到近现代中国建筑学术观念转变的过程。通过对 20 世纪 50 至 70 年代期间，“为刘秀峰同志及其‘创造中国的社会主义的建筑风格’辩诬”以及“大屋顶”形式引发的论争这两个主要议题展开分析，一方面对历史事件及其影响进行了回溯，另一方面也呈现出中国建筑学科自中华人民共和国成立以来身份认同的焦虑。

（一）是非“黑纲领”

在 1959 年迎接中华人民共和国成立十周年，总结和反思中华人民共和国建设事业取得的新成就之际，建工部和建筑学会决定于 1959 年 5 月 18 日至 6 月 4 日在上海联合召开建筑住宅标准及建筑艺术座谈会。会上，大部分时间就“建筑艺术问题”进行讨论，刘秀峰同志做了总结性发言，其报告文章《创造中国的社会主义的建筑新风格》反响强烈，对当时发展建筑理论、

① 《建筑学报》编辑部 . 为实现今年更大更好更全面的跃进而斗争：刘秀峰部长在全国建筑工程厅局长扩大会议上的总结报告纪要［J］. 建筑学报，1959（4）.

繁荣建筑创作起了重要作用。[①] 然而，该报告却在“四清运动”和“文化大革命”期间被视为社会主义“黑纲领”遭到批判。1966 年开始，《新风格》及其作者遭到了上纲上线的批斗，《错误的建筑理论必须批判》[②]《铲除毒草，挖掉毒根》等文章中的观点皆认为此报告旨在“反对毛泽东思想，妄图取消党的领导，推行修正主义路线，为资本主义复辟做舆论准备”，是建筑界反党反社会主义的“黑纲领”，而刘秀峰是“党内的资产阶级代表人物，恶毒攻击毛泽东思想，公开宣扬‘阶级斗争熄灭’论……”。直至 1979 年，“杭州会议”召开，对“文革”以来遭到诬蔑的历史事件和人物进行了平反，刘秀峰同志及其《创造中国的社会主义的建筑新风格》一文的历史问题得以肃清，恢复了名誉。在 20 世纪 80 年代思想解放运动以及繁荣建筑创作的指导思想下，学界再次提及此事件，对文章观点给予正面、客观的评价。一时间，学术界就此文此事，开启了新时期建筑风格问题的讨论。《建筑学报》1980 年第 5 期刊载了陈植同志的文章《为刘秀峰同志〈创造中国的社会主义的建筑新风格〉一文辩诬》，1979 年《建筑师》杂志重新刊载了此文，《新风格》再次引发的论争见诸各家媒体。

直到今天，我们谈及中华人民共和国成立以来的建筑发展历程时都不能忽视此事件的重要性。刘秀峰同志在什么样的历史背景下发表其论述？为什么建筑学界曾对此文章有如此大的争议和意见？此事件的发生和经过有必要在此概括地展开回顾。参与并见证整个事件发生、发酵过程的汪季琦先生在 1980 年发文《回忆上海建筑艺术座谈会》，较为翔实地记录了当时的情况。

---

① 据汪季琦先生回忆，当时中国建筑学会计划于 1959 年 5 月和建工部设计局召开一次关于住宅标准问题的座谈会，刘秀峰得知此计划后，提出：一、中国建筑学会是全国性学术团体，要召开座谈会应该和建工部联合，而不是和司局联合召开；二、借此座谈会各方面专家齐聚一堂，讨论的问题应该再扩大一些范围，对当时建筑界迫切希望讨论的建筑艺术问题进行一次广泛深入的探讨。

② 毋兴元 . 错误的建筑理论必须批判 [ J ] . 建筑学报，1966（4）.

本书在此大致引述其言论：中华人民共和国成立以来，在苏联专家援助下开始了建筑行业的建设活动，其“社会主义内容、民族形式”以及“反对结构主义”等观点也深刻地影响着中国 20 世纪 50 年代的学术思想，诸如和平宾馆这样的建筑被批判为资本主义阵营“结构主义”的产物，于是在国内掀起了反结构主义之风。同时，梁思成同志做了《建筑艺术中社会主义现实主义的问题》专题报告，试图回答当反对了结构主义之后，建筑创作应该走什么道路的问题。对此问题的回应中，梁思成认为：“需要在建筑上提出民族形式问题；要尊重自己的民族传统；民族形式问题基本上是创造新的民族形式等。”① 其结论就是肯定了建筑创作要有“民族形式”。梁思成等同志提出的中国建筑由台基、屋身、屋顶三段组成的观点一时间被认定为“中国的民族形式”。随后，此结论逐渐发酵为设计方案符不符合“三段式”等要求，成为图纸审批的标准。此后，由此问题引发的反浪费、反复古主义、反形式主义等问题也波及了梁思成等同志，这些同志在 20 世纪 50 年代中期遭到批判，学界关于民族形式、“建筑艺术”等问题的讨论顿时停滞。涉及此事件的建筑师和专家学者基本上不再对此问题发表意见，建筑创作上顾虑重重，更不要说建筑形式、建筑装饰、艺术性这些字眼都是学术界极为敏感的话语。“下笔踌躇，不知所从；左右摇摆，路路不通……没有点民族形式、没有用点花纹装饰，会不会被认为是结构主义呢？用了民族形式、用点花纹装饰，会不会被认为是复古主义、结构主义和浪费国家呢？”② 在此背景下，建筑学会第二次代表大会召开前夕，如何解除建筑师的顾虑、解放思想成为当时领导要去解决的问题。时值 1958 年，建国十周年国庆工程“十大建筑”正式开启之际，建筑学会密切配合国家重要建设任务，作为建筑工程部部长的刘秀峰同志为此加强了学术研究力量，新成立了建筑历史和理论研究室等

---

①② 汪季琦 . 回忆上海建筑艺术座谈会［J］. 建筑学报，1980（4）.

部门，并就“十大建筑”工程中建筑技术、建筑艺术等讨论较多的问题想办法，借1959年“建筑住宅标准及建筑艺术座谈会”召开之契机，就此问题组织了讨论。然而，在政治风暴下，《新风格》很快成为政治运动的牺牲品，遭到全面批判，其内容被罗列了十二条“罪证”、三大“罪状”。当时为了有组织地进行这场批判，《建筑学报》被改组，原有的编委会靠边站，成立了新的编辑部，在1966年第6期《建筑学报》共计发表九篇批判的文章，一时间，就此文展开的建筑艺术问题的批判进入白热化阶段。

进入20世纪80年代以来，媒体就学习并回顾“建筑住宅标准及建筑艺术座谈会”的会议精神再次对此事件展开了讨论，《新风格》的功过是非再次为学界关注。其中，陈植先生发文《为刘秀峰同志〈创造中国的社会主义的建筑新风格〉一文辩诬》，以原文为出发点，客观还原文章的各个要点，从正面反思了这段历史。尤其对刘秀峰提及的“适用、经济、在可能的条件下注意美观”等内容遭到篡改表达了愤怒，他认为当时的批判者对其欲加之罪，何患无辞，别有用心地删去了《新风格》原文中的字句或者调换概念，比如歪曲其谈到建筑创作方针时强调“尽量做到美观”，就此给其带上“唯美论”的帽子。刘文章中提到了古建筑优点，批判者批其“吹捧封建统治阶级的糜烂生活”；刘提倡设计竞赛，批判者指其“尔虞我诈，争名夺利”……批判者的观点极尽所能地歪曲事实，无限上纲，逾越了建筑学术的话语界限，扭曲的政治斗争意识取代了学术的客观性。陈植先生在改革开放之初书写下这篇文章，既是对刘秀峰及其文章的拨乱反正，同时也代表了广大专家学者渴望在社会主义新时期能够明辨是非、实事求是，把注意力从政治斗争转移到现代化建设事业中的愿景。1980年总第2期的《建筑师》杂志刊载了熊明同志的《关于建筑创作的若干问题》一文，文章就《新风格》中的部分内容提出了不同意见，刘秀峰在原文提到“希望‘在不要很久的时间内系统地形成我国社会主义的建筑新风格’”。熊明就此说道：“二十年时间过去了，实践已经证明，该文不但没有推动反而束缚了建筑创作的发展，其影响至今仍然存在。”[①] 对《新风格》的主要观点在当时获得的肯定做出种种质疑，他认为《新风格》既忽视了建筑技术对建筑风格的制约作用，又没从建筑本质去把握建筑形式和功能的关系。此外，他认为《新风格》希望通过学术百家争鸣促进创作的百花齐放，然而事实证明，二十年来在建筑界只不过是在《新风格》的框框内“争鸣”和“齐放”……此文虽然也是批判《新风格》的文章，但究其实质与20世纪60年代上纲上线的批判污蔑不同，其论述主要以作者对现实的主观判断为依据，代表一家之言，对此事件在当时引起的普遍赞同提出异议。时隔数年，时值1989年建国40周年之际，张钦楠发文《历史地回顾过去，开拓地迎接未来：重读刘秀峰〈创造中国的社会主义的建筑新风格〉后几点体会》[②]，文章从“创作四十年”的角度重新回顾此事件。首先肯定了《新风格》的历史地位；其次，就原文涉及的各种“主义”提出商榷。在作者看来，《新风格》的发表局限于历史，在那样的环境中很难提出一个完美的建筑创作纲领，而文章前后提出十余种“主义”，在很大程度上混淆了概念，某种程度上，把“社会主义建筑新风格”与西方现代主义对立起来，文章提到“古为今用”却未提及“洋为今用”实则有意为之。综观对《新风格》批判的诸多文章，其争论和质疑的集中点主要是其“中国社会主义建筑新风格”的提法，认为“此问题无法说清并让人无所适从，不如不提”。对《新风格》这一事件的辩诬和论争，体现了对“文革”以来思想束缚的挣脱和对历史的积极反思，在某种程度上开启了中国建筑评论的新篇章。在今天的解读中，本书溯其本源还是回归到“形式”探求引发的身份认同的彷徨焦虑，与20世纪初以来数次的形式探求一样，建筑学始终很难

---

① 熊明.关于建筑创作的若干问题［J］.建筑师，1980（2）.

② 张钦楠.历史地回顾过去，开拓地迎接未来：重读刘秀峰《创造中国的社会主义的建筑新风格》后几点体会［J］.建筑学报，1989（8）.

从这些问题出发获得一种真正意义上的“答案”。

（二）“大屋顶”之辩

中华人民共和国成立以来的建筑创作活动中，政治观念通常借助建筑的艺术形式表现出来，很长一段时期里，“大屋顶”“三段式”“琉璃瓦”等元素成为建筑创作是否符合社会主义民族形式的判定标准，严重束缚了建筑创作的创新发展。20 世纪 80 年代初期展开的建筑创作讨论主要以反思 20 世纪 50 年代出现的“复古主义”和“住宅标准及建筑艺术座谈会”为中心，此间的思想争鸣可被视作对这两次讨论的延续。其中，“大屋顶”形式的功过是非问题成为学界争论的热点：“有人一再要起用‘大屋顶’，认为‘非大屋顶不能当此重任’；而另一些人则又害了‘恐大症’，唯恐‘大屋顶’死灰复燃。这些都说明了‘大屋顶’至今尚有生命力。”①笔者在此就 20 世纪 80 年代“大屋顶”之辩做一个概要性梳理。

1980 年《建筑学报》第 4 期刊载了西南建筑设计院陈重庆同志的《为“大屋顶”辩》②一文，作者认为，学界对建国初期风靡一时的“大屋顶”形式“众口一词”给予了全面否定，这样的观点过于偏颇，他认为建筑艺术与政治路线不同，难以用“错误”或者“正确”来给其定性，并对“大屋顶”斩草除根的方法给予否定，撰文为“大屋顶”辩。他进一步提到，“实践证明，大屋顶的问题实质上是对建筑形式的探索，而不能简单以‘复古’罪论处”。当时批判“大屋顶”给其定性为“复古主义”而非“复兴”或其他提法，似乎在刻意地为批判提供方便。作者从大屋顶再谈及民族形式的继承问题：“我们可以堂而皇之地搬用洋古董的柱廊，我们可以研究园林、寺庙、四合院，为什么就不能在大屋顶上着力地研究一番呢？”在其看来否定

① 汪涤华．对“谈建筑中‘社会主义内容，民族形式’的口号”的意见［J］．建筑学报，1981（12）．

② 陈重庆．为“大屋顶”辩［J］．建筑学报，1980（4）．

大屋顶以后造成了千篇一律的"平屋顶"现象也同样存在问题，导致从一个极端走向另一个极端，只能造成建筑创作的禁区林立。艾定增就此文提出商榷，1981年发文——《评〈为"大屋顶"辩〉》①，首先对陈重庆在文章中以"四大名菜""唐诗宋词"等做比喻，认为古代优良传统应该继承发扬，"大屋顶"作为优秀的古典形式就应该"创造性"地改造并继续将之发扬光大等论断提出看法："我国古代服装和家具的优美也许不亚于大屋顶，现代人也仍然爱看，但生活中却并不穿用它。"艾定增认为新时期的现代化建设活动不应该一味怀古，形式应该多样化。此外，艾就陈提出的观点进一步做出不同阐释，陈说："方盒子建筑在中国风靡了，但它的贫乏形象在今日之世界也并不是尽如人意的。"艾认为，陈的观点中认为平屋顶不具备代表性、过于简单乏味，实则是对"简洁"抱有误解，他解释道，简洁并不等于贫乏，烦琐也不是丰富，不搞"大屋顶"并非就是清一色的"平屋顶"，形式可以有多种多样的呈现，比如大屋顶之外可以有薄壳、悬索、网架、折板、拱等变化，还可在平顶上做旋转餐厅、观景眺望台、屋顶花园等，甚至就挑檐的做法也可以有很多变化，陈在文章中对"平顶"形式贫乏的提法过于主观绝对。随着对"大屋顶"形式问题认识的逐渐深入，建筑工作者对此问题的看法逐渐具有了辩证对待的态度，不再一味谈"大屋顶"色变，也不再唯"大屋顶"独尊。程万里《也谈"大屋顶"》②一文客观回顾了20世纪50年代梁思成及其"复古主义"观念等事件，进而谈到新时期建筑工作者对待"大屋顶"的观念转变："民族形式"不等于"大屋顶"，不等于烦琐的古典构图，不等于标签化的纹样装饰，也不赞成以古建筑"词汇"和创作"文法"来堆砌建筑这篇"文章"，建筑设计也不仅是绘图和处理立面，而是在创造环境……通过对待"大屋顶"的观念转变，很大程度上促进了我国20世纪

① 艾定增.评《为"大屋顶"辩》[J].建筑师，1981（6）.

② 程万里.也谈"大屋顶"[J].建筑学报，1981（3）.

80年代建筑创作往多元化方向的探索。此后，对“大屋顶”及其相关问题的争鸣仍见诸大量的理论研究文章中。对“大屋顶”持肯定态度的观点中，华南工学院的邓其生如此认为：“如果当时建设首都不考虑民族形式，现在首都会是个什么样子。难道把当时国际上流行的‘豆腐块’般的‘洋房’搬过来，或是还有什么人能创造出更高超的形式出来？”[①] 在他看来，北京作为中华人民共和国的首都、中华民族文明的中心，的确需要有“继承的象征”，在此情境下“大屋顶”是合乎民族心理需要的，而且当时对“大屋顶”的运用主要考虑与古都氛围相协调，仿古建筑的出现并非某人存心复古，这是合乎历史逻辑的发展需要。而更多的观点则认为社会主义现代化建设过程中，继承民族优良传统固然必要，但学习国外先进经验同样必要，如果一味恐“洋”，对外来文明抱有抵触心理，实则把“民族形式”推向“民粹”的极端，是不利于现代化事业的开展的。

与此同时，“大屋顶”与“方盒子”之争也见诸媒体，有观点认为“方盒子”是先进生产力的代表，利于社会化大工业生产，但其作为舶来物、“洋货”，是否适宜推广还有待斟酌。此外，“方盒子”在形式上“缺乏艺术性”，在建筑创作中容易导致千篇一律的担忧也较为普遍。此时，学界一方面批判“大屋顶”，一方面对“平屋顶”的使用顾虑重重，对“形式”问题的纠结仍然左右着20世纪80年代初期的建筑创作。也有很多声音在为“大屋顶”正名，“模仿古建筑形式，也是一种创作方法，在某种情况下，对于克服千篇一律的建筑面貌、协调新旧建筑群体，也会有很好的作用”[②]。

尽管“大屋顶”饱受争议，但似乎从未真正意义上退出过历史舞台，与看似“千篇一律”的平屋顶相比，“大屋顶”更深受百姓喜爱。1988年，在北京市民投票表决中，选出了“北京80年代十大建筑”，其中，大观园建筑

---

① 《建筑师》编辑部．关于建筑风格问题讨论的综述［J］．建筑师，1982（12）．

② 卢思孝．从“方盒子”谈起［J］．建筑师，1981（6）．

群作为仿古形式的代表作高票获得认同，而北京图书馆新馆以 173 046 票高居榜首（图 4-6）；1994 年北京市举办了“我喜爱的具有民族风格的新建筑”评选，从 148 栋中华人民共和国成立以来具有民族风格的建筑中进行海选，其中前十位的建筑依次是民族文化宫、人民大会堂、人民英雄纪念碑、国家奥林匹克体育中心、毛主席纪念堂、菊儿胡同新四合院住宅等，共计 50 座入选。即便如此，组织者——首都建筑艺术委员会对此结果不甚满意，认为具有民族风格的新建筑数量还是太少……[①] 可见，近百年来自上而下的“国家 / 民族观念”与“国家 / 民族形式”的标志性建筑基本上一一对应，此种观念根深蒂固，作为其表征之一的“大屋顶”形式早已在民间形成了良好的群众基础。此外，对“大屋顶”或者“穿衣戴帽”工程的兴趣在近百年来也从未停歇。1990 年北京亚运工程中，综合馆、游泳馆虽然采用了新技

图 4-6　北京图书馆新馆

① 王军．大屋顶：半个世纪沉重的话题：首都建筑艺术采访手记（上）[J]．瞭望新闻周刊，1996（40）．

术、新材料，但其形式还是对歇山、庑殿屋顶的抽象，以此代表中华人民共和国的形象；1991 年，为了探求新建筑的民族风格问题，首都规划建设委员会办公室专门委托北京市院组织了“建筑顶部设计效果研究”小组，就北京市展开“穿衣戴帽”设计研究，小组也因此被生动地戏称为“帽子组”；1994 年，首都建筑艺术委员会等单位举办了“’94 首都建筑设计汇报展”，展出近年来北京市批建的 87 座大型建筑设计方案，其中半数以上借鉴了传统的“大屋顶”……经历了 20 世纪 80 年代初期对“大屋顶”的全面批判以及解除了重重顾虑之后，20 世纪 80 年代中后期以来，对“大屋顶”的转译、简化的方法被普遍地理解为“神似”并获得广泛认同，尤其在大型国家事件中，“大屋顶”形式始终占有极为重要的地位。从 1958 年 10 月破土动工的首都“十大建筑”工程到 2007 年上海世博会中国馆（图 4-7），在建筑形式的选择上对“民族形式”或者说是“屋顶形式”的比较选择都是煞费苦心的。上海世博会中国馆从形式上看虽然不是传统意义上的“大屋顶”，但其把斗拱这一古建构件形式抽象并再现出来，实际上还是“民族形式”情怀的延续。本章节，我们围绕“大屋顶”之辩及其话语生产，大致可以概括出“大屋顶”作为传递“国家 / 民族”观念的重要形式在 20 世纪 80 年代中后期以来获得大量实践的机遇和广泛的认同，甚至，我们可以预见在“形似”与“神似”的论争中，以“大屋顶”为标志的民族形式在未来还将具有持久的生命力。

（三）“神似”论

在传统形式（包括宫殿庙宇、园林和民居）面前，他们主张新的创作务求“神似”，不求其味求在（形）似与不似间，甚至把“神似”视为创造新风格的必由之路，把某些建筑形式（例如旧民居）当成建筑创作的源泉，而且这种源泉或“似”好像越古越有味，以至于追及汉唐遗

图4-7　中华人民共和国成立以来对“民族形式”的积极探索

风并向它乞求灵感了。我们且不管“神似”的内容与实质是什么，但那复古主义的抄袭和“形似”已经输了，退而求“神似”了，却是一种值得注意的现象。

——曾昭奋《阳关道与独木桥——谈谈当前建筑创作的三种途径》①

“神似”的概念出自文学和美术评论中，尤其是齐白石那句“作画妙在似与不似之间”备受推崇。（图4-8）20世纪80年代开始，“神似”为建筑

① 曾昭奋．创作与形式：当代中国建筑评论［M］．天津：天津科学技术出版社，1989（3）．

图 4-8　齐白石“作画妙在似与不似之间”引发的“神似”讨论

评论学者借用①，以此对学界广受争论的“民族形式”“大屋顶”等问题进行评价。一时间，建筑创作中“形似”“神似”还是“神形兼备”的讨论不绝于耳。对“神似”给予了高度认同的观点认为，“形”总是偶然、有限的，不能给人想象的空间，而“神”是无限和必然的，作为中国美学思想的特点，传神写意才是最高的境界。②还有观点认为，如此提法既有民族形式之意，又无复古保守之弊端，欢迎建筑创作出现“神似派”。③“神似派”们认为“神似”就是坚决反对复古思想，对戴帽穿靴的创作方法给予否定，而“神似”的提出，则是回应了传统与现代问题的“良方”……在什么是“神似”的讨论中，有专家认为，对“民族形式”的简化就是“神似”，程万里在《也谈“大屋顶”》④一文中曾提到，近三十年来，在传统的继承与革新方面大致经历了“古”意的简化过程：大屋顶—小屋顶—小构件—装饰物，这是观念的进步，从“形似”走向了“神似”。在其看来，简化了的符号“言有尽而意无穷”，这种简化抽象就是民族形式的出路之一。对“神似”的

① 艾定增．中国建筑的“神”与“神似”[J]．建筑学报，1990（3）．艾定增在开篇提到，“神似”一词最先由其私淑导师王华彬先生在《建筑师》创刊号上正式提出。

② 张勃．“神似”刍议：试探建筑造型艺术的继承与创新［J］．建筑师，1982（12）．

③ 应若对“神似”的提法给予很高的肯定和认同。

④ 程万里．也谈“大屋顶”[J]．建筑学报，1981（3）．

概括和理解，艾定增在《神似之路——岭南建筑学派四十年》[1]一文中，以“神似”赋予了“岭南派”高度的认同，就其四十年来的主要成就总结为：宁变勿仿，宁今勿古；追求意境，力臻神似；因借环境，融为一体……景园文脉，推陈出新；神似之路，殊途同归等。（图4-9）艾定增在谈及“神似之路”时，认为“神似”反映了一种文脉意识，“对传统精神及集体无意识的关注，对环境整体性及人性空间的尊重，对与世界潮流同步的强烈愿望。这一点，神似派与后现代派一致。因此，神似的建筑观应当理解为一种中国式的后现代主义”[2]。也有观点认为，“‘形似’有形，‘神似’念念有词，都是对创新的束缚和框框”[3]，而建筑创作不需要在“似”或“不似”上下功夫，这才是锐意创新的起点……彼时大量的学术讨论对“神似”论给予认同，尤其是对“民族形式”难以下定论之时，“神似”似乎为形式问题找到一条折中的出路。与此同时，也有评论观点就“神似”提出疑问，其中，曾昭奋认为，“神似”是美术家和美术评论家似是而非的论述，建筑如若也搞这一套，以老古董为“神似”的对象，实则还是“形似”而已。

综上所述，“神似”论的提出解除了“形似”的顾忌，在建造过程中的模仿、隐喻等手法似乎有了正当的解释。随之而来对“神似”的担心也显现出来，一些作品中把“民族形式”的形、神混淆，既没有“形”也没有“神”，这样的创作很难给予评价。在众多学者的解读上，“神似”论建构在“道”家思想或者美学理论之上，就此引发了更为复杂多义的解读，有观点提出“神似-异质同构”[4]“神形兼备”，这些论述听上去万无一失，但实则很难产生评判的标准，关于“形式”的讨论反而陷入一个更难以把握和解释的境地。综观20世纪80年代争执不下的“形式”问题，“神似”论作为一种

①② 艾定增. 神似之路：岭南建筑学派四十年［J］. 建筑学报，1989（10）.

③ 曾昭奋. 创作与形式：当代中国建筑评论［M］. 天津：天津科学技术出版社，1989（3）.

④ 尹培桐. 何谓“神似”［J］. 新建筑，1990（12）.

图 4-9 “庭景园文脉，推陈出新”的白天鹅宾馆“故乡水”主题中庭

解题方法呈现在学界争论中，在大量理论文章中得到认同。

## 三、广议“适用、经济、在可能条件下注意美观”

### （一）“建筑方针”的历史性讨论

在 20 世纪 80 年代繁荣建筑创作、纠正千篇一律观念的强烈诉求下，中华人民共和国成立以来提出的“适用、经济、在可能条件下注意美观”的 14 字“建筑方针”再次萦绕在 20 世纪 80 年代建筑学界的讨论中，从繁荣建筑创作谈及建筑方针成为 20 世纪 80 年代学术讨论的重要议题。此方针自 20 世纪 50 年代初期提出，在 1955 年“反浪费运动”中明确其作为我国的建筑方针政策，并逐渐发展为指导我国社会主义建设重要的纲领性文件，直至 20 世纪 80 年代，对其历史价值及现实指导意义的反复追问从未间断[①]。

---

① 2004 年第 12 期《建筑学报》特辑就“新焦点：适用、经济、美观”又一次对此话题进行集中讨论。时值 2004 年《建筑学报》创刊 50 周年学术研讨会之际，与会专家认为 20 世纪 50 年代初期“适用、经济、在可能条件下注意美观”的方针对于推动我国城乡建设、繁荣建筑创作和理论产生了积极而深远的影响，学报以此发起的“新焦点：适用、经济、美观”的讨论以特辑的形式出现，就此问题展开回忆、反思，而重要的讨论则集中出现在反思 20 世纪 50 年代的 14 字方针以及肯定其在 20 世纪 80 年代仍具有不可忽视的重要历史价值。这也是本节论述的重要参考文献。

时至今日，我们仍有必要重回历史的话语空间，对一些被误读的观念话语展开进一步的反思与修正。故此，本节的书写主要围绕“建筑方针”在20世纪80年代建筑学科内外的历史性讨论，通过爬梳新时期以来相关的会议纪要和刊物文献中的批评话语，反思此方针的社会价值和历史局限等问题。

对我国提出“适用、经济、在可能条件下注意美观”的追述有必要回到20世纪20年代初期西方建筑“三原则”的舶入。“三原则”的提出可以追溯至古罗马时期，维特鲁威（Vitruvius）在《建筑十书》中提出建筑“三原则”，即实用、坚固、美观（Utility，Stability，Beauty），并以此指导当时的城市建设。文艺复兴时代，阿尔伯蒂（Leon Battista Alberti）在其《建筑论》一书中将之纳入古典建筑的理论框架，至此，“实用、坚固、美观”成为一条被不断言说和解读的经典教条，深刻影响着西方建筑学的理论和实践活动。20世纪初期，由第一代中国建筑师从西方带回了“实用、坚固、美观”的建筑“三原则”观念，使之正式进入中国的建筑学话语体系。1949年中华人民共和国成立，开始启动大规模城乡建设，“三原则”逐渐演变为“政治训诫的附庸，古典建筑的三原则被改造为国家的建筑方针政策”①。时值20世纪50年代初期，朱德同志就“新六所”工程提出了“适用、坚固、经济”的建筑方针，并且解释这是勤俭建国的方针。②1952年，建工部成立后，着手落实“适用、坚固、经济”的“建筑方针”，并聚合各司局负责人参与“建筑方针”制定讨论会。由于各执己见，争执不下，此后的讨论请来了当时援助中国建设事业的苏联专家来把关。其中，作为来华援建的苏联建筑及规划专家，穆欣（A.C.MYЩИН）同志在其发言中介绍说，在苏联

① 周鸣浩.1980年代中国建筑转型研究［D］.同济大学，2011.

② 当时“新六所”工程以及此后主要的政府工程（“文革”时期建造的“中南海”内的工程以及全国各地包括北戴河、井冈山老区等），均以清水外墙不加修饰的“中直风格”持续诠释着“适用、坚固、经济”的方针政策。

现在已不再提“适用、坚固、美观”①，而是提倡“适用、经济、美观”，并进一步解释，因为现代的物质技术条件和古代有很大不同，“坚固”现已不应成为问题，但是进行大规模的社会主义建设，“经济”是普遍应该注意的问题。他认为“中国即将开始第一个五年计划，所以在中国‘经济’问题也是应该普遍注意的问题”②。至此，“经济”作为一个重要的要素开始被重视，1953 年 10 月的建筑学会成立大会报告中，正式提出“以适用、经济、美观为原则”“建筑设计的援助要适用、经济、美观，三者应通盘考虑”等观点。时值 1955 年年初，《人民日报》在题为《反对建筑中的浪费现象》的社论中提到，当前建筑活动中主要的错误倾向主义就是不重视经济原则，并进一步对建设生产部门提出要求，“时刻关心每一平方尺的造价，采用先进技术，加快建设的进度，降低建筑的成本，并在这个条件下创造既适用又美观的建筑形象”③。严肃批评了以反对“结构主义”和“继承古典建筑遗产”为借口，搞复古主义、唯美主义的建筑思想。④同年 6 月 13 日，李富春同志在会议上做了题为《厉行节约为完成社会主义建设而奋斗》的讲话，他指出：“所谓‘适用’就是要合乎现在我们的生活水平、合乎我们的生活习惯并便于利用，所谓‘经济’就是要节约，要在保证建筑质量的基础上，力求降低工程造价，特别是关于非生产性的建筑要力求降低标准，在这样一个适用与经济的原则下面的‘可能条件下的美观’就是整洁朴素而不是铺张浪费。”随即，在“反浪费”运动的高潮中，1956 年国务院下发了《关于加强设计工作的决定》，明确提出“在民用设计中，必须全面掌握适用、经济，在可

① 建筑“三原则”在苏联也曾经历过反复论争。1935 年 7 月，联共（布）中央在批准莫斯科改建五年计划时指出：“城市建设工作应全部达成艺术形态，不论是住宅、公园、广场、公共建筑都如此。”并最终认为“社会主义的城市建筑不仅要便利、经济，而且必须美观”。

② 陶宗震 . 新中国“建筑方针”的提出和启示［J］. 南方建筑，2005（5）：4—8.

③《人民日报》社论 . 反对建筑中的浪费现象［N］. 人民日报，1958-3-28.

④ 邹德侬 . 中国现代建筑史［M］. 天津：天津科学技术出版社 . 2001.

能条件下注意美观的原则”。建筑方针的确立，成为此后中国建筑设计活动的重要依据甚至是不可动摇的信条，在中央或地方的各类建筑会议上，这一方针被以不同的形式提及。从提出方针的历史背景和具体内容来看，其本质是短缺经济时期我国应对社会现实的方针政策，并对其中的“经济”要素有片面地强调。甚至在相当长的一段历史时期里，它被当时的许多理论家奉为至高无上的建筑理论，说它是“建筑理论上的一个伟大创造”“中国最正确的理论”①……更甚，在极“左”的政治氛围鼓吹下，此方针成为历史批判的武器。20 世纪 80 年代以来，在繁荣建筑创作的政策下，对建筑方针的再次讨论频繁见诸学术讨论，进一步体现出我国经济状况好转后，对方针政策的制定也相应地有了新的诉求。

（二）“在可能条件下注意美观”的争鸣气象

围绕着 20 世纪 50 年代建筑方针的质疑和优化，对方针中提到的“在可能条件下注意美观”的论争是 20 世纪 80 年代重要的学术新气象。在讨论中主要就“在可能条件下”和“美观”两方面产生较多争议。其中，“在可能条件下”的论述主要针对 20 世纪 50 年代提倡反浪费现象中，不顾及时间、地点、性质等因素，都要给建筑扣上一个“大屋顶”形式或生搬硬套的“穿衣戴帽”现象。而“美观”的争论则是就“形式主义”“复古主义”以及“创造中国的社会主义的建筑新风格”等问题的讨论展开。很长时间里，“在可能条件下”的措辞把言说的范畴表述得较为模糊，缺乏明确的评价标准，甚至刻意曲解其意，挑起话语论争。在此情境下，就如何理解“可能条件下的美观”也产生众多歧义，如何在可能的条件下注意“美观”的问题到了 20 世纪 80 年代逐渐得以重新定义和评价。

---

① 邹德侬．“适用、经济、美观”：全社会应当共守的建筑原则［J］．建筑学报，2004（12）：74—75.

关于“美观”意识的产生和遭到扼制以及20世纪80年代再次提及，可以回溯至20世纪50年代建筑工程部和中国建筑学会在上海召开的“住宅建筑标准及建筑艺术问题座谈会”。会上梁思成先生以“从‘适用、经济、在可能条件下注意美观’谈到传统与革新”为题发言，首先肯定此方针的提法本身是辩证的，是一种政治性的提法，具有鲜明的阶级性，而“经济”也体现了社会主义建筑事业满足广大人民需求的特征，但“假使只做到适用、经济而不美观，我们就没有满足广大人民对于建筑的全部要求，就是未能很好地贯彻党的方针……我们也应该意识到‘适用，经济’的标准不是固定不变的……在不断改变的‘可能条件’下，人们对美观的要求也将不断改变”。同意梁先生意见的有不少人，认为美观和适用、经济并不冲突，在设计中“美观”是无法回避的要素。但在当时的实际情况下，当“面积”和“造价”都卡得很紧，主要是解决“有”“无”问题时，除了不“零乱”外，对“美观”很难有所作为。正如陈正东在文章《关于“在可能条件下注意美观”》中如此反问：“在‘美观’之前冠以‘在可能条件下’这个限定词，那么，要是‘不可能的情况下’是否不必注意美观呢?”答案几乎一致认为，在控制造价情况下也可兼顾美观，反对以虚假的装饰和滥用高级建筑材料来粉饰，而美观并不一定会影响适用。然而，在进一步认同和鼓励“在可能的条件下注意美观”的争论中也出现了矫枉过正的现象，甚至将一座建筑是否符合“美观”来作为检验设计水平的标准，评选方案沦为领导意志下效果图选“美”的低级趣味。时值20世纪80年代，“在可能条件下”的说法逐渐被淡化，“适用、经济、美观”之间辩证统一的关系愈发稳固。有文章对此表示认同，认为这样的说法强调的只是“美观”与其外在条件的联系，没有掺入任何政治因素，也没有扯上任何风格流派，在各个历史时期，“美观”都可以被看作在各方条件制约下由实际操作得来的结果。在对此问题的质疑和争论中主要呈现出几种观点：首先，有观点认为，即使进入社会主义新时期，仍然要把“经济”要素摆在第一位，赞同防微杜渐，勤俭治国，[①]甚至有极端的论述将“经济”和“美观”置于对立的两个极端来争论，全然支持“经济”作为最重要的、唯一的方针要素。其次，社会主义建设新时期，在已有的经济环境下对建筑以及环境艺术的提升有了较大空间，在此情境下应呼吁注意“美观”，且美观和经济之间的关系并不冲突，而对“经济”的认识或理解不应再是消极的“降低标准”，而是在技术改革与创新的基础上不断提高质量、节约成本以降低造价。

可喜的是，20世纪80年代以来，大多数声音既肯定了20世纪50年代确立的建筑方针仍具有时代性，又有修正的观念注入其中。在已有方针政策下，建议融入当下建筑创作中涌现的新观念、新理念，以此更为全面、准确地表述新时期的建筑方针。20世纪80年代的相关论述里，更多的意见倾向于辩证统一地对待新时期建筑方针问题，例如，建议补充完善“适用、经济，在可能条件下注意美观的原则”使之避免失之片面。1985年11月，在中国建筑学会组织的繁荣建筑创作学术座谈会上，曾任建设部设计局局长的龚德顺先生提出：“适用、经济、美观的建筑和观点是我们需要的，改一改这个提法更有利于繁荣创作。”[②]1981年，顾奇伟同志就繁荣建筑创作问题谈及建筑方针时说道：“我感到在新的历史条件下，建筑方针的一般化也是建筑创作一般化的重要原因。”他认为“适用”是一个较低的要求，并建议在新的建筑方针中加入“经久的实用经济、美好的空间造型、文明的群众环境”等内容。就其主张用“功能”“效果经济”和“良好的空间造型和群体环境”来“优化”现有方针的意见，陶宗震同志发文表达了不同看法，他认

① 当时倾向于“经济”而弱化甚至否定“美观”的论述主要源起于20世纪50年代我国反浪费运动的历史背景，从中央到地方都在贯彻勤俭建国和“中直风格”的诉求愈发加剧了这种观念的渗入。

② 1980年10月18日中国建筑学会第五次代表大会在北京召开，会上对“建筑方针”的争鸣热烈。

为这个问题的重点在于如何认识和理解“适用、经济、美观”三者之间的辩证关系以及在创作时是否能联系建筑艺术的特点，区别不同情况加以灵活运用，而不在于词句的转换，否则就成了概念游戏。① 他提出将“适用、经济、美观”分成两组对立统一的矛盾来判断，进而否定了顾奇伟同志提出的以“良好的空间、造型和群体环境”补充说明“美观”的不必要性，“‘空间、造型和群体环境’充其量只是建筑的某些要素或特征，并不能解决美丑的问题……问题在于如何正确地把握美观的原则和标准”。就此观点，1986 年时任建设部设计局局长的张钦楠先生，先后提出过一个在当时表述相对全面的提法：“建筑设计的任务是全面贯彻适用、安全、经济、美观的方针。高质量、高效率地设计出具有时代性、民族性和地方性的建筑和建筑环境，不断提高工程的经济、社会和环境效益，为人民造福。”而为追求这个原则的“全面”而争论，那么诸如“坚固”“安全”“技术”“可持续发展”这样的词汇也需斟酌是否纳入方针。此举在邹德侬教授看来既耗费时日，结果还是不够全面，此任务应当留给教科书。其观点进一步阐明了在社会主义新时期不应该着力于字面的反复折腾，应该清醒地意识到，“在新的历史条件下，应该宣布这条执行了三十余年的建筑方针已光荣地完成了它的历史使命，代之以用建筑自身的基本规律或新的方针来指导今后的建筑设计”②。邹德侬教授在《建筑学报》方针提出 50 年之际，给这条建筑方针的历史意义做出更具参考价值的评论：“它是政府在某个历史时期，根据建筑的本质，结合当时的国情所制定的政策，它不是建筑理论……一些建筑师，或因自身的原因，或因业主和长官业外指导的压力，正在滥用这种建筑创作自由，忽视适用，

① 《建筑学报》1981 年第 2 期刊载了顾奇伟《从繁荣建筑创作浅谈建筑方针》一文，1982 年第 5 期刊载了陶宗震《浅谈建筑方针与建筑创作的关系——与顾奇伟同志商榷》一文，两位建筑师就此问题发表了不同看法。

② 邹德侬．建筑理论、评论和创作［J］．建筑学报，1986（4）．

不管经济，异化美观，搞出一些既背离建筑创作基本理论，又伤害建筑经济和建筑文化的‘作品’来；一些外国建筑师也看出了这个建筑设计市场的‘门道’，弃置建筑设计的经济原则，把中国建筑设计市场，当成在本土难以实现的先锋形式的域外试验场。”①20世纪80年代以来，审美意识普遍觉醒，对建筑美学以及创作中的“美”有了相对理性的认识，在此阶段的有关论述虽然还有不少的话语生产围绕着“美观”“形式”“风格”等关键词，然而，建筑创作的讨论逐渐地转向了建筑“空间”的议题，对建筑空间的讨论虽然仍旧存在着认识的局限，但在此情境下，我国的建筑创作活动不再拘泥于某“方针”、某“政策”的教条，突破了观念的藩篱，促成了20世纪80年代建筑学界繁荣建筑创作、纠正千篇一律的新景象。

① 邹德侬．“适用、经济、美观”：全社会应当共守的建筑原则［J］．建筑学报，2004（12）．

# 第五章
# 20 世纪 80 年代建筑创作与理论争鸣

50 年代批复古主义、结构主义、形式主义，后来批“大洋全”“洋怪飞”“封资修”，起先批英美的设计体系，强调全面学习苏联，后来又批苏联建筑理论的影响，1959 年我们自己提出“创造中国的社会主义的建筑新风格”，在“文化大革命”中也被当作“大毒草”“黑风格”进行了批判。这就造成了极为严重的后果，混淆了界限，搞乱了设计思想，使广大设计人员无所适从。现在，不少设计人员仍被“洋”“古”“碑”三个字捆住了手脚，想继承我国的优良传统，怕戴“复古主义”的帽子；想学习国外的先进技术和先进经验，怕挨“迷信洋人”的棍子；想在建筑设计上有所作为，有所创新，怕被批成“为个人树碑立传”的典型。这种精神状态不改变，建筑设计就不可能出现推陈出新、百花齐放的局面。今后我们要广泛开展学术讨论，认真组织设计竞赛活动，进行设计方案的评选，并在各种刊物和学术会议上广泛开展建筑设计评论……不要设置禁区，允许评论，百家争鸣……绝不允许扣帽子、打棍子、伤害人们的积极性和创造性。

——肖桐《新时期建筑部门的光荣使命》报告 ①

① 肖桐：新时期建设部门的光荣使命［M］//《中国建筑年鉴》编委会 . 中国建筑年鉴：1984—1985. 北京：中国建筑工业出版社，1985：59. 1980 年 5 月 5 日，在全国建筑工程局长会议上，肖桐再次在题为“新时期建筑部门的光荣使命”的报告中发言，批判了过去 30 年的极“左”路线错误，进一步提倡解放思想。

中华人民共和国成立以来，建筑学科经历了20世纪50年代和80年代两次建筑创作和理论引介的高峰。1949年以后，我国经过三年经济恢复期，正式进入社会主义建设的"一五"计划阶段。为了加快发展中华人民共和国社会主义经济建设，党和国家决定学习和借鉴苏联社会主义发展模式。在建筑领域，当时正值苏联全面批判西方资本主义阵营"结构主义"理论，提倡"社会主义、民族形式"的创作观念，在此历史背景下，中华人民共和国建筑师还未来得及深入探究中国自己的"民族形式"，也未赶上系统引介和探究正值盛期的现代主义理论的热潮，就肩负着"一边倒"学习苏联建设经验的历史使命，全面引介了社会主义建筑理论和实践模式。20世纪50年代的建筑创作活动中，一大批模仿苏联"民族形式"的建筑或者以"大屋顶""三段式"为主要表现形式的"社会主义、民族形式"建筑被迅速、大量地建造起来，形成了一个社会主义建筑创作和理论引介的高峰。此后不久，"复古主义"遭到全盘否定和批判，中国建筑界陷入迷茫，"资本主义国家的一套不行，苏联的一套也不行，从而又回到一片空白。这时，建筑师真是下笔踌躇而茫然不知所措"①。1958年中华人民共和国成立十年"十大工程"动工建设和在上海召开的"建筑住宅标准及建筑艺术座谈会"上，刘秀峰以"创造中国的社会主义的建筑新风格"为题的发言基本上总结了十年实践经验，他认为，除了经济、政治上要独立自主，建筑创作和理论研究也要从中国国情实际情况出发，走自己的路子。在刘秀峰部长的支持下，1958年，以"十大工程"为契机，组建了建筑历史和理论研究室，集结了100多名研究人员，分为六个小组，从中国古代建筑历史、近代建筑历史、建筑理论、国外建筑、民居、园林等方面进行调查研究，这也是继中国"营造学社"以后较大

① 彭一刚．高屋建瓴创造建筑理论研究新风气：建国以来建筑理论研究的回顾与展望［J］．建筑学报，1984（9）：16.

规模的学术研究活动。[①]然而，好景不长，20 世纪 60 年代“设计革命”和“文化大革命”陆续到来，中华人民共和国建筑事业屡遭重创，建筑创作和理论研究活动戛然而止。直至 20 世纪 80 年代粉碎“四人帮”以后，党和国家的工作重点转移到社会主义建设上来，我国进入一个新的历史时期。

20 世纪 80 年代，中国建筑学会逐渐恢复了工作，在党和全国科学大会号召向科学技术现代化进军的口号下，学会开始拨乱反正、肃清流毒，批判了“文革”的极“左”路线。1982 年，邓小平同志在中国文艺工作者代表会上提出，“坚持百花齐放、推陈出新、洋为中用、古为今用的方针，在艺术创作上提倡不同形式和风格的自由发展，在艺术理论上提倡不同观点和学派的自由讨论”[②]。在此思想观念指导下，建筑学科结合四化建设需要，召开学术研讨会议，通过重点工程课题开展设计竞赛，就我国城市规划、建筑理论、建筑历史、住宅建设等问题组织开展建筑创作和理论研究活动。1980 年在大连召开的建筑设计会议，讨论了如何解放思想、繁荣建筑创作的议题；1982 年在合肥召开了住宅建筑学术讨论会；1983 年在武夷山就风景名胜区规划建设召开学术讨论会，同年，在扬州召开中小城市改造问题研讨会；1983 年 11 月，中国建筑学会建会三十年工作报告中提到，要把住宅建设、农村集镇建设、风景名胜区规划建设和历史名城保护与建设等四项重大课题作为今后建筑创作的主要任务。一系列围绕建筑创作热点议题展开的学术讨论促进了建筑行业的发展，学术环境得以全面重建。总的看来，20 世纪 80 年代随着思想解放，中国建筑界的实践和理论摸索逐渐深化，在“繁荣建筑创作”号召下，对中华人民共和国成立以来若干历史问题进行正确评

---

① 已有相关研究表明，1949 年以来的三十年间，中国出现了两次建筑理论讨论的高潮，一次是 20 世纪 50 年代初期，“一边倒”全面引进苏联建筑理论；一次是 1959 年“上海建筑艺术座谈会”至 20 世纪 60 年代初期全国性的“建筑风格”。

② 袁镜身．回顾三十年建筑思想发展的里程［J］．建筑学报，1984（6）：67.

价，明确了中国当代建筑创作发展的重要议题，纠正对西方建筑理论的认识，学术讨论和批判活动空前活跃。具体表现在对现当代西方建筑理论的引介、鼓励国内建筑理论著作发表、广泛开展设计竞赛和专题讨论、开展建筑评优活动等多个方面。以《建筑学报》《建筑师》《世界建筑》《新建筑》《时代建筑》等多家媒体为阵地，一大批中青年建筑师和学者积极投身于建筑理论研究的行列，介绍国外建筑理论学术动向，引介了国外现代主义、后现代主义等建筑理论，总结和挖掘中国建筑实践经验，“以高屋建瓴和势如破竹的气势创建我们自己的建筑理论体系”①。20世纪80年代学术争鸣、建筑创作的百花齐放以及建筑理论研究的全面繁荣，极大地丰富了中国建筑学科的话语生产。

## 第一节　20世纪80年代中国城乡建设热点议题

> 1986年令人难忘，它是中国当代建筑文化崛起的年代，这是1978年改革开放以来……在学术思想、学术组织、建筑设计实践上具体表现出来的。1984年的新技术革命浪潮、1985年的两次繁荣建筑创作座谈会是崛起的关键动力，1986年的优秀建筑设计评选更是崛起的重要标志……从而1986年才有更多的人能从文化的角度审视、评论建筑。②
>
> ——顾孟潮

随着改革开放的深入，新的历史时期下建筑行业开展了设计思想问题的

① 彭一刚．高屋建瓴创造建筑理论研究新风气：建国以来建筑理论研究的回顾与展望［J］．建筑学报，1984（9）：18.

② 顾孟潮．中国当代建筑文化十年（1986—1996）记述［J］．时代建筑，1997（2）.

讨论，进一步明确中国建筑学会今后的工作重点，繁荣建筑创作成了摆在建筑行业的首要任务。1980年5月，肖桐在全国建筑工程局长会议上做了题为《新时期建筑部门的光荣使命》的讲话，他说道："目前，设计创作中的千篇一律、呆板单调的现象，仍是个突出问题。设计思想还不够活跃，广大设计人员的精神枷锁还没有完全打碎，对建筑设计理论的探索也没有深入展开，严重影响着设计工作的进步和建筑创作的繁荣……要把建筑设计作为建筑产品生产过程中的首要环节来抓，积极支持设计人员大胆创新。"由此可见，"解放思想，繁荣建筑创作"成为20世纪80年代中国社会主义建设最迫切的任务之一。1983年党的"十二大"提出了在20世纪末把我国建设成为社会主义现代化强国的宏伟纲领，建筑业因此担负着艰巨而光荣的使命。建设部1983年年初制定了《开创建筑业新局面工作纲要》，渐次提出"六五""七五"的行业目标与实施措施，1984年制定了《发展建筑业纲要》，重点内容从城市扩展到农村。"两个纲要"旨在全面繁荣和发展建筑事业。1983年11月，在纪念中国建筑学会建会三十年工作报告中，代理事长戴念慈提到，中国建筑学会选定了"住宅建设""农村集镇建设""风景名胜区规划与建设""历史名城保护与建设"等四项建设任务作为20世纪80年代中国城乡建设的重大课题。① 与此同时，在20世纪80年代繁荣建筑创作的热点讨论中，还包括了唐山重建、"十大建筑"、亚运会建设、特区建设、各类经济技术开发区建设②、对外援建热等重点项目，以此面向经济、文化建设，为城乡现代化建设服务。在这些城乡建设议题的开展和推动下，20世纪80年

① 戴念慈.中国建筑学会建会三十年的工作报告[J].建筑学报，1984(1):7.

② 20世纪80年代中期，为适应对外开放新形势，上海市以闵行、虹桥新区作为开发对象；1984年，经国务院批准建设了天津经济技术开发区，这是全国较早建成的开发区，并进入了良性发展循环。此外还有高新技术开发区也在20世纪80年代中后期通过审批建设，我国第一个高新区——北京新技术产业开发试验区于1988年通过审批，至此，全国各地政府就引进外资、外技，依政策优势在城市新区创建了各类开发区。另外，还有保税区开发区、上海浦东开发区建设也是20世纪80年代开始初创起来的。

代建筑创作开创了新局面。本书就此选取了城乡住宅建设、旅游建筑建设、历史名城保护与建设等20世纪80年代城乡建设的热点，通过这几方面的剖析和解读，管窥20世纪80年代繁荣建筑创作号召下我国的建设活动趋向。①

## 一、城乡住宅建设

### （一）从安居走向“小康”的城市住宅

“一五计划”期间，随着我国重点工业项目的投入建设，全国各城市和工矿企业建造了大批量城市住宅，每年竣工面积由1 000万平方米上升到2 000万平方米，1959年达到3 246万平方米。“文革”期间，城市住宅建设停滞不前，加之当时“先生产，后生活”等“左”倾口号的干扰，城市住宅问题与激增的城市人口之间的矛盾凸显，特别是人口集中、工业发展较快的大、中城市，住房紧张情况突出。从1977年开始，解决城市住宅大量短缺等问题成为20世纪80年代党中央的重大建设议题。1978年党中央提出了住宅建设要调动中央、地方、企业和个人四方面的积极性方针，加速住宅建设。十一届三中全会以后，国民经济做出重大调整，城镇住宅建设速度显著提升。中共中央和国务院就加快城市住宅建设和改善人居条件问题部署了一系列战略目标，尤其是1978年10月，国务院转批国家建委的《关于加快城市住宅建设的报告》指出，1985年城市平均人居居住面积达到5平方米的目标一定要实现。这次会议引起各地、各部门对住宅建设问题的重视，调动了地方、企业和民间参与、配合的积极性，1979年开始，各地城市展开了一场规模空前的城市住宅建设热潮。（图5-1）有数据表明，“1979年，全国城镇和工矿区住宅建设开工11 998万平方米，竣工面积7 477万平方

① 20世纪80年代其他建筑热点议题还包括“部级优秀设计评选”热、“十大建筑”热、亚运会建设热、“特区建设”热、“对外援建”热等，限于讨论的热烈程度和本书的篇幅，在此就不展开论述。

米，是过去30年中建成住宅最多的一年”①。1980年3月，国家城市建设总局召开全国城市房地产住宅工作会议，检查加快城市住宅建设指示的落实情况。会议提出把国家、地方、企业投资组织起来实行统建，征地、拆迁统一解决，集中力量打歼灭战，以此加快建设速度，同时还提出在此基础上应逐步改善人民住房的居住水平。在一系列政策推动下，我国城市住宅建设总量得以迅速提升，居住紧张的状况得以缓和。1980年4月2日，邓小平谈及建筑业和住宅问题时说道：“在长期规划中，必须把建筑业放在重要地位。关于住宅问题，要考虑城市建筑住宅、分配房屋的政策，城镇居民可以购买房屋，也可以自己盖。不但新房子可以出售，老房子也可以出售。可以一次付款，也可以分期付款……”②赵紫阳总理在1984年《政府工作报告》中则提出：“城市住宅建设，要进一步推行商品化试点。”③此后，中共中央就住房发展战略目标、城镇居民个人买房、建房等做过多次研究和指示。其内容大致包括：新建公有住宅向个人出售；出售旧住宅；逐步

图5-1　1981年第5期《建筑学报》封面，此期主题为“居住小区”

① “当代中国”丛书编辑部．当代中国的城市建设［M］．北京：中国社会科学出版社．1990：108—109.

② 邓小平．关于建筑业和住宅问题的谈话［M］//《中国建筑年鉴》编委会．中国建筑年鉴：1984—1985. 北京：中国建筑工业出版社，1985.

③ 顾云昌．城镇住宅建设［M］//《中国建筑年鉴》编委会．中国建筑年鉴：1984—1985. 北京：中国建筑工业出版社，1985.

改革现行的地方租制。并在深圳特区蛇口工业区进行试点，逐渐在全国推广住宅商品化，此举对国民经济发展产生重要影响。1983年12月，中国城市住宅问题研究会在京成立，与此同时，中国建筑学会与中国城市住宅问题研究会联合召开城市住宅问题学术研讨会，会议就城市住宅发展战略、住宅经济体制改革、住宅技术政策和住宅基本理论等方面问题展开讨论。会议提出“为本世纪末实现城镇居住小康水平而奋斗”的建议。①1984年11月，中国城市住宅问题研究会召开第一次学术年会，会议围绕改革城市住宅经济体制问题，重点就推行住宅商品化展开讨论，认为住宅商品化的关键在于改革现有的公有住宅低房租制度。1979至1984年间，全国城镇住宅建成面积为6.7亿平方米，占中华人民共和国成立35年建成总面积的55.8%。在统一建设、综合开发的政策下，各地出现了一批规划建设和管理都比较好的住宅区，上海市上南新村、苏州市彩香新村、无锡市清扬新村、常州市清潭三村等住宅项目均是其中的典型代表。随着对商品化住宅放开搞活政策的下放，国家开始允许公有住宅向个人出售，1979年12月，中国第一个商品住宅小区——广州东湖新村开工建设，此后，国务院批准了郑州、常州、沙市和四平4个试点城市，投资约1 640万元，向个人出售住房2 140套，共11.45万平方米……试点证明，个人支付售价的三分之一，大多数职工是买得起房子的。在此经验下，1982年6月，国务院发布有关文件指出：“今后，各部门和企业、事业单位新建住宅，要努力创造条件向个人出售，以便逐步过渡到以购买为主。”结合我国商品经济发展现状，实施住宅商品化等一系列政策措施为解决城市住宅问题探索出新路子。数据表明，“1979至1985年，全国用于城市住宅建设的投资共达1 213亿元，占1950至1985年住宅建设总投资的76.6%。城镇住宅竣工面积以每年平均11.2%的速度增长，城镇共新

① 顾云昌.城镇住宅建设[M]//《中国建筑年鉴》编委会.中国建筑年鉴：1984—1985.北京：中国建筑工业出版社，1985.

建住宅 8.25 亿平方米，占新中国成立 36 年以来建成住宅总面积的 60%……1986 年 12 月 2 日，城乡建设环境保护部和国家统计局发布的首次全国城镇房屋普查新闻公报报道，1985 年底，全国城镇共有住宅面积 22.91 亿平方米，人均居住面积 6.36 平方米，其中城市人均 6.1 平方米，县城人均 6.48 平方米。住房设备水平也有提高，一般新建住房每户都有单独的厨房和卫生间”[①]。由此可见，20 世纪 80 年代是中华人民共和国成立以来城镇住宅建设发展最快的时期。

除了加快解决住宅建设“量”的问题，有效提升建筑的品质和人民居住质量也成为新时期的重要任务。[②]1978 年，邓小平同志视察了北京前三门住宅建设，就设计中还应提升居住标准和内部质量的要求做出指示：“今后修建住宅楼时，设计要力求布局合理，增加使用面积，更多地考虑住户的方便。如尽可能安装一些淋浴设施等，要注意内部装修美观，多采用新型建筑材料，降低房屋造价。”为了提高住宅设计水平，提高建造质量，1978 年，国家建委在南宁市召开了住宅建筑工业化经验交流会，强调要在标准化的基础上，走住宅设计多样化的道路。1980 年 10 月 5 日，国家建委在北京召开全国城市规划工作会议，会议强调，要搞好居住区规划，加快住宅建筑建设，加强城市规划的编制审批和管理工作，尽快建立中国的城市规划法制，合理发展中等城市，积极发展小城市。1987 年，国家组织专家学者编制并颁布了《住宅建筑设计规范》，住宅设计标准的制定也极大推进 20 世纪 80 年代住宅设计水平的提高。住宅单体有了点式、锯齿式、蝶形、退台、庭院式等诸多类型的尝试，在户型的设计上依据“住得下，分得开，住得稳”的指导思想改进平面布

① “当代中国”丛书编辑部 . 当代中国的城市建设［M］. 北京：中国社会科学出版社 . 1990：109.

② 然而，在此过程中也出现了矫枉过正的现象，一些地区出现了盲目扩大每户建筑面积和提高标准的做法，尤其是机关、事业单位在套用住宅标准图时就高不就低，致使一时期内住宅超标的现象滋生。就此问题，进一步颁布了《关于严格控制城镇住宅标准的规定》并取得成效。

局，比如在南方普遍推广“大厅小卧室”，北方城市则采用“小厅大卧室”的形式来优化居住空间，为了在同等造价下获得更大的居住面积而控制层高，比如北京地区就将层高由2.9米降到2.7米，平均每户可以增加3平方米的居住面积，相应地节约用地9.1%。此外，考虑到单元户型的采光通风问题，住宅在卫生间、厨房的现代化设施配套建设上都有了很大改进。在众多出台的新政策鼓励和支持下，住宅短缺和居住质量差等问题迅速得以解决。（图5-2）

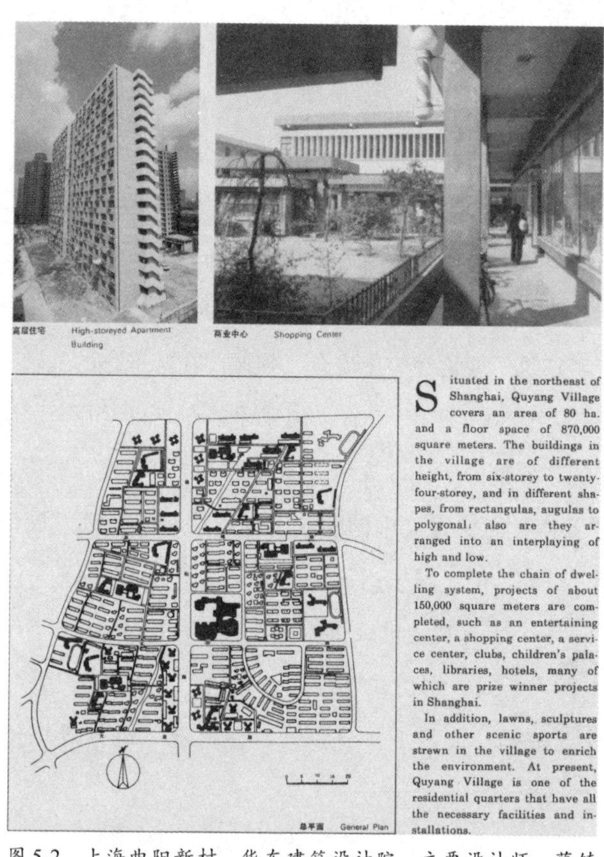

高层住宅 High-storeyed Apartment Building

商业中心 Shopping Center

总平面 General Plan

Situated in the northeast of Shanghai, Quyang Village covers an area of 80 ha. and a floor space of 870,000 square meters. The buildings in the village are of different height, from six-storey to twenty-four-storey, and in different shapes, from rectangulas, augulas to polygonal; also are they arranged into an interplaying of high and low.

To complete the chain of dwelling system, projects of about 150,000 square meters are completed, such as an entertaining center, a shopping center, a service center, clubs, children's palaces, libraries, hotels, many of which are prize winner projects in Shanghai.

In addition, lawns, sculptures and other scenic sports are strewn in the village to enrich the environment. At present, Quyang Village is one of the residential quarters that have all the necessary facilities and installations.

图5-2 上海曲阳新村，华东建筑设计院，主要设计师：蔡镇钰、王广苓，1986年。该工程项目被评为上海市20世纪80年代十佳建筑之一，是当时上海配套设施比较齐全的居住区，体现了我国20世纪80年代住区建设取得的巨大进步

20世纪80年代以来，住宅成为我国探讨和运用现代设计方法的重要领域，住宅的大量建造还涉及工业化建造体系的探索。1978年国家建委就此问题提出了“三化一改”，即建筑设计标准化、构件生产工业化、施工机械化和墙体改革，并以此为重点，在常州和南宁等地的住宅小区建设中进行了试点，住宅建筑工业开始向体系定型发展。这一时期的住宅工业化实验，吸收了国外经验并结合我国住宅特点，尤其是小面积住宅和单元房的格局，发展出适合我国住宅建设推广使用的住宅建筑体系类型，主要包括装配式大板、大模板、内浇外板、内浇外砌、砌块住宅、框架轻板等。在常州市花园新村试点建设工程中，还尝试了从设计、施工工艺、施工机具、结构体系相配套的工业化住宅群设计，设计标准化高达90%，工业化体系建筑占70%，在专业化施工的有效配合下，该试点工程10多万平方米的建筑和一系列配套设施建筑仅用了10个月就交付使用。在新型城市住宅设计的探索之路上，还有诸多方面的有效推进，比如高层住宅建筑在大城市的推广还有建筑设计竞赛等因素。其中，高层住宅建筑在北京、上海等大城市得以普及：“几栋高层住宅以裙房相连，形成新的城市景观。”①高层住宅设计和施工标准的详细要求和实施也开始被业界广泛讨论，积极有效地促进我国建筑行业对建筑标准更加精确的制定和对新技术、新材料的进一步探索。此外，自1979年开始，我国陆续开展全国性的城市住宅设计竞赛，旨在鼓励户型创新以及新结构、新材料的探索。比较有影响的住宅设计竞赛有中国“八五”新住宅设计竞赛②等，其开展积极促进了住宅设计方法和新形式新理念的探索，居住目标逐渐从“住得

---

① 龚德顺，邹德侬，窦以德．中国现代建筑史纲：1949—1985［M］．天津：天津科学技术出版社，1989.5.

② 自1985年国家科委提出“到本世纪末，人民生活水平要达到小康水平”之后，国家组织了多次全国住宅设计竞赛，积极推进小康住宅设计研究，比如建筑技术发展研究中心与日本国际协力事业团（JICA）合作了“城市小康住宅研究”课题等。自1990年，围绕“小康居住目标预测”“小康住宅通用体系”“小康住宅产品开发”等展开研究，至1994年正式批准“2000年小康型城乡住宅科技产业工程”项目。1994—1997年，国家先后进行了7个批次小康住宅示范区设计审查工作，70多个小康住宅示范区通过审批和建成。

下”提升到“分得开，住得稳”，以面积为指标、紧缩的居住模式逐渐被更为舒适安居的环境所取代，人们开始对居住的品质有更高的诉求。这些转变都积极促成了我国城市住宅问题从安居迈向“小康”[①] 的居住理想的实现。

（二）变化中的农村居住建设

十一届三中全会以后，乡村经济迅速发展，乡村落实了生产承包责任制和一系列富民政策，乡村经济逐渐复苏，改善农村住宅和人居环境成为乡民普遍的诉求。在此机遇下，以“乡村建设”为主题的建设活动热烈地开展起来，全国农村出现了建房热潮。据统计，从 1979 到 1987 年，全国新建农村住宅 56 亿平方米，为前 30 年农村新建住宅总和的 1.8 倍，平均每个农民的住房建筑面积由 11 平方米提高到 19 平方米。[②]1979 年 12 月，国家建委、国家农委、农业部、建材部、国家建工总局等部门联合召开第一次全国农村房屋建设工作会议，制定了农村建房必须“全面规划、正确引导、依靠群众、自力更生、因地制宜、逐步建设”的方针，确定了农民自筹资金、自建自用、产权归农民自己所有的开放政策，积极有效地鼓励其自建住宅。[③]1979 至 1984 年，全国农村新建住宅 35 亿平方米，每年还新建近

① 1979 年 12 月 6 日，邓小平在与日本首相大平正芳会谈时，把四个现代化量化为：到 20 世纪末，争取国民生产总值达到人均 1 000 美元，实现“小康水平”。邓小平把这个目标称为“中国式的四个现代化”，即“小康之家”。作为中国改革开放的总设计师，邓小平实际勾画了中国 1980 年到 21 世纪中叶的发展道路，不仅预言了中国发展所能实现的目标，还确定了分步实施步骤。1991 年国家统计与计划、财政、卫生、教育等 12 个部门的研究人员组成了课题组，按照中央、国务院提出的小康社会的内涵确定了 16 个基本检测和监测值。继往开来，中共十六大将“小康社会”深化发展为“总体小康”和“全面小康”两个阶段，并提出了新“三步走”战略目标。“全面小康社会”：十六大报告从经济、政治、文化、可持续发展的四个方面界定了全面建设小康社会的具体内容。特别将可持续性发展能力的要求包含其中，具体就是六个“更加”：“经济更加发展、民主更加健全、科教更加进步、文化更加繁荣、社会更加和谐、人民生活更加殷实。”

② 数据出自 1988 年 10 月 28 日《人民日报》。

③ 王犄 . 乡村建设［M］//《中国建筑年鉴》编委会 . 中国建筑年鉴：1984—1985. 北京：中国建筑工业出版社，1985.

1 亿平方米的公共设施与生产建筑。随着建房速度加快和规模增加，传统农宅的设计问题开始被重视，邓小平同志在关于建筑业和住宅问题的谈话中提到："农村盖房要有新设计，不要老是小四合院，要发展楼房。平房改楼房，能节约耕地。盖什么样的楼房，要适合不同地区、不同居民的需要。"① 在长三角和珠三角地区，新建乡村住宅大多为 2 ～ 3 层楼房，一些富裕的农民还建起了"别墅式""林园式""庄园式"住宅。② 广大农民在居住条件得以改善的同时，还进行了乡村文教、卫生、服务、交通、商业等公共配套设施建设。截至 1983 年年底，全国乡村兴建公建及配套设施面积约为 1.04 亿平方米。农村住宅和相关建设活动是乡村改革的直接产物，鉴于广大农民富裕起来，乡村建设就不仅要改善居住条件，还要改善居住环境。1981 年全国第二次农村房屋建设工作会议进一步提出，应根据新时期的需求，将村庄和集镇建成一个有机的综合体。在这样的新形势下，乡村建设获得进一步发展的政策支持，尤其是村镇规划编制的开展，是这个时期重要的乡建内容。随着农民的文化观念和生活品质日益提升，对新型农村住宅的诉求也剧增。据 1984 年全国统计数据资料，乡村住宅中混合结构的比率达到 28.5%，有些农村甚至开始建造新能源建筑，比如中国和联邦德国合作的大兴县建设中对太阳能和风能住宅的实验性建设。同时，伴随着农民对现代生活的逐渐适应，他们对日常生活空间的需求逐渐多元，农村的文化市政设施也随之发展起来，如文化中心、集镇电影院、图书馆、公园、礼堂、游泳馆等公共建筑类型也开始在乡镇地区大量建设，这些公共建筑的涌现和农村新住宅一起改变着我国传统乡村地区的面貌。

1980 年以来，国家和地方多次举办了全国农村住宅设计、集镇电影院设计、集镇文化中心设计等竞赛活动，送技术下乡，为乡村建设提供了一

---

① 邓小平 . 关于建筑业和住宅问题的谈话［M］//《中国建筑年鉴》编委会 . 中国建筑年鉴：1984—1985. 北京：中国建筑工业出版社，1985.

② 王筠 . 乡村建设［M］.//《中国建筑年鉴》编委会 . 中国建筑年鉴：1984—1985. 北京：中国建筑工业出版社，1985.

批设计方案和图纸。1980 年 2 月，由国家建委、农委确定委托国家建委农村房屋建设办公室和中国建筑学会联合举办“全国农村住宅设计竞赛”，收到约 6 500 个设计方案，评选出一等奖 2 个、二等奖 30 个、三等奖 52 个，《1981 年全国农村住宅设计竞赛优秀方案选编》就此编印成册，供各地区农民参考使用。至此，我国农村住宅设计竞赛优秀方案的评选活动持续开展，历年优秀作品以图集的形式出版发行，以此指导乡村建设活动的开展。（图 5-3）此外，1981 年 10 月阿卡·汗建筑奖委员会在中国北京举办了一次学术研讨会，题为“变化中的农村居住建设”（The Changing Rural Habitat），此次讨论会是一次让世界聚焦中国乡村问题的机遇，也是一次学习和交流国外乡村建设经验的契机。会议就“Habitat”做出定义，认为这个词既表述人民居住的地方，也有人们应该居住的地方之意，把人居环境的研究提到了一个更为高级的层面。同时，与会者也认为，当前解决农村居住问题不能仅有一个答案，并就当前乡村建设种种问题展开讨论。会上宣读了 12 篇论文，其中，中国学者就 3 篇论文发言，并结合发言内容放映了《中国农村沼气》的英文版影片，此外会议向学者们分发了《乡村发展政策：居民点和住房的比较评价》等 5 篇会议材料，其中包括中国提供的《有关中国农村住宅建设的一些情况》等研究材料，通过多方位的交流，此次会议从国际视野论述了中国 20 世纪 80 年代乡建问题。围绕中国乡村建设议题开展的各项活动提高了乡村建筑设计的水准，促进乡村建设的繁荣发展，对我国 20 世纪 80 年代乡村建设有着重大推动作用。

## 二、“旅游建筑”建设

在十一届三中全会“开放、搞活”的决策下，国际交往与社会活动日益频繁，党和国家领导人意识到旅游业作为国民经济重要产业有着巨大的开发潜力，应该将其作为中国改革开放的窗口，并将其作为综合性产业来打造。

图 5-3　全国农村住宅设计竞赛优秀方案选

1978 年 11 月，国务院批转全国旅游工作会议指示："发展旅游事业，不仅在政治上可以加强同各国人民的友谊和互相了解，而且在经济上可以吸收更多外汇，为加快我国四个现代化服务。" 1984 年，中共中央办公厅、国务院转发国家旅游局《关于开创旅游工作新局面几个问题的报告》，指出要国家、地方、部门、集体和个人一起上，自力更生、引用外资，加快我国旅游基础设施建设。1986 年，国务院召开全国旅游会议，把旅游业正式纳入国民经济和社会发展规划。党中央、国务院高度重视和扶持旅游业，为我国旅游事业发展提供了强大动力，我国的旅游资源所蕴藏的巨大经济潜能开始对外释放。① 在此机遇下，新时期中国旅游事业得以全面开展，1978 年国家旅游总局正式成立，促进了旅游建筑的兴建和发展，"旅馆建筑" 以及 "风景名胜区" 建设成为行业热点。

① 王玉成．邓小平旅游经济思想与中国旅游业的发展［J］．河北大学学报（哲学社会科学版），2002（1）．

（一）开发开放政策下的“旅馆建筑热”

旅馆建设是我国实施改革开放政策的前沿阵地，以大量旅游宾馆建设为代表的“旅馆建筑热”成为20世纪80年代建筑行业发展的重要契机。国家旅游局为解决旅游接待问题，协同有关部门采取多项措施，如更新改造现有旅馆和招待所，增添先进的设施设备等；由国家立项投资建造一批档次高、规模大的国有饭店；引进外资和国际商业贷款建造一批合资饭店；在“发展旅游、富裕农民”口号下，允许民间集资建饭店等，在一系列开发开放政策下，大批旅馆建筑快速建成并投入使用。据统计，“1980年底全国旅游饭店总计317座，客房59 588间，到1985年底则分别为710座和107 389间，五年内的增长为以往数十年总量的一倍”①。其中，1980—1985年间走在改革开放前沿的广东省广州、深圳、珠海等城市，在较短周期内建成了一批高水准、规模适宜、因地制宜且兼具岭南特色的新型旅馆。（图5-4）为

图5-4　广州白天鹅宾馆

① 邱秀文．旅游建筑［M］//《中国建筑年鉴》编委会．中国建筑年鉴：1986—1987．北京：中国建筑工业出版社，1988.

了配合旅馆建筑建设需求，1978 年 5 月 26 日，建筑学会和建筑科学研究院在广州联合召开旅馆建筑设计经验交流会，会后出版了《旅馆建筑》一书，图文并茂地介绍了国内外旅馆建筑实践和理论研究情况。1979 年 9 月 1 日，国家旅游总局召开全国旅游工作会议，会议确定了旅游发展计划，提出要积极利用外资，分期建造一批旅游饭店的决策。由国家计委划拨 3.7 亿元资金，集中下达至 17 个省市建设 23 个旅馆项目，再加上 1978 年国家投资在建的项目，此间共计建成旅游旅馆 33 座。其中，规模最大的为北京国际饭店（1 098 间）、上海宾馆（608 间）、北京华都饭店（541 间），其余均为 250 ～ 300 间中等规模旅馆。这批旅馆项目与此前已建成项目相比较，在品质上有了显著提升，均满足外宾使用需求，房间安装了空调，卫生间设计与国际标准接轨，公共空间方面增设了餐厅、酒吧、健身设施等。[①]

1980 年，《建筑师》杂志就全国掀起的旅游旅馆建设热潮，举办了一次“旅游旅馆建筑设计笔谈”[②]，林乐义、佘畯南、莫伯治、齐康等专家学者以笔谈会的形式就此议题交流经验和感受。笔谈会就旅游旅馆建筑的特点、类型、设计、管理和经济造价等问题畅谈经验和想法。在讨论中，进一步明确“旅游旅馆”之于一般旅馆的区别，就其适宜的空间布局、形式、内容和环境营造等具体问题各抒己见，也有专家提出国外旅游建筑的设计特点以供参照。同时，不少专家学者认为各地旅馆建筑要有自身特色，要体现民族传统形式。在大城市建设旅馆建筑则建议以高层建筑为主，在用地条件允许的情况下，则应考虑低层院落式布局……这次讨论为接下来的设计实践提供了重要参考。1983 年 3 月，中国建筑学会在无锡举办了“旅游旅馆建筑经济学术讨论会”并提出几项重要建议，诸如必须进行可行性调查研究，规划布局

---

① 邱秀文．旅游建筑［M］//《中国建筑年鉴》编委会．中国建筑年鉴：1986—1987．北京：中国建筑工业出版社，1988.

② 本次笔谈会主要内容刊载于 1980 年 5 月总第 3 期《建筑师》杂志。

要合理，为旅游旅馆制定等级标准，改、扩建应合理用地，利用外资，加快建设周期等，进一步完善了我国旅游旅馆建设的实施策略。

1980到1985年是我国旅馆建筑建设的高潮时期，各地在建项目和建成项目迅速增长，尤其是“六五”和“七五”期间，旅游业纳入国家经济计划，旅馆建设事业进入新阶段。此间，在各大风景旅游名胜区、历史文化名城以及开放的沿海港口城市增加了大批建设项目，大量的建设活动为繁荣建筑创作积累了宝贵经验。在此基础上，就旅馆建筑设计问题进行的讨论和理性反思也为今后的创作提供了重要依据。1982年以来《建筑学报》陆续展开对上海龙柏饭店（图5-5）、北京长城饭店、曲阜阙里宾舍、杭州黄龙饭店创作座谈会（图5-6）的纪实报道，对当时全国旅馆建筑设计起了重要的示范和导向作用。其中，“香山饭店”和“阙里宾舍”引发的论争是20世纪80年代中国建筑创作中非常重要的部分。此外，对欧美设计经验的学习也是当时旅馆建筑创作的大事件，比如对波特曼（John Portman）及其旅馆设计理论的借鉴，在当时的建筑专业媒体中，对其设计给予充分肯定，大篇幅地撰文报道其设计理念，尤其是他作品中的“凯悦（Hyatt）旅馆设计概念”被广为推崇。波特曼设计中常见手法诸如共享空间、中庭花园、玻璃观光电梯、旋转餐厅等也曾风靡一时。同时，20世纪80年代在旅馆建筑创作中的重要探索与“岭南派”建筑的兴起也密不可分。以广州为代表的一批旅游旅馆建筑不拘泥于民族形式以及意识形态束缚，创作上大多基于地域环境和地方传统，同时也大胆尝试现代建筑风格，各种形式和风格的旅馆建筑齐聚广州。其中不乏大量的高层建筑，33层的白云宾馆是当时中国的最高建筑之一。“岭南派”以旅馆建筑实践为代表，不拘一格、因地制宜，呈现了当时中国建筑创作的较高水平。另外，1978年以后首批兴建的合资旅游宾馆包括北京建国饭店、北京长城饭店、北京香山饭店、南京金陵饭店、上海静安宾馆、广州白天鹅宾馆等均是我国20世纪80年代设计水准较高的作品。此

图 5-5　上海龙柏饭店

批引进外资、以合资形式建设的旅游宾馆从设计方法、技术、材料、设备和管理等方面为我国旅馆建筑建设引入了大量的设计经验，具有重要的示范作用。例如，南京金陵饭店以及从澳大利亚引进的 8 套旅馆，从全套设备到主要施工技术和安装全面引进，还有白天鹅饭店，由我国自行设计，进口了部分建材和设备。20 世纪 80 到 90 年代兴建的旅游旅馆建筑不仅满足了旅游业发展的需求，甚至出现了供大于求的现象，而当时大批快速建设的旅馆项目也暴露出较多问题，比如形式和空间的趋同、模式化，造成了建筑创作的

图 5-6　杭州黄龙饭店

千篇一律，许多设计不顾其地方性，照搬国内外风行一时的建筑设计理念，比如在东北地区的旅馆建筑照搬了岭南地区的百叶和遮阳形式，以及院落式设计遍地开花。但不能否认，正是 20 世纪 80 年代大量的创作实践和经验教训，使得中国旅馆建筑设计逐步探索出今后理性发展的道路。

（二）“风景名胜区”旅游建筑的探索实践

1978 年以后，随着国家经济、文化建设发展以及旅游事业兴起，中国的风景名胜区得以长足发展，形成新的建设热点。1978 年国务院召开的第三次城市工作会议指出，要加强名胜、古迹和风景区管理；1978 年年底，国家建委城建局召开了全国城市园林绿化工作会议，进一步提出建立全国风景名胜区体系并实施统一规划管理等措施；1979 年年初，国家建委城建局在杭州召开了风景区工作座谈会，研究了重点风景名胜区的保护和规划工作；同年 3 月，国务院在国家城市建设总局的职责范围中规定，风景名胜区的维护与建设由城市建设部门归口管理，自此明确了风景名胜区的管理体制。①1981 年以来，国务院转批了国家城市建设总局、国务院环境保护领导小组、国家文物局和国家旅游总局《关于加强风景名胜保护管理工作的报告》，要求对全国风景名胜资源进行调查评价，确定等级和范围，建立、健全管理体制和机构，以此有计划地开放建设。1981 至 1984 年间，全国各地陆续对 300 余处风景名胜区展开了资源调查和评价工作；1982 年 11 月 8 日，国务院审定批准了第一批国家重点风景名胜区 44 处，相关的通知和文件作为当时我国进行风景区的保护、规划、建设与管理工作开展的重要依据；1983 年 6 月，中国建筑学会园林绿化、城规、建筑、建筑历史和建筑经济几个学术委员会组织召开了风景名胜区规划与建设学术讨论会，会议起草了《风景名胜区规划与建设纲要》。会后进一步对风景区保护和开发建设等问题整理出六项建议：建议对景区资源进行勘察和评估，明确分级管理以及保护范围的界定；对风景名胜区进行规划和审批；明确风景区的建设是旅游事业发展的基础，有计划建设旅游旅馆；适当修建简易客舍并利用民居作为临时客舍；在风景名胜区尽量避免大体量的建筑，正确处理自然风景与建筑的关系。其

① “当代中国”丛书编委会．当代中国的城市建设［M］．北京：中国社会科学出版社．1990.

中，袁镜身同志就此问题提出北京西郊香山饭店的选址处于香山公园内就不妥当等意见。[①] 同时，《纲要》建议还意识到对控制景区视线范围内天际线等问题的重要性并提出具体建议。建筑创作纲要体现了彼时对建筑与环境问题的关注以及风景名胜区旅游建筑主要的创作趋向。此后，随着《风景名胜资源调查提纲》《风景名胜区规划内容及审批办法》等文件逐一颁布，以及全国风景名胜区评选的开展，对我国20世纪80年代风景名胜区建设热潮的合理发展起到重要的规范作用。尤其是1985年国务院颁布了《风景名胜区管理暂行条例》，确立了其法律地位，并在今后的景区发展过程中，国家和地方各部门的法律法规构成了风景名胜区的法律体系的基本构架，建立了保护和规划机制，初步实现了对我国风景资源系统保护、合理利用的科学架构。

20世纪80年代，人与自然、建筑与环境、时间与空间等审美意识觉醒，在风景名胜区建设活动中如何体现自然与人工的关系等问题普遍集中到对“美”的讨论上，突破了“文革”期间谈论“美”的禁区。形式美、真善美的诉求围绕着建筑美学理论展开，建筑与环境的辩证关系、自然美还是人工美等问题也在建筑学学科里热烈讨论。在风景名胜区的设计创作过程中，设计师普遍关注中国传统文化中的美学征象，借鉴中国传统园林和绘画的方法、意象。诸如计成《园冶》所提及的“门空”和传统园林中常见的花形门、瓶式门的普遍借用，以及设计构思过程巧借了中国传统绘画中计白当黑、图底倒转、虚实相生的方法等。（图5-7）此外，对古代诗词中提及的“八景”“十景”也成了设计造景的依据，诸如“燕京八景”“西湖十景”“渝州十二景”等景观环境的营造中，再现了诗书里的意象，景借文显、文凭景传蔚然成风。中国传统审美趣味中的山水意象、田园风光、耕读意境、“桃

① 袁镜身.使祖国的风景名胜永放光彩：在“风景名胜区规划与建设学术讨论会”上的总结发言［J］.建筑学报，1983（9）.

图 5-7　闾山山门

花源”之类的诗情画意景象再现于风景建筑的创作中，此类作品不胜枚举。在 20 世纪 80 年代风景建筑的创作中，涌现出大量实践作品，促进了建筑师对地域建筑的探索。其中，福建武夷山的武夷山庄（图 5-8、5-9），天台赤城山济公院，葛如亮设计的习习山庄（图 5-10）、天台山石梁瀑布风景建筑，汪国瑜等设计的黄山云谷山庄，黄仁等设计的安徽九华山剧场等均为当时风景名胜区旅游建筑的优秀代表作品。以葛如亮先生自 1980 年开始在富春江新安江国家重点风景名胜区进行规划和设计为例，一批优秀的建筑师在景区设计工作中得以展现其才华，为我国 20 世纪 80 年代建筑创作带来一大

图5-8 武夷山庄

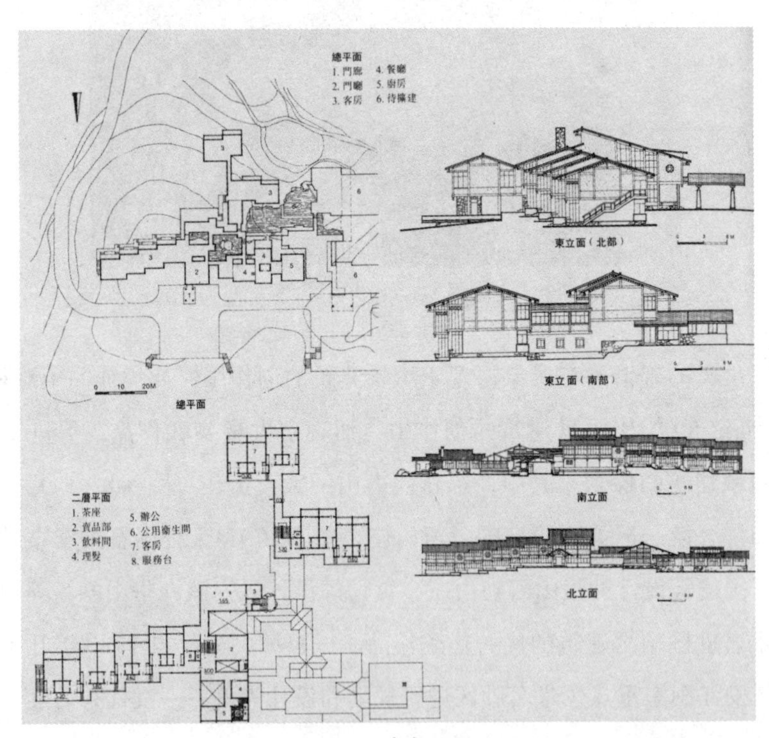


图5-9 武夷山庄

图 5-10　习习山庄

批完成度极高的作品。其中，灵栖习习山庄就是典型范本。习习山庄是葛先生在景区设计建成的第一座建筑，此后陆续承接了天台山石梁瀑布风景建筑以及缙云仙都风景区旅游中心等旅游建筑项目，均获得很高认同。习习山庄结合地形地貌和场地高差，使用 2/11 的坡面屋顶，形成了山庄独特的 22.8 米的“长尾巴”坡顶形式，坡顶与山岩相结合，连续跌宕地组织了建筑的内部空间。在紧凑的平面布局中，习习山庄运用了转折、对仗关系将连廊、露台等室内外空间联系起来，通过营造迂回、舒缓的路线使游客可以放慢脚步欣赏四下风景。此外，在建造上借用了当地独特的乡土砌筑方法之外还独创了“灵栖砌法”①，这座房子从整体到细部都仔细琢磨，耐人寻味。用葛先生的话来说，他的创作不仅旨在寻找一个地方和民族最具特征的建筑词汇或符号，习习山庄的突兀倔强等特质脱离不了建筑师对江浙地区地方性的内在理解和感受。②在 20 世纪 80 年代风景名胜区的旅游建筑探索实践中，建筑师对自然环境的充分认识体现在其作品充分尊重场所和环境，在创作中借鉴乡土做法，“土法上马”③，摸索出新时期中国地域建筑创作的基本方法和理论。

## 三、历史名城保护与建设

“文革”期间，古建文物成为“破四旧”的对象，大量珍贵的历史遗存遭到严重损坏甚至是拆除；“大跃进”时期，城市风貌则在破坏性建设下面目全非。新时期城市建设过程中，面对艰巨的历史遗留问题，党和国家意识到文物保护和历史古城的保护工作迫在眉睫，陆续采取一系列措施在城市规划和建设活动中保护和修缮文物古迹。1982 年 2 月 8 日，经国务院批准，我国公布了第一批 24 个历史文化名城④：北京、承德、大同、南京、苏州、扬州、杭州、绍兴、泉州、景德镇、曲阜、洛阳、开封、江陵、长沙、广州、桂林、成都、遵义、昆明、大理、拉萨、西安、延安。依照国务院要求，研究和编制历史文化名城的保护规划成为城市建设活动的重要课题，并在保护规划中发扬优秀历史文化传统，保护和继承民族与地方特色的古城风貌。

---

① “灵栖做法”是在浙江地区传统厚石墙的基础上发展出的一种全新的石墙做法。由于建筑师反复使用，并为当地工匠普遍接受和熟悉，也成为一种地方做法。

② 葛如亮. 从创作实践谈创作之源［J］. 建筑学报，1986（5）.

③ “土法”是对当时的地域性技术或者适宜性技术的称谓。

④ 20 世纪 80 年代以来批准了多批历史文化名城，其中还包括 1986 年经国务院批准的第二批历史文化名城 38 个，1994 年经国务院批准的第三批历史文化名城 37 个。

（一）文物古建保护与历史文化名城建设工作

中华人民共和国成立以来，中国在古建保护及修建方面曾做出重要的贡献。从法令法规的颁布到文物修缮和迁建等实践活动均成效显著。1950 年 7 月颁发了《关于保护文物建筑的指示》，1953 年 10 月出台《关于在基本建设中保护历史及革命文物的指示》等法令和条例，有效保护了中华人民共和国成立以前发现的重大文物，“一五”计划期间对南禅寺大殿的落架大修、北京故宫的修缮以及赵州桥的加固工程等都是当时重大的文保工程。20 世纪 80 年代开始，快速城市化进程中开始旧城改造，文物建筑保护被纳入一个更为庞大的保护体系中，文物建筑、历史街区、历史文化名城分别构成了体系下的几个保护层级。[①] 进入 20 世纪 90 年代以后，文物保护与国际接轨，自 1985 年中国加入《世界遗产公约》以来，文物保护进入世界文化遗产保护的范畴里。而 1980 年中国文物保护工作的标志性事件之一是 1982 年《中华人民共和国文物保护法》的颁布，保护法规定了以文物的历史价值、艺术价值和科学价值作为评估文物价值的三大标准，也进一步规定在文物进行修缮、保护和迁移时，必须遵守“不改变文物原状的原则”，保护法的出台标志着中国文物保护事业进入法制化的正轨。但其提出的文物“原状”也引发了争议，如何理解“原状”或者“真实性”成为制约中国文物保护工作的重要因素。直到 2000 年在国家文物局的主导下，《中国文物古迹保护准则》以及 2004 年《全国重点文物保护单位规划编制要求》等措施的出台，进一步补充和完善了《中华人民共和国文物保护法》，近 30 年以来，中国文物保护到文化遗产保护获得跨越式发展。20 世纪 80 年代，在文物保护工作基础上发展出了历史文化名城保护的新层级。作为新兴城市建设的重点，为了做好新时期历史文化名城保护工作，1982 年经国务院转批国家建

① 吕舟．中国文化遗产保护三十年［J］．建筑学报，2008（12）．

委、国家文物局、城建总局《关于保护我国历史文化名城的报告》，我国第一批历史文化名城选定了24个城市作为重点保护对象。就历史文化名城保护工作的开展，各级研讨会提出多项建议。其中，《关于保护我国历史文化名城的报告》作为重要文件，第一条首先强调了“保”，对历史遗存、城市风貌、城市传统文化艺术三方面要统一放到城市现代化建设中来全局考虑，以此制定其性质和发展方向①；第二条则针对在过去各方面原因造成的历史文化名城破坏的既成事实，提出如何采取处理措施等问题，尤其是工业建筑和“三废”污染的影响治理，对苏杭、桂林山水的保护是其中代表性工程；第三条则要求在制订城市规划过程中首要保护文物古迹和风景园林；第四条则明确了历史文化名城保护的工作要求，从全面深入的前期调研到保护规划的制订、说明图纸和规划图的审批都提出建议和要求。其中，以陕西省西安市为例，在保护古城工作中，积极肃清“左”倾思想，打破“禁区”，敢于拨乱反正，“我们绝不是搞‘封、资、修’，也不是‘复古主义’，而是在社会主义制度下进行城市建设，体现‘有文化、有传统’和‘古为今用’”②。其指导思想紧跟国家方针政策，各项措施实行以来，对第一批历史文化名城保护的成效显著，从一系列基本措施的落实来统筹保护工作。从突出历史意义和艺术价值等方面对名城核心进行保护；注重“存其形，贵其神，得其益”；内外结合，与周边环境协调；讲全局关系，提倡“大观、小观”的全局思想；对城市性质、规模、工业发展用地布局和环境合理控制等事项，以此针对历史文化名城的传统特点和风貌进行保护。③其中，吴良镛同志1983年发文《历史文化名城的规划结构、旧城更新与城市设计》④就系统深入思

① 罗哲文.我国历史文化名城保护与建设的重大措施[J].文物，1982(5).

② 张景沸，韩骥.保护古城　发挥优势[C]//中国建筑学会.建筑·人·环境：中国建筑学会第五次代表大会论文选集.1981.

③ 郑孝燮.关于历史文化名城的传统特点和风貌的保护[J].建筑学报，1983(12).

④ 吴良镛.历史文化名城的规划结构、旧城更新与城市设计[J].城市规划，1983(6).

考了发展生产与保护历史文化名城的关系，提出了历史名城保护与更新的议题，尤其是“城市更新”和“城市设计”概念的提出，把我国历史文化名城保护措施提到了新的理论体系上来。[①]1982年通过的历史文化名城名单中，中小城镇有13个，大多数曾经为历史上重要的文化重镇，传袭着悠久的传统文化。但是通过调研发现，大多数中小历史文化名城在管理和养护方面问题较多，自然、人为破坏严重，亟待修缮和保护。1983年10月，就此问题在扬州举行了中小历史文化名城保护、规划与建设学术讨论会，专家学者就此保护问题展开讨论。会议听取了扬州、承德、绍兴、平遥古城的保护经验介绍，参观了扬州的保护实施现状[②]，提出了意见和建议，即“扬州建议书”，对中小历史文化名城保护工作难点做出决策。为了进一步加强对历史文化名城的保护和规划建设与管理的研究，更好地开展学术交流活动，1984年10月，中国建筑学会城市规划学术委员会历史文化名城规划设计学组成立，并于景德镇召开学组成立暨学术讨论会，会上介绍了山海关、江陵、长沙和扬州等名城保护经验以及山西、山东省开展的历史文化城镇普查工作交流。从讨论和发表的文章来看，这次会议从基本保护问题出发来制定保护原则，还从社会、经济等方向来探讨保护议题。20世纪80年代以来，各地结合旅游发展事业与景区、历史文化名城建设，修复和重建了“文革”时期遭到破坏的文物古迹，许多历史遗存得以重新焕发光彩。

---

① 在吴良镛看来，“‘新’与‘旧’处于一种相对发展或较大变动的过程中，矛盾日益突出。如果说一般的旧城市随着新陈代谢，城市各种要素的逐步更新仍存在预为安排、顺理成章的问题，那么对于历史文化名城，就更有一个如何保护其文物精华，使之在城市迅速发展中不被淹没的重要任务。这样，‘保护与改造’‘保护与建设’‘继承与发展’的矛盾就更突出、更复杂、更困难，需要认真对待，妥善规划”。在他提出的名城保护中，从城市规划结构、城市更新问题和城市设计等理论入手，援引了西欧国家旧城保护的理念和方法，比如贫民窟问题的整治、战后欧洲城市的重建、1940年H. Bernoulli（伯努利）提出的“城市有机更新”论以及国外城市设计理论，对比中国城市建设过程中的种种问题提出思考和建议。

② 就扬州保护历史文化名城的规划提出“围绕河湖、城、园为核心，规划控制好一条河、两大片、四条线、八个区、二十四个点”的设想。

（二）保护历史街区与“仿古一条街”

我国对于历史文化遗产的保护工作始于文物建筑保护，然后扩展至历史文化名城保护并在此基础上细分至历史街区保护等层级，逐渐形成多层次的历史文化遗产保护体系。1986 年国务院颁布第二批国家级历史文化名城名单时，针对此前工作中呈现的问题，诸如历史文化名城概念及保护内容界定模糊，操作上重个体而轻整体，缺乏保护的全局观，其结果就是保护对象只是模糊的“名城”，使得大量历史街区面临破坏性建设①，在此情境下，有关部门提出了保护历史街区的概念。1985 年 5 月，国务院采纳了建设部设立“历史性传统街区”的建议，明确了将“具有一定的代表城市传统风貌的街区”②作为核定历史文化名城的标准之一的决策，标志着历史街区保护政策得到国家的认同，并在今后的文化遗产保护事业中得以逐步完善。20 世纪 80 年代的文物复建工程和历史城市保护工作中，人造历史和符号拼贴的媚俗（Kitsch）倾向以及伪造的历史景观主导着城市改造和更新。其中，古建保护工程中的复古、仿古倾向和历史街区建设中“仿古一条街”工程的兴盛是当时的建设趋势。四川江油太白堂、北京建国门古观象台以及武汉黄鹤楼工程皆是 20 世纪 80 年代文保工程的代表作品。其中，黄鹤楼（图 5-11）是一个易地重建项目，在已有的有限史料中很难再现其原貌，在该项目中，只能在文献资料基础上进行再创造，最大限度还原其原貌，即“仿”古操作。该操作方法在文物界引发较大争议，有人认为在复原一些缺乏史料的文物建筑上，这样的做法是值得学习和借鉴的，同时，批判的观点认为这种仿古和复建的方法是对历史的不尊重，过于简单化。黄鹤楼工程引发的争议实际上从未停止过，时至今日类似项目仍旧陷于类似的争议中。而北京琉璃厂

---

① 阮仪三，孙萌．我国历史街区保护与规划的若干问题研究［J］．城市规划，2001（10）．

② 对文物古迹比较集中，或能较完整地体现出某一历史时期传统风貌和民族地方特色的街区、建筑群、小镇、村落等也予以保护……核定公布为地方各级历史文化保护区。

文化街、天津古文化街、南京夫子庙古建筑群等作为第一代“一条街”的试点工程，也大多徘徊于如何继承和发扬历史文化传统等问题之中，在今天的景区景点以及历史文化名城建设中并未有太大突破，大多流于形式上的简单模仿，这也造成仿古街区千篇一律、千城一面的现象。作为20世纪80年代的城建活动中的经验教训，“打造”仿古一条街之类的项目大多以拆除历史传统街区为代价在文物建筑复建过程中产生的原真性讨论也引发了“真古董、假古董”之辩。这些问题在今天的城市建设，在文物保护、历史文化名城保护、历史街区保护中仍然存在争议，在一轮又一轮的城市保护建设活动中，更适应当下发展的措施和策略正亟待开展和实施。

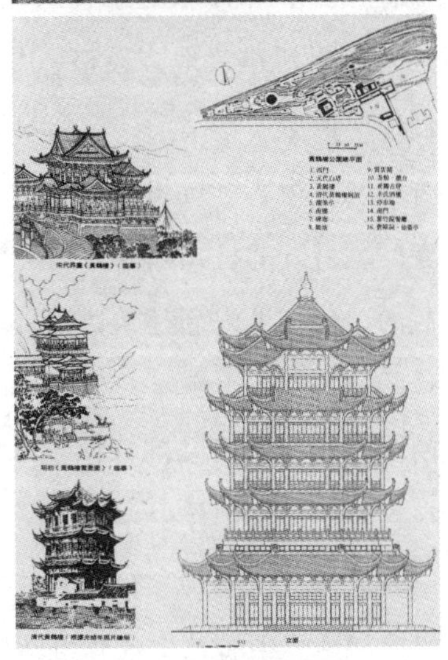

图 5-11　黄鹤楼重建工程

## 第二节　建筑创作热点争鸣

繁荣建筑创作、纠正千篇一律是20世纪80年代中国建筑学的工作重点。在钟训正、奚树祥的文章《建筑创作中的“百花齐放，百家争鸣”》中提到，“要在建筑设计中贯彻‘双百方针’，除了反对特权，限制不符合客观规律的瞎指挥，洗刷唯心精神，提倡建筑评论，开展设计竞赛……之外，还需要使建筑设计的民主程序受到法制的保护，国家应该立法、制定各种标准，确立领导机关、建设单位、设计和施工方面的职责和权限并切实执行”①。当时的思想观念普遍认为，只有通过实践才能真正取得建筑创作的繁荣。在此背景下，一系列的建筑专题座谈会、优秀建筑评选以及各类设计竞赛和建筑评优活动得以开展，就繁荣建筑创作展开的热烈讨论频繁见诸媒体。学界和媒体报道中，从北京“前三门”高层住宅、中小型建筑创作讨论、广州新建筑地方风格、“全国优秀建筑设计评选”、1985 年“繁荣建筑创作座谈会”等活动的纪实报道，到上海龙柏饭店、香山饭店、曲阜阙里宾舍、北京饭店、杭州黄龙饭店等工程座谈会的意见选登，以及此后就历史风貌问题展开的杭州西湖景区治理、北京琉璃厂文化街研讨到维护北京古都风貌的讨论、上海新建筑讨论等均做了专题报道。有学者总结，20 世纪 80 年代的建筑创作大致有三种途径：复古主义重新泛滥、对民族特色和地方风格的尊崇和探索以及部分作品体现出与所处时代的协调和同步。② 无论如何，在当时的建筑创作中，发扬民主，允许并鼓励创作的差异性，创作中提倡竞争、竞赛，这些现象标志着我国建筑创作活动进入一个活跃繁盛的新阶段。媒体和学界中有几个重要事件被广泛争论，其中，关于北京香山饭店、曲阜阙里宾舍、上海商城等设计作品引发的“传统-现代”和“民族形式”的争论，“古都风貌”问题以及建筑创作中各个流派的思想观念的讨论为媒体所关注，并由此引发了建筑创作中有关“建筑现代化”与如何继承发扬传统形式的热烈争论。与此同时，20 世纪 80 年代中国建筑师群体开始亮相于国内外媒体和学界，其中，张开济、戴念慈、龚德顺、林乐义、葛如亮、冯纪忠、莫伯治等建筑师及部分优秀现代中国建筑作品均载入 1987 年出版的《弗莱彻建筑史》，这标志着我国现当代建筑正式走向世界。

---

① 钟训正，奚树祥．建筑创作中的“百花齐放，百家争鸣”[J]．建筑学报，1980（1）：37.

② 曾昭奋．阳光道与独木桥：谈谈当前建筑创作的三种途径［M］// 创作与形式：当代中国建筑评论．天津：天津科学技术出版社，1989.

## 一、传统的“创造”：从“香山饭店”的商榷谈起

更有趣的是，许多备受赞美的传统竟然是舶来品。

——E. 霍布斯鲍姆《传统的发明》①

### （一）“现代中国建筑之路”：香山饭店

在建造时机不恰当、选址不妥甚至设计者的身份均存在争议等情况下，香山饭店于1980年开始动工兴建，并于1982年建成。从起意建造香山饭店之日开始，就此作品展开的“传统形式-现代化”讨论就从未停止过。出现在专业媒体的这场讨论可以追溯到《建筑学报》1980年第4期的两篇文章——彭培根的《从贝聿铭的“香山饭店”设计谈现代中国建筑之路》②以及《贝聿铭谈建筑创作侧记》③，文中均提及贝氏建造香山饭店的目的在于探索一条“现代中国建筑之路”。在访谈中贝氏本人曾多次谈及其创作初衷：“这里还需要从历史上来看一看。英国建筑，十七世纪以前是学意大利，学Palladio等。后来觉得不能再这样学了，要走一条新路……我们中国也应该想办法创造一种建筑，有自己的特点。香山饭店也就是想借这个题目，看看从历史上、生活上、文化水准上如何在建筑上反映出来……我的目的不是造一个旅馆，而是找一条路……”④以此为背景，学界一致将贝氏的香山饭店

① E. 霍布斯鲍姆，T. 兰格．传统的发明［M］．顾杭，庞冠群，译．南京：译林出版社，2004.

② 彭培根．从贝聿铭的北京“香山饭店”设计谈现代中国建筑之路［J］．建筑学报，1980（4）．此文将香山饭店定性为“新中国人民的建筑”，此话语某种程度上反映了当时国内对国外背景的建筑大师为中国现代建筑创作寻找一剂“良方”普遍寄予了厚望。在此之后，大量的文章和访谈均对贝聿铭及其实践抱有如此幻想。

③ 市明．贝聿铭谈建筑创作侧记［J］．建筑学报，1980（4）．

④ 张钦哲．贝聿铭谈中国建筑创作［J］．建筑学报，1981（6）：11—12. 此外，在其他文章中，贝聿铭先生曾说过：“虽然现在具体设计一个旅馆，但我的真意是在寻求一条中国建筑创作民族化的道路。这个责任非同小可。我现在要做的只是拨开杂草，让来者看出隐没于草丛的路径……”

实践视作其探索“现代中国建筑之路”的一次尝试，或者说，香山饭店是一个中国现代建筑创作的里程碑。（图 5-12、5-13）

1982 年年底香山饭店竣工，为及时总结经验，推进建筑评论工作，建筑学会《建筑学报》编辑部以此为契机组织开展了香山饭店设计座谈会。① 至此，以“香山饭店”为关键词的媒体报道和学术讨论愈发热烈、踊跃。座谈会上，围绕香山饭店探索“现代中国建筑之路”的议题，各位专家学者各抒己见。观点普遍肯定了香山饭店的出现对国内当前建筑创作是一次冲击，尤其是在北京的创作环境中，条条框框束缚太多，缺乏时代气息，香山饭店为纠正创作中“千篇一律”的现象起到重要的示范作用。其中，有观点肯定其采用的院落组合的形式以及立面处理上既采用了现代技术又体现了民族传统；饭店没有采用“大屋顶”，仅仅在客房各翼局部采用了硬山和单坡屋顶，同样很好地体现了中国传统风格，尤其是大堂“四季厅”的设计上，把中国式的“院落”做在了室内，同时，与西方建筑中常用的“Atrium”（中庭）相结合。在作者看来，在这个“波特曼式”的共享空间内，采光顶棚的形式“令人产生中国传统九脊顶的联想”②……肯定的意见均针对香山饭店对传统的“创造”给予好评；而大多数观点则是肯定中存疑，普遍认为香山饭店究竟有没有探索出一条“现代中国建筑之路”还值得商榷。其中，北京市建筑设计建筑师沈继仁认为：“探索现代中国建筑道路问题——这个作品我们能接受，但称‘现代中国建筑之路’值得商榷。应允许学民间的、纯洋的、古式的等各种建筑并存……可以说它是成功的作品，但不要把它看成方向。香山饭店花那么多钱，不合国情，成功了也没普遍意义。”③ 北京市建筑设计院院长吴观张认为：“香山饭店用青砖，只有专门烧制，又要求手工磨砖对缝。虽系中国古老材料和工艺，但绝非现代材料，费工废料，价钱

①③ 顾孟潮．北京香山饭店建筑设计座谈会［J］．建筑学报，1983（3）．

② 王天锡．香山饭店设计对中国建筑创作民族化的探讨［J］．建筑学报，1981（6）．

图 5-12　“现代中国建筑之路”：香山饭店

图 5-13“现代中国建筑之路”：香山饭店

惊人。以此作为中国现代建筑之路也是不可取的。”①此外，就香山饭店引发的争议中，有大量的批评话语针对其“江南园林”理念的运用。在香山饭店及此后的苏州博物馆②设计中，不难发现贝氏将“墙体+围合的院落”③相结合视作中国传统空间的要义所在，白墙黑瓦，其间以连廊辅佐，照壁隔断，间隔点缀着花窗、月亮门，曲水流觞，曲桥贯之，步移景异间均是设计者经营的“以壁为纸，以石为绘”④的一方天地。（图5-14）有学者认为贝氏在民族形式良莠并存的大仓库中拣出他需要的部件进行加工改造，以此装点其作品，而在大众和部分专家学者的观点里则普遍将其借自造园的手法解读为“中国建筑创作民族化”方向，此观点遭到质疑，认为如此界定有失公允。清华大学教授朱自煊认为：“苏州手法放到香山格格不入，有点勉强，包括磨砖对缝，磨得光光的没有细部，有点像抗震加固。”⑤北京建工学院朱恒谱说道：“身在香山大自然的怀抱中，本可心旷神怡，却偏要去经营那些豆腐干大的院子，甚至还要造出庭院的‘八景’，这不是‘小中见大’，倒成了‘大中见小’。”⑥荒漠在《香山饭店的得失》中提到：“虽然香山饭店也产生了大小13个院落，但并没有‘具有中国传统建筑艺术的基本特征’。”⑦（图5-15）

---

① 顾孟潮．北京香山饭店建筑设计座谈会［J］．建筑学报，1983（3）．

② 贝聿铭从香山饭店开始，一直延续到苏州博物馆的“现代中国建筑之路”的探索一直为专业媒体所关注。据不完全统计在设计开始之后的短短三年，就有12篇关于香山饭店的文章在《建筑学报》上被刊载。

③ 在《鉴真创作思想讨论会侧记》一文中，贝氏认为传统的北京城是一个“单层”的城市，许多单层建筑是靠墙联系到一起的，所以其十分重视用墙来组织和分割空间。也就是说，贝氏对墙体的偏爱不仅仅是其出生和成长背景中苏州园林对他的影响，他理解的中国传统元素来自多个层面。此外，在相关文章中也曾提及他对梁思成设计的鉴真纪念堂情有独钟，比如香山饭店在墙面运用的连续图案以及墙面划分、门窗线脚的形式均是借鉴于鉴真纪念堂。由此可见，贝氏对中国传统的借鉴和吸取并不囿于苏州园林。

④ 董豫赣．预言与寓言：贝聿铭的中国现代建筑［J］．时代建筑，2007（5）．

⑤⑥ 顾孟潮．北京香山饭店建筑设计座谈会［J］．建筑学报，1983（3）．

⑦ 荒漠．香山饭店设计的得失［J］．建筑学报，1983（4）．

图 5-14　苏州博物馆“以壁为纸，以石为绘”的园林要素转译

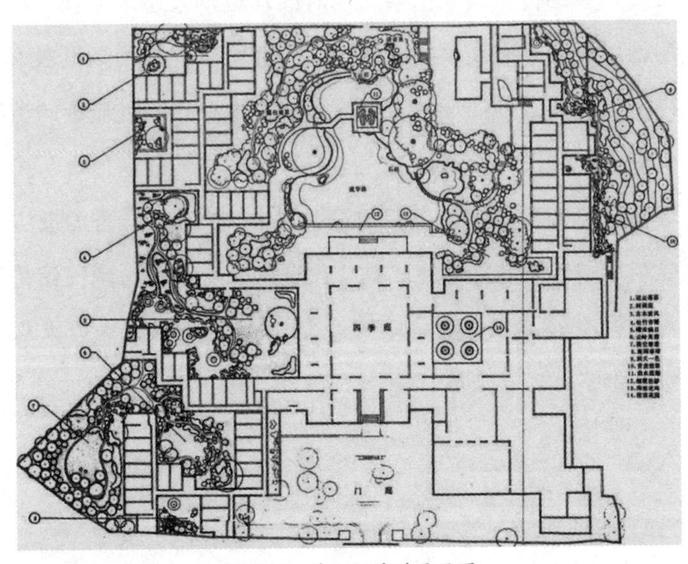


图 5-15　香山饭店总平面图

在众多的评论中，因为缺乏有效的切入点，就香山饭店的批评大多源于形式，止于形式。甚至有人一笔抹杀了贝氏对于中国传统文化的自觉，大量的观点倾向于质疑贝氏以“现代中国建筑之路”作为设计出发点，却少有彻底否定其探索之路正确与否的声音。在此问题上，各家态度普遍暧昧，大多数的批评集中在针对香山饭店的造价、选址以及贝聿铭的华裔身份等非实质问题的争议上。从某种程度上看，评论者的态度反映了当时的建筑评论环境，正如金秋野在《建筑批评的心智：中国与世界》中所言，一个历史时期的心智状态，由整个社会心理和知识容量所决定，“怀着普遍的不解和矜持，人们第一次从经济、效率、节能等无可辩驳的经济范畴对香山饭店展开了无情的批判（这种批评的角度和模式，日后将反复重现于针对来自体制之外的设计讨论中）”①。在今天反身来看这个“现象”，20世纪80年代的建筑批评中近乎“一边倒”观点的产生实则是当时理论工具匮乏的必然表现。改革开放初期，面对这样一位外来建筑师（或者说是“体制外”的建筑师）在中国进行“昂贵”②的传统形式探索，当时的建筑学人还未拥有丰富的批评词汇。在短期难以适应外来新事物、新观念的情境下，抵抗是很多人会选择的立场，也许不是言辞激烈的反对，但或多或少地存在一种质疑的情绪。而贝聿铭“香山饭店”的设计始终没有完全回答我们中国的“传统”可以走向何方的问题。与华盛顿美术馆东馆相比较，20世纪80年代香山饭店的设计建造过多地受制于“传统”的羁绊，其“创造”的这套中国现代建筑创作方法从未被认为是标准答案。也或许诚如贝氏所言：“我想，香山饭店这条路子方向是对的，但不一定是大路。”③

① 金秋野.建筑批评的心智：中国与世界［J］.建筑学报，2009（10）：14.
② 朱自煊.对香山饭店设计的两点看法［J］.建筑学报，1983（3）：78.
③ 张钦哲.贝聿铭谈中国建筑创作［J］.建筑学报，1981（6）.

（二）"新而中"：阙里宾舍

由时任建设部副部长的戴念慈同志主持设计的山东曲阜阙里宾舍于1985年落成，项目建成以后荣获建设部1986年全国优秀建筑设计一等奖、金瓦当奖及中国建筑学会颁发的最优秀建筑设计奖等荣誉。与探索"现代中国建筑之路"的香山饭店一并，阙里宾舍将中国"民族形式"与现代性的争论推向了至高点。1985—1986年的《建筑学报》和《新建筑》分别以阙里宾舍为专题发表了数篇评论文章，就"阙里宾舍""新而中"的理论探索给予高度认同。在此影响下，一批又一批的建筑师和学生关注并讨论阙里宾舍，建筑高校里甚至出现了学习和模仿"阙里式"的倾向。①

从设计上看，阙里宾舍选址尤为特殊，紧邻孔庙孔府，建筑面积达到13 000平方米，预计布置300余床位。在承接项目之初，建筑界对此哗然②，担心此项目很难做到与周边的建筑风貌相协调。在质疑声中，戴念慈却欣然接受了项目委托，借实践来说明他对"现代"与"传统"的理解，"这项工程再合适不过了"。戴念慈认为，项目的关键问题在于建筑风格是否与孔庙孔府相协调，他从宾馆的性质出发，"我们顶住了不做琉璃瓦，而是用小青瓦、灰砖、白粉墙和花岗石等地方性材料……在建筑形式上，与孔府孔庙协调关键在屋顶，阙里宾舍的屋顶是保守的，外部形式严格按照传统格式做，在这个环境中不敢冒失。其他部分可以放松，允许有较多的变化"③。简言之，这将是一座采用了传统形式和现代技术的现代宾馆建筑（图5-16、5-17）。在戴念慈的个人观点看来，他希望借此工程表明，现代的功能和技术是可以与传统形式相结合的。在宾舍竣工后召开了"阙里宾

① 陈可石．关于阙里宾舍的思考［J］．新建筑，1986（2）．

② 业界哗然的原因除了项目特殊的选址外，更多的疑虑来自戴念慈以时任建设部副部长并兼任中国建筑学会要职的身份去主持此项目，其影响力对未来中国建筑创作方向不可小觑，在此背景下，戴念慈的亲自操刀不免引发众议。

③ 陶德坚．重新找到空间·时间与文化的连续性：阙里宾舍述评［J］．新建筑，1985（4）．

图5-16 “新而中”的探求：阙里宾舍

舍建筑设计座谈会”，张镈、郑孝燮、张开济、关肇邺、吴良镛等多名专家学者就宾舍的设计展开讨论。其中，张镈先生给予项目极高的赞赏，“我认为这个设计是又好又省又有创新的杰作……形式风格上可以说是‘中而新’的典型……取得传统建筑中的形似而非神似较浮的效果”①。发言还进一步说道，从总投资来看，每间房间的造价11万元，和香山饭店每间10万美元相比是极为节省的。在其看来和香山饭店相比较，这个作品要比香山饭店更值得对外推广宣传。郑孝燮先生则认为，宾舍与周边环境协调得很好，进

① 张镈，郑孝燮，张开济，等.曲阜阙里宾舍建筑设计座谈会发言摘登［J］.建筑学报，1986（1）.

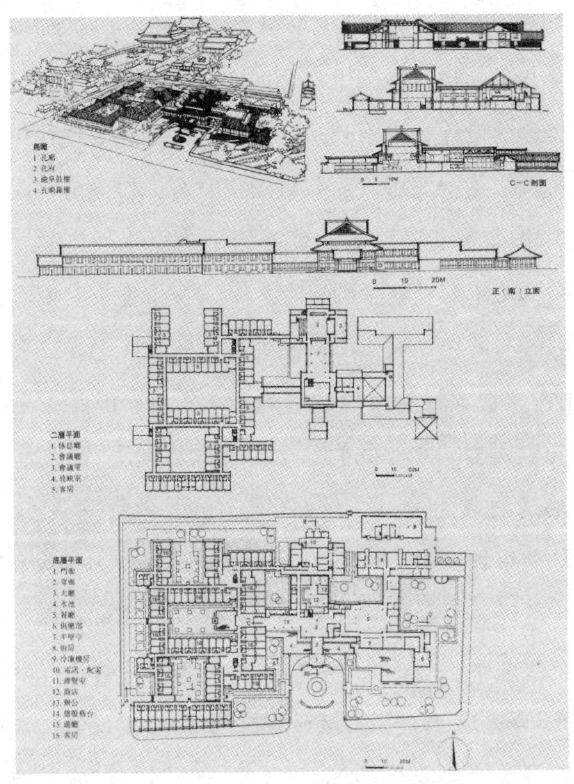


图 5-17 “新而中”的探求：阙里宾舍

而主动掌握了新旧建筑的对话关系，是一座“新而中”的佳作，“新而中”或“中而新”，就是现代化和民族化……并就阙里宾舍与香山饭店进行比较，“我感到有些外国建筑师的大作，在国外虽好，但在中国就不一定全好，远远不如阙里宾舍”①。北京市建筑设计院总建筑师张开济的发言则对两座建筑分别给予了肯定：“戴念慈同志的‘阙里宾舍’和贝聿铭先生的‘香山饭店’有不少共同之处，是后者由于设计人的背景，创新的成分更多一些，前者由于工程的特定位置，传统的风格更重一些。但它们异曲同工，异途同归，同

① 张镈，郑孝燮，张开济，等. 曲阜阙里宾舍建筑设计座谈会发言摘登［J］. 建筑学报，1986（1）.

样都代表了探索新的中国建筑形式的一种富有成效的努力。”① 从专家意见来看，此次座谈会几乎一致认为阙里宾舍的实践路子非常值得肯定和推广，并认为戴念慈在宾舍的设计中摸索到了一条符合民族化、现代化号召下中国建筑的新形式的实践之路。此后，随着对阙里宾舍的讨论愈发深入，由此引发的“真假古董”“旧瓶装新酒”等质疑开始见诸媒体。其中，清华大学建筑系学子陈可石在《关于阙里宾舍的思考》② 一文中发表其观点，他认为宾舍采用传统屋顶形式与周边环境相协调的处理方法实际上是一种“消极的协调观”，如此套用古典形式只能束缚建筑的功能，也会因此失去探索创新的机会，进而指出阙里宾舍“并非我们这个时代的方向”，在此情境下，进一步表明其对复古形式的态度——“传统是我们前进中的一个包袱”。此外，曾昭奋写就了《从曲阜到广州》③ 一文，认为阙里宾舍“一呱呱坠地就表明它并不是一个普普通通的仿古建筑，也不打算仅仅是作为孔庙、孔府延伸出来的根须上的一个衍生物——在这个特殊的地点上，竖起了一面旗帜，它的上面写着传统万岁”④。文末，作者进一步反问道：“中国的现代建筑要不要把时间倒拨，返回到传统的某个‘点’上，再从那个‘点’出发呢?”对复古观念重生的担忧体现在了作者的评论话语里，此后，曾昭奋在《阳光道与独木桥——谈谈当前建筑创作的三种途径》⑤ 一文中再次谈及了阙里宾舍的创

---

① 张镈，郑孝燮，张开济，等. 曲阜阙里宾舍建筑设计座谈会发言摘登［J］. 建筑学报，1986（1）.

② 陈可石. 关于阙里宾舍的思考［J］. 新建筑，1986（2）.

③ 曾昭奋. 从曲阜到广州［J］. 南方建筑，1987（3）.

④ 同上。此外，在《阳光道与独木桥——谈谈当前建筑创作的三种途径》一文中，作者进一步说道：“事实上，无论是它的设计者，也无论是它的颂扬者，并不仅仅是把它当作一次普通的创作实践……而是在宣扬和倡导一种创作思想……在若干问题上，尤其是在如何评价一种创作思想、如何评价当代建筑创作方面，阙里宾舍的第一批颂扬者比它的设计者走得更远。”在他看来，不可把某种风格的建筑视作创作的源泉，无论是汉唐的遗风、民居的奇巧、京广的新作，都只起到借鉴和启发的作用。

⑤ 曾昭奋. 阳光道与独木桥：谈谈当前建筑创作的三种途径［M］// 创作与形式：当代中国建筑评论. 天津：天津科学技术出版社，1989.

作倾向，表述了他的质疑和期待。通过阙里宾舍的论争，我们发现在彼时的论战中对“厚今薄古”还是“厚古薄今”的态度均有着强烈的争议，讨论的重点大多围绕阙里宾舍究竟是探索出了一条“新而中”的道路还是在制造“假古董”等疑问，而类似的问题和争论几乎萦绕在整个20世纪80年代中国建筑学界的话语空间里。

时至今日，在提及中国20世纪80年代建筑创作的探索时，评论家时常把阙里宾舍这条“传统与现代相结合”的路子与香山饭店的实践相提并论，认为这两座建筑的设计目的“虽异曲同工，却殊途同归”。王明贤先生曾在《中国当代美术史》中如此评论这两座建筑：“在中国，除了建于80年代初的北京香山饭店以外，再没有什么建筑能引起这样激烈的针锋相对的争论。关于香山饭店的讨论主要是从学术角度进行的；关于阙里宾舍的争论代表了两种不同的思维模式、两种观念意识的争论。一边是‘民族形式’理论的实践，另一边是追求中国建筑现代化的呐喊。”[①] 然而，与香山饭店的评价呈现出褒贬不一的状况相比较，阙里宾舍建成初期获得国内专家学者的一致好评，认为阙里宾舍的实践为中国建筑创作找到了新方向，这个设计应该加以宣传推广，尤其在号召民族化、现代化的时代背景下，宾舍的实践对中国建筑创作的未来趋势具有深远的示范意义。某种程度上，阙里宾舍作为“体制内”民族形式探索与实践的代表作，在中国官方讨论中获得了与香山饭店截然不同的“全面认同”，无论是形式风格的探索还是选址问题上的处理方式，抑或造价控制等问题，阙里宾舍得到的肯定远高于香山饭店。

总的来看，这两个分别源自体制内、外的建筑师的设计实践分别代表了20世纪80年代中国现代建筑形式探索的两种途径。在形式的追问上，无论是香山饭店还是阙里宾舍，都是建筑师旨在通过“传统”与“现代”相结合

① 高名潞，等．中国当代美术史：1985—1986［M］．上海：上海人民出版社，1991（10）：528.

来寻找中国现代建筑形式的探索，抑或说是为现当代中国建筑创作寻找一剂“良方”。尽管在此过程中，难免出现偏差，但不能否定的是，以形式的追问为出发点，中国建筑学科逐渐走向了对现代性的探索之路。

（三）“与古为新”：方塔园

> 似乎浦东摩天的巨厦仅代表了都市云端的激情，而真正的中国式的营造，却只在相反方向的浦西远郊的这座孤园。①
>
> ——许江（中国美术学院院长）

20 世纪 80 年代，在贝聿铭的香山饭店落成时，上海西郊的一个小公园对外开放了，公园留存有宋代的方塔，故名“方塔园”②。此项目是同济大学冯纪忠先生的封笔之作，在冯先生走出那场政治动荡后，终于有机会主持改造这个大型的公共项目。与香山饭店和阙里宾舍等同样建造于 20 世纪 80 年代初期的作品被媒体聚焦的情状不同，冯先生主持设计的方塔园从设计之初似乎就与当时的建筑创作主流保持距离，既没有参与到当时学界的热议中，也没有卷入 20 世纪 80 年代有关中国建筑创作方向的炙热论战里。迄今为止，方塔园仍旧像“一块时间的飞地”，园子内外呈现出两方天地——“园外是时代的慌乱和喘息，园内是时间的舒缓从容。”③（图 5-18）与香山饭店或者阙里宾舍等作品的讨论视角截然不同，学界对“方塔园”的讨论较少从“民族形式”“中国建筑创作之路”等字眼切入，而更多围绕园子的布局以及园中建筑的建造方式、空间、材料等学科自主性（Autonomy）问题展开。

① 2007 年在“冯纪忠和方塔园”展览暨学术研讨会上的发言。

② 位于上海市西郊的松江方塔园，作为历史文物园林的改造项目于 1978 年动工，1982 年开始对外开放，1986 年“何陋轩”建成，1988 年公园整体改造陆续完工。

③ 周榕．时间的棋局与幸存者的维度：从松江方塔园回望中国建筑 30 年［J］．时代建筑，2009（3）．

图 5-18 “与古为新”：松江方塔园

正因如此，方塔园得以避开 20 世纪 80 年代形式论争的“热闹”局面。2000 年以后，随着中国本土建筑创作讨论议题的转向，对建筑本体理论的关注超越了“形式”问题的争论，冯先生早年提出的“建筑空间组合原理”及其方塔园何陋轩的设计实践开始为学界普遍关注。相关报道除了见诸建筑期刊，在各类建筑展览和研讨会上也多有亮相：1999 年世界建筑师大会“当代中国建筑艺术展”上，方塔园是入选的 55 个优秀作品中唯一的园林作品；2007 年 11 月 20 日，“冯纪忠和方塔园”多媒体展在深圳举办；2008 年首届“中国建筑传媒奖”——走向公民杰出成就奖颁发给了冯先生；2010 年，王澍于中国美术学院主持了“拆造-何陋轩-冯纪忠先生建筑作品研究文献展”；2014 年 10 月，“有方”策展的“久违的现代：冯纪忠、王大闳建筑文献展”均对冯先生的学术贡献再次给予极高的肯定。其设计思想和实践作品结集发表，将冯先生的理论建树推向学术讨论的高峰。可以这么说，与 20 世纪 80

年代同时期建造的作品从设计之初就开始被热议的情况相比较，方塔园的讨论虽然来得晚了一些，但其获得的业界认同是理性和深远的。① 正如王澍所言，“方塔园可能成为现代中国建筑的一把尺子”②，无论谁去书写20世纪80年代以来的中国建筑史，方塔园都是无法绕过的。

有关学界对冯纪忠与“方塔园”的相关评论中，“与古为新”的提法尤为普遍。其中，有人就方塔园所提及的“古”发问，为何不取明清，独取宋的精神？冯先生解释：“‘为’是‘成为’，不是‘为了’……也就是说今的东西可以和古的东西在一起成为新的。”③ 在冯先生看来，首先，园中主体建筑“方塔”为宋代修建，从空间关系和整体营造来看，取“宋式”是必然；其次，宋的政治氛围相对自由宽松，其文化精神普遍存在着对个性的追求，这与“文革”以后中国的社会环境相似，借此可以恰好地传递20世纪80年代思想解放的状态。其中，以“何陋轩”为代表，对“与古为新”做出了最为精准的解释。关于这座园中东南角的竹亭，按照冯先生的话说，“总算经费有了着落，一个竹构草顶的敞厅，一波三折，差强人意，将要建成了，姑名之为‘何陋轩’”④。某种意义上，冯先生在此实现了“今的东西可以和古的东西在一起成为新的”⑤ 之理想。（图5-19）今天看来，在20世纪80年代那场关于“传统-现代”的大讨论中，何陋轩“与古为新”的立场和姿态呈现了一种遗世独立的态度，既探求现代建筑之路又与世无争，正如冯先生本人在20世纪80年代与当时学界热闹的时局保持着一个理性的距离。但这个“与古为新”的观念落实到具体的建造时，在当时遇到的困难和条件却

---

① 对冯纪忠先生和“方塔园”的热论集中出现在中国近十年的学术领域，这个时期我国建筑理论研究进入一个相对成熟和理性的阶段，因而相对于20世纪80年代初期理论研究的初级阶段，方塔园获得的认同和评价也相对理性客观。

② 2007年在“冯纪忠和方塔园”展览暨学术研讨会上的发言。

③⑤ 冯纪忠．与古为新：谈方塔园规划及何陋轩设计［J］．华中建筑，2010（3）．

④ 冯纪忠．何陋轩答客问［J］．时代建筑，1988（3）．

图 5-19　松江方塔园何陋轩

颇为棘手。冯先生认为，首先要考虑到园子里的几座建筑应该具备空间秩序上的整体连贯性，因此在设计的整体考量上，他将这些改造或新建的建筑视作陈放在博古架上的珍玩，通过场所营造给予空间限定，以此实现物质层面的“与古为新”。① 其次，新建的建筑体量和功能均不宜喧宾夺主，只能通过“精神”的强大来呈现“与古为新”的可能性。因此，园中的新建建筑“何陋轩”，在冯先生的计划里就不曾打算维持一个刻意低调的姿态，相反，它要非常有自己的性格和气场，“要和它们（方塔、照壁、楠木厅等）在尺度和方位上旗鼓相当”②——“它一定要成为一个点，它的分量不能少于天后宫，这是我的一个点……人家来我这个地方，首先会考虑规模值得跟那些比对。思想上是这样，感觉上也是这样”。③（图 5-20）冯先生曾就此做了生动的比喻，他把新建筑比喻为开会迟到的人，唐突进入会场后，要和已坐的人礼貌地打个招呼，然后要发表属于自己的意见，表明你的出席是有价值的。从以上观点出发，这也就解释了“何陋轩”在设计中几处“高明”难懂的设定：“何陋轩”的设计大致分为基座、屋身和屋顶三部分，屋顶乍看

① 冯先生在《何陋轩答客问》中表示，园中的几处单位比较重要，如方塔、照壁、楠木厅等，自己所做的竹厅要和它们在尺度和方位上旗鼓相当。

② 冯纪忠．何陋轩答客问［J］．时代建筑，1988（3）．

③ 冯纪忠．与古为新：谈方塔园规划及何陋轩设计［J］．华中建筑，2010（3）．

图 5-20　松江方塔园何陋轩

之下是“庑殿”① 形式与茅草相结合，且比例尺度上接近于传统殿堂式，实则取意松江至嘉兴一带独特的“弧脊”农居意象，可见其对形式的操作既出其不意，又不拘泥于传统，打破了“阶级”观念；此外，最巧妙的设计在于竹子节点施漆，借着室内较暗的光线，在漆成白色的竹子（也是柱子，即结构）交接处施黑漆，刻意模糊和弱化了节点的样貌，整个屋顶结构虽然敞露于视野内，结构关系却异常暧昧，正应了先生所谓的“反常合道”②；基座的设计为三个与“天后宫”基座大小相近的平台次递旋转30°、60°——“当时在寻找方向，所以这个东西就可以转动，转动到最后是正确方向，是南北方向……所以搭个台子，按照角度在转，最后把它定出来。这就是我

① 庑殿屋顶是中国官式建筑屋顶型制的最高级别，在民间几乎不可能施用。冯先生在《答客问》中也提到：“据说帝王时代民间敢用庑殿是冒杀头之罪的，其中必有来历……这里掇来作为设计主题……算是超越方塔园之外在地区层次上的文脉延续罢，也算是对符号的表述和观点罢。”作者看来，冯先生在“何陋轩”的设计中大胆取其“形”，并以茅草屋顶相结合，其用意正是“与古为新”，不拘泥于传统束缚，同时，也在间接地抒发他的态度和观点。

② 冯纪忠．何陋轩答客问［J］．时代建筑，1988（3）．客道：“竹子施漆，是否想在朴实中略见堂皇，会不会授人以不伦不类的口实？”笔者笑道：“不论竹木，本色确是我素来偏爱的，为什么这里施漆？让我们解释一下：通常处理屋架结构，都是刻意清晰展示交结点，为的是彰显构架整体力系的稳定感。这里却相反，故意把所有交接点漆上黑色，以削弱其清晰度。各杆件中段漆白，从而强调整体结构的解体感。这就使得所有白而亮的中段在较为暗的屋顶结构空间中仿佛漂浮起来啦。就是东坡‘反常合道为趣’的妙用罢！”

说的时空转换。”①从何陋轩的几个操作实践中，我们可以看到冯先生对传统空间和建造方式进行了“转译”，实现了物质和精神双重层面上的“与古为新”(图5-21)。这也是时至今日，学者们反身来看何陋轩仍余味悠远的重要原因。

鉴于何陋轩在20世纪80年代初期在营造上的卓越成就以及在当时学界的“低姿态”，近十年来关于何陋轩的地位、身份等问题，学界也有一定的争论，似乎都围绕着“大”与“小”展开。作为一个园林建筑作品，在1987年6月南斯拉夫建筑国际展览主办方推介世界50位代表建筑师作品展上，何陋轩入选，并在1999年荣获上海市建国50周年经典建筑铜奖……当今活跃的建筑师与研究学者，纷纷提笔为何陋轩撰文，如王澍的《回想方塔园》②、赵冰的《解读方塔园》③、童明的《因何不陋》④、刘东洋的《到方塔园去》⑤、周榕的《时间的棋局与幸存者的维度：从松江方塔园回望中国建

图5-21　松江方塔园何陋轩的“反常合道”

① 冯纪忠. 与古为新：谈方塔园规划及何陋轩设计［J］. 华中建筑，2010（3）.
② 王澍. 回想方塔园［C］// 中国公园协会2012年论文集，2012：2.
③ 赵冰. 解读方塔园［J］. 新建筑，2009（6）：49—51.
④ 童明. 因何不陋［J］. 新观察，2010（5）.
⑤ 刘东洋. 到方塔园去［J］. 时代建筑，2011（1）：140—147.

筑30年》[1]等，均对何陋轩给予了高度的评价。但对何陋轩的讨论话语大多出现于非官方的学术讨论中，甚少公开发表。有人说它仅仅是一个公园里的“小”竹亭，不宜将其影响过分扩大。其实在《答客问》中，“客”也发出过这样的疑问，质疑有“小题大做”之嫌，“小题终究是小题，大题谈何容易”，冯先生随即“语塞”。多年后，在中国美术学院美术馆“拆造何陋轩——冯纪忠先生建筑作品研究文献展”之后，王澍以“小题大做”重新勾勒了何陋轩的“小”和“大”。因而，在何陋轩的讨论中，我们可以肯定冯先生在某个维度上的探索是“大”的，至于其“地位”的轻重、“身份”的高低等问题，似乎也不是冯先生太在意的，留给观者定夺也罢。

作为20世纪80年代先后建造完成的三个作品，香山饭店和阙里宾舍时常并行出现在关于20世纪80年代建筑创作的话语里，代表了20世纪80年代中国建筑学科话语论争的主流方向，即如何探索一条符合官方想象的“新而中”的“现代中国建筑之路”。而方塔园的实践则在另外一个与之相反的维度上呈现了“中国式营造”的基本状况，并在学界中获得更为持久的认同和关注。如果按照冯纪忠先生的比喻，方塔园的设计是一场黑子白子的围棋较量，它是相对独立的，自主性较大，那么香山饭店、阙里宾舍这一类实践更像是下象棋，已经注定了你上头是一个“将”，有象、士、兵、马等角色设定，在一场已有的设定中进行有限的运筹帷幄。

## 二、“以优秀传统为出发点”：“古都风貌”的论争

20世纪80年代初期，就如何妥善处理历史名城保护工作，学界召开了一系列学术研讨会，尤其就北京、西安、洛阳、杭州等历史文化悠久的“古

---

① 周榕.时间的棋局与幸存者的维度：从松江方塔园回望中国建筑30年［J］.时代建筑，2009（3）.

都”进行了规划建设部署，实施保护与建设相结合的方针。当时的保护重点放在了文物遗迹、古建筑群以及历史风景区方面，而古城大面积的居民生活区仍缺乏具体的保护措施。在此状况下，古都的发展与保护、新建和改造、“新-旧”城市格局之间的矛盾日益凸显，社会主义现代化城市建设给古都风貌造成了“建设性”破坏。在此背景下，20世纪80年代中期，国家规划与建设部门提出了维护“古都风貌”的号召，“古都风貌”是什么？如何维护“古都风貌”等问题成了当时城市规划和建筑创作讨论的重点。自20世纪80年代中期开始，在建筑学的媒体报道中，不乏“维护古都风貌”“故都风貌”“古都新貌”“首都风貌”的相关论述，进入90年代，更甚者提出“夺回古都风貌”的论调，而就“古都风貌”引发的城市人居环境、建筑历史保护，甚至是“民族形式”等相关问题的讨论一直延续至今。就“维护古都风貌”的讨论文章也纷纷见诸学术媒体：1986年学界召开了“长城饭店的建筑评论和保护北京古城风貌座谈会”以及“维护古都风貌问题”学术讨论会，会议内容刊载于《建筑学报》；在“继承传统，不断创新”的议题下，1987年第4期《建筑学报》就“维护古都风貌”问题集结了城市规划与建筑专家学者的发言摘要；直至20世纪90年代，关于此论题的热议仍然不绝于耳，1993年11月开始，《北京日报》以“把古都风貌夺回来”为题开辟专栏，就保护古都风貌问题展开群众性讨论；20世纪90年代中期，“夺回”古都风貌的声势更加嘹亮，在学界和民间引发广泛热议。本章节旨在回顾20世纪80年代中期到90年代中期近十年来，建筑学媒体围绕“古都风貌”的“维护”到“夺回”之间的观念论争，试分析这一场讨论的历史价值和学术意义。

（一）“维护古都风貌”

最近首都建筑艺术委员会开了会，认为“古都的风貌被毫无特色的建筑破坏”了，正酝酿着的“城区各种新建筑的规模、外观的颜色、屋顶的形状等，分别提出具体要求”，制定法规等，以维护文化古城风貌。

——曾昭奋“关于长城饭店的建筑评论和保护北京古城风貌座谈会”发言①

“维护古都风貌”与“以优秀传统为出发点”的建筑创作思想撼动着20世纪80年代中期首都建设活动。1986年3月“长城饭店的建筑评论和保护北京古城风貌座谈会”②召开，会议就长城饭店的“洋味”与北京古城风貌和城市建筑与环境的关系等议题展开讨论。讨论中，恐“新”与维“古”论占据主要话语，他们认为北京作为历史古都，在建设中要尽量控制商业化趋势，“玻璃幕墙不宜大量发展”，否则“纵有贝克特国际公司那样丰富的经验，也只能做出长城饭店那种迎合一时的作品”③。在恐“新”的同时也有惧怕复“古”的论调，担忧20世纪50年代“民族形式”乔装打扮重新登场。此外，还有学者提出“折中万岁”的观点，而“折中”的观点也基本上代表了大多数专家学者对待风貌问题的态度。其中，《建筑师》杂志主编王伯扬认为：“看了长城饭店心里是矛盾的，一方面觉得它给我们带来很多新东西；同时又担心……无疑，如建在上海、广州效果好，造在北京尚早……长城饭店放在九十年代建，可能就不会引起人们反对”④；“在三环搞个长城饭店还是可以的，使大家在国内就可以看到这类建筑，但是搞多了也没必要……仿

① 就此发言，曾昭奋进一步提到，在“建筑的规模、外观的颜色、屋顶的形状”等框框里做设计，将只能是一些折中主义、复古主义的东西，将只能是一些与现代化、工业化的道路背道而驰的东西，将只能是一些花钱不讨好的东西。

②《建筑学报》编辑部.关于长城饭店的建筑评论和保护北京古城风貌座谈会（发言摘要）[J].建筑学报，1986（7）.会议发言者主要来自北京土建学会建筑理论学术委员会、北京市建筑设计院与高校学者，此次讨论会的主要内容均刊载在此文中。

③ 北京建筑设计院建筑师顾同曾的发言。

④《建筑师》杂志主编王伯扬的发言。

古建筑是一种形式，但琉璃瓦、大屋顶不是唯一的民族形式”①。(图 5-22) 发言中大量折中的言论可以看出发言者阐述观点时普遍谨言慎行，基本上不否定新形式的出现，但是也不建议以此作为建筑创作的主要发展方向。与此同时，不少观点赞同“新而中”，呼吁新时代要有新观念，他们认为：“古时看不到万家灯火，一个城市发展必然是新的大于旧的……仿古意味着破坏，复古并不见得对保存有利。”②其中，顾孟潮、王明贤、陈志华等学者认为繁荣建筑创作需要更新观念，20 世纪 80 年代建成的建国饭店、香山饭店、长城饭店对我们建筑学观念更新有重要意义。陈志华进一步指出，长城饭店与古都风貌之间并没有什么冲突，古都风貌唯一的、不可代替的载体是古建筑和古城区，他解释道：“长城饭店在当今算不上是有什么创新、有什么重要成就，但它给北京增添了一点新东西，破了点儿千篇一律……什么建筑也搞不成古都风貌，即使把美术馆、民族宫、友谊宾馆、火车站、‘四部一会’

图 5-22　北京长城饭店

① 北京市建筑设计院副总建筑师周治良发言。
② 北京市建筑设计院四所总建筑师宋融发言。

拿来排成一条街，也绝不是古都风貌。当然也不是现代风貌……这不是一个因循守旧、谨小慎微的时代，新建筑不要写错了历史。”① 与恐“新”派保守的观点相比较，陈志华、曾昭奋等学者的意见代表了当时提倡和支持古都建设中以新建筑建设作为城市风貌的观念，在当时是锐意革新的代表。而此次会议上论及的北京古城风貌问题为此后关于“古都风貌”的论争埋下了伏笔。

1986年12月26日，北京市土建学会城市规划专业委员会举办了“维护古都风貌问题”学术讨论会。② 会上就保护古都风貌的认识、如何理解旧城保护与改造关系问题以及在旧城保护与改建中如何处理好新旧建筑之间的关系等问题进行了发言和讨论。主要观点认为，北京古都风貌正在遭受建设性破坏，现有的“改建”缺乏缜密规划，基本上是自发的“见缝插针”式的改造。此外，部分单位建设中为了扩大占地面积，不考虑与周围环境相协调，建筑层数和面积指标超标。中华人民共和国成立三十余年来，新建筑量大且缺乏风貌协调的考虑，老旧院落的拆迁和改造难度大……在保护古都风貌和土地经济利用矛盾压力巨大的状况下，“怎么保护”成了会议的重要议题。首先，就古城风貌和古迹保护，专家学者意识到必须区分这两个概念，就此，专家提议当下的“古都风貌”应该考虑到除了保护城墙、城楼和“纪念性古建筑”之外的大量民间建筑，四合院住宅、商业街区、作坊和会馆甚至是建筑周围的树木和环境也要统一考虑，这些都是城市风貌重要的组成部分。其次，新旧建筑之间要“对话”，北京的新建筑并非要添加“大屋顶”“小亭子”或者在建筑的檐口上施琉璃瓦装饰，而是在建筑的尺度、色

---

① 清华大学建筑系陈志华副教授发言。

② 1986年12月26日召开的“维护北京古都风貌问题”讨论会，这是在首都规划建设委员会建筑艺术委员会召开的同一问题讨论会之后召开的该委员会的第二次讨论会（第一次讨论会于1986年夏季举行），会前为了使讨论能深入展开，在11月下旬和12月上旬组织了三次报告会，请中国城规院王瑞珠建筑师做了题为“国外历史文化名城的保护”的报告，中国建筑学会副秘书长张祖刚高级建筑师做了题为“新旧建筑的谐调问题”的报告，清华大学建筑系吴焕加教授做了题为“美国新旧建筑的关系问题”的报告。

彩等方面相互协调……其中，控制新建筑的高度尤为关键，在此基础上，建筑风格的形式可以多种多样，甚至可以考虑以“对比”的方式与旧建筑协调……以上关于风貌控制的措施是此次讨论中获得普遍认同的观点。同时，有观点认为，北京的“新都”比“古都”大5倍，保护古都的同时，改善和创造新首都风貌的问题也很重要，“提保护‘古都风貌’不妥，应提‘古都新貌’”①……讨论中分歧较大的是四合院问题，如果不大面积保留，那么也就谈不上古都风貌，但是，大部分四合院已经沦为大杂院，设施落后，亟待改造的数量庞大，涉及的改造费用数额巨大……尽管仍有大量无法解决的现实问题和难以攻克的重重矛盾，但是此次讨论对“古都风貌”有了深刻的解读，从对重要历史文物古迹的关注拓展到对民间建筑价值的认同。会议就讨论做出决议，下一步工作要依据“宏观控制、微观搞活”的原则，建筑个体要服从整体规划控制，“克服千篇一律，百花争艳”，使旧城成为一个“大体上不失原有格调、不破坏原有气氛和韵味的新的市中心区”②。时隔数月，1987年3月3日，首都建筑艺术委员会以“继承传统，不断创新”为题，邀请专家学者和设计人员在京召开了繁荣建筑创作座谈会。此次会议对此前“维护古都风貌”的论述做了进一步强调和补充③，与会专家认为，单讲古都风貌还不够，还应该提“首都风貌”，两者应同时体现；中国建筑师要有自己的设计，形成中国的建筑风格；当下的年轻建筑师不讲古为今用，认为提风貌、讲古都是封建思想，应该纠正这些认识……通过一系列的研讨会，维护“古都风貌”的基本观点和具体措施得以落实，从北京到西安等历史古都均在此基础上展开了新一轮的城市风貌建设工作。然而时隔数年，“维护古

①② 《建筑学报》编辑部．北京市土建学会城市规划专业委员会举行维护北京古都风貌问题的学术讨论会［J］．建筑学报，1987（4）．

③ 《建筑学报》编辑部．继承传统，不断创新：记首都建筑艺术委员会召开的繁荣建筑创作座谈会［J］．建筑学报，1987（6）．会上对首届首都优秀建筑艺术设计奖作品进行分析和评论，并就今后如何维护古都风貌、繁荣建筑创作等问题展开讨论。

都风貌，繁荣建筑创作”的观念遭到了学界一些学者的否定甚至是激烈的批判。其中，曾昭奋认为“首艺会”[①]提出“维护古都风貌”并不是为了保护首都的文物建筑，而是冲着指导未来建筑创作来的，北京的“古都风貌”早在20世纪50年代就不复存在，提出“维护”实则是一种不顾现实、无视未来的设想，就此“事件”发表了《一种严重倒退的建筑创作指导思想》一文，全面而激烈地批判了“首艺会”“维护古都风貌”的论点。认为其“维护古都风貌”和“以优秀传统为出发点”的论调带着学术专横态度，旨在为建筑创作指出一条复古主义、形式主义道路，“它们为80年代建筑创作中的复古主义思潮推波助澜，或者，它们就是这一思潮本身……‘传统’可能成为否定、戕害和扼杀创新的凭借和武器，有时又成为低劣的、矫揉造作的设计的庇护物和遮羞布”[②]，“有人为首都的建筑创作提出了几个建于50年代的带有琉璃屋顶的建筑样板，有人则准备了不同式样、不同尺度的大小屋顶以便随时扣到别的设计方案上去”[③]……以北京图书馆新馆为例，粗略计算下，共用了27个大小不一的琉璃瓦屋顶，重檐四坡顶、攒尖、盝顶均有。（图5-23）在此情状下，我国的建筑创作将难免走上穿靴戴帽、涂脂抹粉的虚假繁荣之路，这是一种严重倒退的建筑创作思想。就此，作者提倡创作中的创新探索，旁引了巴黎和华盛顿在城市更新过程中敢于接受新建筑的案例，以及青年学子的激进号角：“从时代精神出发，需要对传统文化及其衍生物——传统建筑进行全面批判。传统建筑已经死亡。现代建筑不存在继承传统形式的问题，只有立足于现代中国文化的创造，才能创造出真正的现代

---

① 首都建筑艺术委员会，简称“首艺会”。

② 曾昭奋．一种严重倒退的建筑创作指导思想［J］．新建筑，1989（4）．作者就当时“首艺会”提出的“维护古都风貌，繁荣建筑创作”“这个不是学术问题”等观点给予了批评，在其看来，“那意思是说不容商讨，不容异议”，这样将导致“维护古都风貌”只能是“仿造”，也无法“繁荣”建筑创作。

③ 曾昭奋．“古都风貌”能维护住吗？［M］// 创作与形式：当代中国建筑评论．天津：天津科学技术出版社，1989.

图 5-23　北京图书馆新馆，坡屋顶的运用

中国建筑。”①

（二）“夺回古都风貌”

随着首都建设迅猛发展，建筑竣工量连续 7 年达到 1 000 万平方米，与此同时，古都风貌也遭受了巨大破坏，此问题引发相关部门高度重视，坚决要求“夺回古都风貌”。《北京日报》以“把古都风貌夺回来”为题开辟专栏，以市民为主要对象，借助电视媒体展开“我最喜爱的具有民族风格的新建筑”的评选等活动，把“夺回古都风貌”带入全民参与的状态。然而，在这场“夺回”的风暴中，其实质违反了事物发展规律，“夺来夺去就落实到不分场合，不分建筑的性质，只要加上一顶帽子就算是夺了回来的这种十分可悲的局面”②。当时，典型的“夺”式建筑以北京西客站（图 5-24）为代表，北京市区大量的建筑均加建或新建了“小亭子”，在建筑的檐口和坡屋顶等形式上下功夫，以此体现古都特色。哪怕是一个看似全新的“新建

① 作者援引《建筑学报》1989 年第 3 期青年建筑师余军的观点。
② 周庆琳．“夺”式建筑可以休矣［J］．建筑学报，1996（2）．

图 5-24　北京西客站

筑”——长城饭店，在其室内共享大厅中也难免加建了一个程式化的“流杯亭”，这样一个“为传统而传统”的假古董实则是对“古都风貌”的附和。而“夺回古都风貌”最终被评价为“穿衣戴帽”工程，也被民间戏称为夺回古都“疯帽”。从学术价值和历史意义来看，这场从 20 世纪 80 年代中期开始，90 年代中后期渐入尾声的“古都风貌”论争既是一场自上而下对现代化建设过程中出现的问题的积极应对，但同时也表现出盲目冒进以及对“传统”的滥用。时至今日，在城市改建和保护问题同样面临着巨大冲突的状况下，在我们的城市决策过程中，虽然对“风貌”问题依旧没有寻到可供参照的标准答案，但是这场延续十余年的“古都风貌”论争为当下的城市建设提供了经验和教训。

## 三、“京派”“海派”“广派”

### （一）打破“京天下”，繁荣建筑创作

近年来，广州的同志在探索新道路方面走出了可喜的一步。他们注

意经济问题，抛弃了面样的追求，使建筑空间得到了解放。尽管还存在一些缺点和不足，但它们打破了“京天下”的局面，使人们耳目一新，活跃了建筑界。①

——钟训正、奚树祥《建筑创作中的“百花齐放，百家争鸣”》

北京1959年国庆“十大建筑”建成之后，全国各地出现了模仿北京“新建筑”的现象，“大屋顶”“三段式”成为被模仿的主要形式，这种带有北京首都主流形式的建筑形象深入人心。而某种意义上，以“民族形式”为出发点的“十大建筑”可以被视作“京派”的雏形。考据“京派”的出处，大致可以追溯到20世纪30年代活跃于京、津一带的文学流派，其文学特征是强调宏大叙事、强调审美以及民族文化精神，在一批具有近似价值观的学者之间，同道之间互作书序、异类之间互相攻伐也是其特征。这批被称为“京派”的学者文人与“海派”之间展开了“京海论争”的拉锯战，各自从审美、文化和阶级的本质等角度呈现观念和立场。其中，鲁迅于1934年撰文《“京派”与“海派”》《北人与南人》，沈从文以《关于海派》做出回应，这种生发于不同派别的观念之争逐渐演化为一种文化交流的传统，进而影响到现代思想传播过程中的“南北”之争。在此背景下，这种派生于文学思潮和流派的概念转译到建筑学科并引起一番追问，“京派”“海派”“广派”的讨论也成为20世纪80年代建筑学界一个有趣的现象。（图5-25）

“京派”的说法虽然在民间早已有之，但在建筑学科已有的文献中，对“京派”的定义一直比较模糊。其中，曾昭奋发表于1984年1月总第17期《建筑师》上的《建筑评论的思考与期待：兼及“京派”“海派”“广派”》一文，可以被视作给“京派”概念做出定义的主要文章。在文中，作者从香

① 钟训正，奚树祥．建筑创作中的“百花齐放，百家争鸣”[J]．建筑学报，1980（1）：23.

图5-25 上海商城，20世纪80年代上海“海派”“新建筑”代表作之一

山饭店的冲击谈及北京天安门广场传统格局，就此从形式和风格上给“京派”建筑做出界定：“它是中华人民共和国最早形成的、影响最广的、地位相当稳固的一个流派……它表现在城市总体构图和重大建筑物在城市的规划和安排中……它强调城市的中轴线和向心性……它推崇建筑群体的对称、均衡……它喜爱传统建筑的大屋顶和装饰，把它们原封不动或稍事改良之后，被搬用到应用现代材料和技术兴建的新建筑上。它过于强调过去，标志和说明过去，而少于表现现在，更少于憧憬未来。它对过去常常感到满足，似乎传统是用之不竭的源泉。创新不足，鲜于探求……”① 在作者看来，“京派”源远流长，这种讲究对称、均衡的平面构图法则和立面模式，虽少有激动人心的效果，但“四平八稳”不易出错。在北京的住宅、旅馆、办公楼、文化宫、火车站等各类建筑物中均很适用。而这种“模式”因为广为北

① 曾昭奋．建筑评论的思考与期待：兼及“京派”“海派”“广派”[J]．建筑师，1984（17）．

京地区采用，并被不少地方学习借鉴，很快主导了我国 20 世纪 80 年代初期的建筑创作活动。比如，不少中小城市的建筑群体布置也讲究中轴对称，城市广场和沿街面的布局也参照北京模式。建筑创作中，有的建筑物建筑面积仅有 1 000 平方米左右，却模仿大型建筑的样式，平面布置和立面形式极为复杂，一个三五千平方米的建筑硬要搞得“高大雄伟”“富于变化”①……一时间全国上下出现了“京天下”的局面，这种现象迅速蔓延至全国，成为 20 世纪 80 年代一个特殊的现象，也被称为“新千篇一律”。随着繁荣建筑创作，纠正千篇一律的观点成为指导我国建筑实践的主要方向，打破“京天下”的格局成为主要任务。在建筑创作中，以“广州新建筑风格”为代表的“岭南派”崛起②，其设计思想和设计方法很快被认同；与此同时，以上海为中心的“海派”建筑创作随着一批新建筑的出现也被学界广为称道，在建筑学界形成了“京派”“海派”“广派”等诸多实践模式，打破了“京天下”的现象，极大丰富了我国 20 世纪 80 年代建筑创作的话语。

（二）“京派”“海派”“广派”，百花齐放新格局

“京派”“海派”“广派”首次出现在建筑学专业媒体，可以追溯到曾昭奋发表于《建筑师》杂志的文章《建筑评论的思考与期待：兼及“京派”“广派”“海派”》。

此外，曾昭奋于 1989 年发文《关于繁荣建筑创作的思考》③，再次把目光投向其五年前曾谈及的“京派”“海派”和“广派”，对京、沪、广地区的建筑创作重新审视，以此反思我国当下建筑创作的现实。文章开篇就对被复古主义思潮冲击摇撼的“京派”表示了无奈和痛惜，在其看来，学术权威制霸着学界。当时北京正在提倡“以优秀建筑为出发点”“维护古都风貌”，然

---

① 程泰宁，叶湘菡，徐东平．中小型建筑创作小议［J］．1979（6）．

② 此后，随着广州“新建筑”以地域特征创作为特点，又引发了模仿和抄袭“广派”建筑的风气。

③ 曾昭奋．关于繁荣建筑创作的思考［J］．时代建筑，1989（2）．

而无论从理论层面还是实践过程，均未出现令人信服的阐析，即便是提出“维护古都风貌”的倡导者，也在用“维护”来钳制建筑创作探新；而“新建筑”的创新上，以北京图书馆新馆为代表的一些作品仍旧无法摆脱历史的“惯性”，建筑创作条条框框很多，作品缺乏时代气息，而香山饭店这样的作品却受到质疑……哪怕是《建筑学报》“似乎也是‘京派’在理论和舆论上的一个有力支柱”①。而作为“京派”学术阵地的清华大学也难免流于保守，“这里很少谬论、片面、幼稚和浮夸，但也少于提倡怀疑、论争、开拓和突破”②。在此语境下，“京派”举步维艰。

与“京派”成为争议的焦点不同，“海派”和“广派”在建筑创作上呈现出积极探索和创新的姿态为学界称道。罗小未先生在《上海建筑风格与上海文化》③一文中，对“海派”文化做出了生动阐释，并就“海派”文化影响下的“海派”建筑特征做了总结。罗先生看来，“海派”文化首先可以追溯到文学艺术的“南派”文化以及“亭子间文学”。20世纪初期的上海是纸醉金迷的“十里洋场”与边缘化生存状态并置的文化交汇点，提“上海文化”实际上是一种复合多元文化，在这种情况下，上海具备了在多种文化交汇中进行比较、选择和吸收的开放性。而最有特点的“亭子间”以斗室之格局承载了学术生产之重，“推出窗去——是诗，是世界”④。而“上海虽无物华天宝，却是人杰地灵”，“人”的因素作为“上海文化”最重要的组成部分成为“海派”文化与其他流派最显著的区别，上海文化的善于复合、抉择和创新意识使得进入这个语境的人变得聪明和精干起来。这些特质体现在建筑创作思想上，形成了“海派”建筑“从实际出发、精打细算、不求气派、讲求实惠、精心设计、严格施工、形式自由、敢于创新、潇洒开朗、朴实无

①② 曾昭奋.关于繁荣建筑创作的思考［J］.时代建筑，1989（2）.

③④ 罗小未.上海建筑风格与上海文化［J］.建筑学报，1989（10）.

华以及对环境与生活的理解和尊重"①的基本特点。"海派"建筑基本上做到务实求真，从自身状况出发，即便在20世纪50年代复古主义盛行的时代，上海也没有真正意义上去附和这些风潮，"它没有跟着'京派'走，也没有被'广派'所征服"②。20世纪50年代以来，以曹杨新村建设、闵行"一条街"、张庙"一条街"、同济大学教工俱乐部、上海新客站、松江方塔园、龙柏饭店、上海宾馆等为代表的建筑创作无不从不同角度诠释着"海派"建筑的多元创新、不拘一格。同时，20世纪80年代作为"海派"建筑开拓创新的重要时段还体现在实践与理论的探新，1985年上海同济大学与《时代建筑》杂志召开了"上海市建筑创作实践与理论畅谈会"，从学校与社会、理论与实践、创作与评论之间的交流协作等方面展开讨论；1991年在《建筑学报》组织下开展了上海"新建筑"的考察和评论活动，对虹桥经济开发区、康健住宅区、上海商城、新锦江饭店、花园饭店等建筑进行现场考察并组织专家进行意见评议，进一步思考"上海的建筑风格是什么""上海建筑方向是什么"等问题。"海派"文化立足上海，面向世界的包容和多元姿态为上海建筑创作开展提供了良好的创作环境，正如曾昭奋所言："如果这种情况能够继续健康发展下去，那么，我国建筑创作的繁荣，它的第二个高层，就可能在上海出现。"③

与此同时，"广派"建筑，也被称为"岭南派建筑"，作为一支在设计实践和理论探索上都走在前沿的"学派"，20世纪50—80年代以其极具创新意识的实践活动在国内大放异彩。建筑评论家曾昭奋曾在其文章中提出"京派""广派""海派"的划分，在其看来，"广派"指代的是在特殊的历史条件下，广东地区建筑师与政府共同努力，创造了宽松、自由的创作环境，由

① 罗小未．上海建筑风格与上海文化［J］．建筑学报，1989（10）．
②③ 曾昭奋．关于繁荣建筑创作的思考［J］．时代建筑，1989（2）．

此，广东地区在20世纪50—80年代产生了一大批推陈出新、高品质、高标准的新建筑。(图5-26)至此，建筑媒体开始密集地关注“广派”建筑，而“广派”作为一个与“京派”“海派”相提并论的设计流派开始获得学界普遍的认同。20世纪80年代后期，艾定增先生著文《神似之路——岭南建筑学派四十年》，此文对岭南地区建筑师的设计实践给予了高度好评，并正式提出“岭南建筑学派”①的说法，将“广派”指代的范畴扩展到整个岭南地区。时至今日，当我们提及“广派”或者“岭南建筑学派”时，所指代的均是同一个对象。

简要回顾其发展历程大致如下：20世纪50年代中华人民共和国正在为“复古主义”等思潮所笼罩，在探索“民族形式”的道路上踌躇，而身居岭南地区的广东建筑师不为“大屋顶”之风气所影响，自20世纪50年代开始，岭南建筑界围绕着“新风格”“新建筑”展开了讨论，同时不断挖掘传统岭南庭园要素，结合地域特点，旨在寻找和建构具有现代岭南特色的地方建筑。据相关研究，“岭南派建筑”的提出大约在1958年，以时任华南工学院建筑系教授夏昌世先生在1958年第10期《建筑学报》发表的学术文章《亚热带建筑的降温问题——遮阳·隔热·通风》为标志，首次论述了“岭南建筑”的基本特征。这不仅开启了岭南建筑理论研究的先声，也成为“岭南建筑”学派的渊源。②此后以夏昌世、陈伯齐、林克明等建筑师为主的“岭南学派”实践，作为广东新建筑的代表日渐为学界所认同。在创作中，他们强调建筑设计与气候相结合，尤其是针对岭南地区湿热的气候特点，广泛运用遮阳技术、屋顶架空层等低技手法解决通风问题，建筑设计以

① 岭南建筑学派在地域上泛指以广州为中心的主要分布在珠三角及桂林、南宁、汕头、深圳、珠海、湛江、海口等地的近现代建筑主流，在几代建筑师的努力下，促成了该地区建筑新风格的发展与成熟。

② “岭南建筑学派”其正式提出则是到了20世纪80年代后期，由艾定增先生在《神似之路——岭南建筑学派四十年》一文中提出。

图 5-26　20 世纪岭南地区“岭南派”建筑实践

开敞、通透为特征，同时讲求适用和经济性，其中的华南土特产展览会建筑群、广州文化公园、中山医学院建筑群等作为此阶段的代表作品呈现出鲜明的地域特点。在积极开展建筑创作活动的同时，以华南工学院（今华南理工大学）为基础建立起一支岭南建筑和园林研究的队伍，1953 年成立了民族建筑研究所，开始了从民居到园林领域的多方面研究，为今后岭南派建筑的发展奠定了深厚的理论基础。20 世纪 70—80 年代，“岭南派”建筑进入成熟的创作时期，其中以佘畯南和莫伯治两位先生为代表，把岭南派建筑推向了创作的高潮。这个阶段的代表作包括友谊剧院、矿泉别墅、白云宾馆以及东方宾馆新楼等，在设计中率先引进了国外超高层、大跨度、高标准的设计经验，其技术探求在当时走在了学界前沿。此外，“广派”建筑师们也积极挖掘传统，以广州白天鹅宾馆的中庭设计为典型代表，莫伯治在设计中将传统岭南庭园元素与造景方法引入现代建筑空间设计，这种设计方法在其创作生涯中逐渐成形，并以白天鹅宾馆的“故乡水”设计最为醇熟。① 很大程度上，白天鹅宾馆作为一个里程碑式的作品，代表了 20 世纪 80 年代岭南建筑最主要的实践模式。（图 5-27）在曾昭奋、艾定增、周卜颐等学者看来，“三十余年来广州建筑设计战线上的一些亮点已经形成‘广派’风格”②，“发展中国新建筑的希望在岭南”③……由此可见，20 世纪 80—90 年代“广派”建筑来势汹汹，一度被学界寄予了厚望。与此同时，这种“广派”建筑迅速风靡国内，成为学界热议的话题和同行学习、模仿的对象。其创作中常用的带形窗、遮阳百叶、局部架空等手法也被视作“时髦”，在全国各地广泛借鉴，甚至连祖国东北地区也刮起了“岭南风”。④ 进入 20 世纪 90 年代以后，有学者认为“岭南派”的优势逐渐丧失，陷入沉默，归结其原因大致如下：“岭南建筑失去了天下为先的地位，原因主要有两个，其一为外部原因，京派借北京首都优势重整雄风，海派借江南人文优势迅速崛起；其二则

---

① 王河 . 岭南建筑学派研究［D］. 华南理工大学，2011. 岭南酒家园林建筑是岭南建筑学派主要奠定者莫伯治早期建筑创作的主要成就，1958 年，酒家园林以岭南新建筑的面孔第一次出现在建筑界，赢来一片赞赏。莫伯治设计的建于 1958 年的北园酒家是广州著名酒家之一，以及之后陆续出现的泮溪酒家、南园酒家等酒家建筑，既带有浓厚的传统园林风格，又有典型的地方主义特色，还有明显的简洁、明快的现代主义特征，当时将这类酒家统称为“酒家园林”。20 世纪 80 年代以来，莫伯治的设计把曾经备受赞誉的“酒家园林”风格发扬光大，其中，白天鹅宾馆、广东国际大厦、西汉南越王墓博物馆、岭南画派纪念馆等作品均体现其实践探索的延续。

② 曾昭奋 . 建筑评论的思考与期待：兼及“京派”“海派”“广派”［J］. 建筑师，1984（17）.

③ 周卜颐 . 发展中国新建筑的希望在岭南［J］. 建筑学报，1992（9）.

④ 远在东北地区的黑龙江省科学会堂、哈尔滨太阳岛上坞风景区的设计就采用了庭院式结合大面积底层架空的方式，这些情况也间接说明岭南建筑的设计方法广受好评。

图 5-27　20 世纪 80 年代岭南派代表作：白天鹅宾馆

是岭南文化自身的缺陷和岭南建筑师自身探索不够。”[①] 然而，在种种质疑和挑战并存的局面下，“广派”建筑并没有覆没，在何镜堂院士的带领下，新一代的“广派”建筑仍在不断探索，形成了以华南理工大学为基地、《南方建筑》等多家媒体为阵地，创作和理论研究并重的学派。[②] 可以这么说，“广派”建筑在过去相当长的一段时间里，一直是中国建筑大胆创新、开拓进取的代表，在未来也将作为一个根植于地方，勇于探索新技术、新材料的重要学派，为我国建设活动源源不断地输送力量。

简言之，从打破“京天下”的局面到“京派、海派、广派”的百花齐放，20 世纪 80 年代中国建筑创作的道路愈发自由、开放，而多学派并存的局面并没有因为实践的途径和思想观念的多元产生歧见，在很大程度上呈现了百

---

① 高旭东 . 创新后的困惑：岭南文化与岭南建筑［J］. 南方建筑，1998（2）：90—91.

② 与此同时，20 世纪 90 年代以来，佘畯南、莫伯治、何镜堂、郭怡昌、林兆璋等岭南建筑师纷纷出版专著，为当代岭南建筑研究做总结，有很大的学术价值。

花齐放、百家争鸣的现象，丰富了20世纪80年代中国建筑学科的话语。

## 第三节　接受与误读：建筑理论在中国

在“西方冲击-中国回应”的研究模式中，历史学者列文森（Joseph R. Levenson）曾用“词汇”和“语言”比喻西方影响下中国社会文化发生的转变。大致意思是说，只要一种社会在根本上没有被另外一个社会改变，那么外来的思想就会作为附加的词汇在本土思想背景下被理解。19世纪以来的“西方冲击”正是如此改变了中国传统的思想文化“语言”，尽管这种改变尽可能地保留了中国传统的“形式”。① 因而，西方建筑理论的引介作为一种“西方冲击-中国回应”的典型模式，通过其思想观念的分析和解读可以呈现出在西方话语影响下中国知识界发生的变化。在此背景下，把话语或者某些观念置于思想史、文化史中研究和透视，其历史内涵能够揭示出更充分的社会现实。

总的来看，20世纪以来中国建筑理论话语生产呈现出三次重要的“西学东渐”②，而在此过程中的理论译介作为一种跨语言的实践，是一个开放的过程，更是一个充斥着“接受”与“误读”的过程。“与其说它是东西两极的突然碰撞，不如说是蜿蜒曲折的历史，不断复制，中间夹着无数的过渡，

① 黄兴涛．近代中国新名词的思想史意义发微［M］// 杨念群，黄兴涛，毛丹．新史学：多学科对话的图景．北京：中国人民大学出版社，2003.

② 其一，20世纪20年代末期，西方现代建筑思想和理论随着第一代中国建筑师留学归来舶入中国；其二，伴随着中国社会主义政治意识形态转型，20世纪50年代全面引进苏联（社会主义阵营）的“社会主义”建筑理论；其三，20世纪80年代改革开放以来西方建筑理论的舶入。

无数的‘说也说不清楚’。”①“误读”作为文本阅读中常见的一种现象，愈发频繁地出现在我们对译文的阅读过程中。哈罗德·布鲁姆在《影响的焦虑》②中首次提出“误读”的概念并用来进行理论诠释，同时宣称“一切阅读都是误读”，从而引发了关于“有无误读，一切阅读是否都是误读”③的学术争论。其中，有观点认为，要正确地理解文本，就“要求读者必须自觉地脱离自己的意识并进入作者的意识中”，这种对误读的经验以及避免误读的努力成为某些学派诠释的核心。与此同时，也有研究旨在解释“误读”并非无益，当《书写与差异》④中文版问世时，德里达曾对译者说：“从某种角度上说，它会变成另一本书。即便最忠实原作的翻译也是无限地远离原著、无限地区别于原著。然而这很妙。因为，翻译在一种新的躯体、新的文化中打开了文本的崭新历史。”⑤

由此可见，很大程度上，误读映射出不同历史背景下译者对不同伦理模式的遵从，“误读现象”的历时变化也体现了译者伦理观念的动态变化和译者自觉意识的增强。⑥或许正如哈罗德·布鲁姆所言：“误读是一种创造性的校正。”建筑理论文本的翻译和引介难免因为语际的跨越和文本译者、读者的个人因素造成翻译和阅读的多重误读，而20世纪80年代被迅速翻译引进的文本与原文本存在较大程度的延异，同时，本土建筑理论的生产大多以西方理论文本作为研究参照，基于种种现实原因，大多以“二手文献”为基础资料进行研究，这也就意味着很大程度上，某些“本土理论”无法最大限

---

① 杨念群，黄兴涛，毛丹．新史学：多学科对话的图景［M］．北京：中国人民大学出版社，2003.

② 哈罗德·布鲁姆．影响的焦虑：一种诗歌理论［M］．徐文博，译．北京：生活·读书·新知三联书店，1989.

③ 蒋才姣．误读研究［D］．湖南师范大学，2009.

④ 雅克·德里达．书写与差异［M］．张宁，译．北京：生活·读书·新知三联书店，2011.

⑤ 钱冷，赵红．理论旅行与翻译延异：谈西方思潮在中国的延异与阐释［J］．科技信息，2007（20）.

⑥ 唐培．从翻译伦理透视文学翻译中的文化误读［J］．解放军外国语学院学报，2006（1）.

度地还原真相，“无法被转述”，衍生出了“新的文本”。基于此，我们将带着“误读”的观念，对 20 世纪 80 年代中国建筑理论话语的生产状况进行考察，以此呈现 20 世纪 80 年代西方建筑理论舶入中国产生的跨语际变化，以及在此背景下，中国本土理论的自主性实践在“接受”与“误读”并置的状态下的开展情况。

## 一、理论旅行与话语场的形成

> 自 20 世纪以来，中国的任何一种历史现象都只能在别人的概念框架中获得解释，好像离开了别人的命名系统我们就无法理解自己在干什么。
>
> ——张旭东《全球化时代的中国文化反思》①

萨义德在其跨文化研究中提出“理论旅行”（Theories Travel）这一概念，他在描述这种现象发生时认为，各种观念和理论从一种情境向另一种情境、从此时向彼时旅行，有助于不同文化与知识通过流通获取养分。同时他也意识到：“这种流通也必然会牵涉到与始发点情况不同的再现和制度化过程，这就使关于理论和观念是移植、转移、流通以及交换的所有说明变得复杂化了。”② 也就是说，在“理论旅行”的过程中，一种理论或者观念失去了原始的语境，在新的环境中，其原话语必然发生变化。他同时强调必须重视理论使用的历史情境，认为“理论在一定程度上是对思想事件所有发生的特定社会情境的回应”。19 世纪末，欧洲思想曾在中国掀起政治与文化的激荡，

---

① 张旭东 . 全球化时代的中国文化反思［M］// 杨念群，黄兴涛，毛丹 . 新史学：多学科对话的图景 . 北京：中国人民大学出版社，2003.

② 杨念群 .“理论旅行”状态下的中国史研究：一种学术问题史的解读与梳理［M］// 杨念群，黄兴涛，毛丹 . 新史学：多学科对话的图景 . 北京：中国人民大学出版社，2003.

中国文化试图以“自强”“体用”等观念回击。

在当今文化研究学者进一步拓展下，“理论旅行”的概念作为一个描述西方理论舶入中国的状态，更加直观、生动地呈现了这一文化传播现象。当我们试图回溯中国建筑学科“理论旅行”的源头，不难发现中国思想和西方思想的相遇可以追溯到16—18世纪时期中国古代经典文化在欧洲的传播和影响，以及由此开启的18世纪欧洲国家盛行一时的“中国热”“中国风”(Chinoiserie)现象。(图5-28)就此现象的阐析，刘禾在其著作《跨语际实践——文学、民族文化与被译介的现代性(中国，1900—1937)》[①]一书中，使用“理论旅行”理论观察西方词语进入中国所造成的种种变化以及对中国人思维方式所造成的影响的合理性。在其看来，大多数文化传播现象具有如

图5-28　中国风，一种戏剧性的彼此改造：西方文本中有关中国的“想象”

① 刘禾.跨语际实践：文学、民族文化与被译介的现代性(中国，1900—1937)[M].宋伟杰，等，译.北京：生活·读书·新知三联书店，2008.跨语际实践的研究重心并不是技术意义上的翻译，而是翻译的历史条件，以及由不同语言间最初的接触而引发的话语实践。本书所要考察的是新词语、新意义和新话语兴起、代谢，并在本国语言中获得合法性的过程，并从跨语际实践的视角，通过复原语言实践中各种历史关系赖以呈现的场所，分别考察了翻译中生成的现代性的不同层面，以期重新思考东西方之间跨文化诠释和语言中介形式的可能性。

下共性："单是中国经验的独特结构，就能抗拒西方文论的强制性复制，扰乱知识与权力的既定关系，打破普遍主义的幻觉，形成一种戏剧性的彼此改造……通过各种挪用、引申、误读或者曲解，西方文论出现了变种或者杂合，从而丧失原有的一致性与理论权威。"由此可见，在文化传播和理论旅行的过程中，中西方理论思潮几经往返，并在历史情景和空间地域的迁徙变换之后产生出巨大的观念延异，与其"母本"的原话语产生重大背离。而在理论旅行的过程中，西方理论经过，也必须经过中国学术的关注和改造，故此，这些学术论述渗透着中国经验，而中国与西方理论的遭遇也促使后者产生位移并超越其自身。从空间的维度来说，20 世纪 80 年代思想论争所关涉的主要论题、知识结构和理论背景，绝大多数都和国外特别是西方的理论与思想密切相关。针对这种情况，在相关研究中，既需要对有关论题在西方语境中的讨论状况有一个准确的了解和把握，同时又必须意识到这个论题在进入中国语境之后的变化、发展以及被误读的可能。因此，跨语境"理论旅行"的问题一直贯穿 20 世纪 80 年代建筑理论引进和研究的始终。① 总的来看，"理论旅行"所导致的"讽刺"结果不断改写着理论文本的原意，将历史现象化约为与之相异的东西。在现代性的语境中，理论文本几经交互，数次产生了新的意义，而对建筑理论进行正、负面的解读终将导致误读的必然性。因此，在相关研究中，我们既要关注舶来理论及其影响，也应该关注通过"理论回流"的途径重新构建的中国本土理论话语场。

（一）文本的进入：国外建筑理论的引介与翻译

20 世纪 20 年代，随着第一代中国建筑师留学归国，西方建筑学科知识体系和教育体系开始舶入中国，国内对西方现代建筑理论的译介和接受也随之开始。1927—1937 年间，归国的中国建筑师致力于借鉴西方建筑学科模

① 许纪霖，罗岗．启蒙的自我瓦解：1990 年代以来中国思想文化界重大论争研究［M］．长春：吉林出版集团有限责任公司，2007.

式探索中国现代建筑，纷纷成立建筑事务所或投身于教育事业，在此契机下中国近代建筑制度和行业构成逐渐成形。可以这么说，这十年是中国建筑现代化进程的关键时期。在此期间，西方建筑理论的译介活动以期刊为载体，主要包括了中国建筑师学会出版的《中国建筑》(1932—1937)①、上海市建筑协会出版的《建筑月刊》(1932—1937)②、中国营造学社出版的《中国营造学社汇刊》(1930—1945)以及勷勤大学中国新建筑社出版的《新建筑》(1936—1949)四种刊物。③(图5-29)其中,《中国建筑》与《建筑月刊》这两本刊物迅速成为宣传现代建筑思想和设计实践的重要阵地，陆续刊载了何立蒸的《现代建筑概述》④、庄俊的《建筑之式样》⑤、陆谦受和吴景奇的《我们的主张》⑥等文章，从西方现代建筑理论的介绍、评论到设计实践的话语均呈现于刊物中。此外，自1933年开始，以上海的《申报》和《时事新报》等大众报刊为载体，陆续刊载了西方现代建筑理论的相关文章。其中，刚加入范文照建筑事务所的美籍瑞典裔建筑师林朋分别在这两份刊物上发表《论万国式建筑》《林朋建筑师谈室内装饰》等文章;《时事新报》于1933年4月开始连载勒·柯布西耶著、卢毓骏翻译的《建筑的新曙光》——这也是

---

① 1927年10月，范文照、张光沂、吕彦直、庄俊等建筑师发起并成立了国内最早的建筑师职业团体——上海建筑师学会（次年更名为：中国建筑师学会），学会于1932年11月发行了《中国建筑》杂志创刊号，1933年7月出版第1卷第1期，至1937年4月因时局动荡而停刊，共出版30期。

② 1931年，由近代中国营造业著名人士陶桂林、陈寿芝、杜彦耿等组织成立了上海市建筑协会，1932年11月发行了《建筑月刊》创刊号（即第1卷第1期），至1937年4月因时局动荡而停刊，合计出版了5卷49期。

③ 钱海平.以《中国建筑》与《建筑月刊》为资料源的中国建筑现代化进程研究[D].浙江大学，2010.

④ 何立蒸.现代建筑概述[J].中国建筑，1934(8).

⑤ 庄俊.建筑之式样[J].中国建筑，1935(5).

⑥ 陆谦受，吴景奇.我们的主张[J].中国建筑，1936(26).

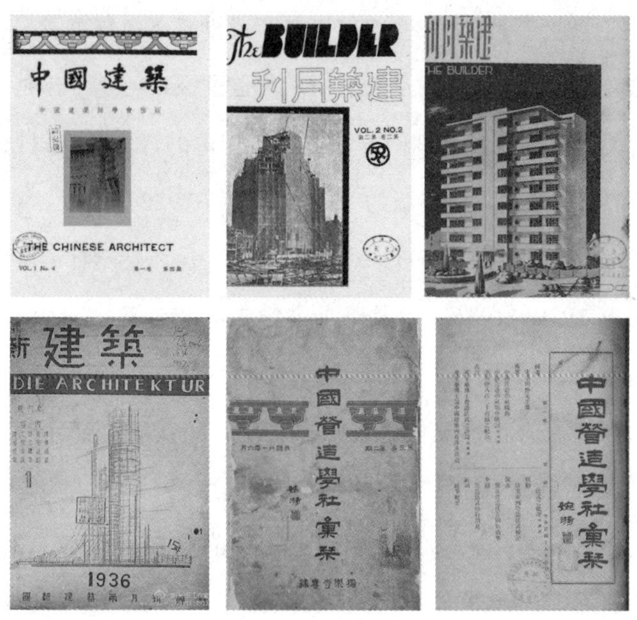


图 5-29　中国近代建筑刊物，引介国内外建筑理论的重要媒体

国内建筑学界首次正式介绍“现代建筑运动”①……在此情境之下，以西方现代主义建筑理论的舶入为标志，掀起了中国近代建筑学科第一次理论引介的高潮。然而，20 世纪 80 年代以来，中国深陷战乱的时局以及民族文化的“中国固有之形式”观念的深远影响，承载现代主义运动的舞台未能在此时的中国发展成型，舶自西方的现代建筑理论对中国近代建筑学界并没有造成持续影响，大部分“现代”建筑的实践和思考仍停留在“式样”的探寻层面，而这也为此后中国现代建筑发展留下了“后遗症”。②

20 世纪 50 年代，随着中华人民共和国成立以后实行“一边倒”③ 的外

①② 王炜炜 . 从“主义”之争到建筑本体理论的回归：1930 年代以来西方建筑理论的引进与讨论［J］. 时代建筑，2006（5）.

③ 这项政策是毛泽东在 1949 年 6 月发表的《论人民民主专政》中提出的，明确宣布中国共产党领导下的中华人民共和国将联合苏联，加入社会主义阵营。1950 年 2 月，中苏签署了《中苏友好同盟互助条约》，苏联对华援助正式拉开序幕。

交政策，中国迅速加入以苏联为首的社会主义阵营中来，苏联对中国的全面“援助”也正式启动。与此同时，对西方现代建筑的译介活动戛然而止，苏联的建筑理论被系统地介绍到中国，建筑理论的引进驶入了“一边倒”的境地。其中，“社会主义现实主义”“民族形式、社会主义内容”、反对“结构主义”、反对“形式主义”等思想口号开始成为主导中国建筑实践的号角，甚至在清华大学的课堂上都由苏联专家讲授工业建筑和苏联建筑史课程。①此时，作为中华人民共和国重要的建筑媒体，《建筑学报》翻译和引介了大量苏联以及东欧社会主义国家的建筑理论，如1954年第1期、第2期就刊载了数篇相关译文（图5-30），包括米涅尔文的《列宁的反映论与苏联建筑理论问题》、瓦尔特·乌布利希的《国家建设事业与德国建筑界的任务》、柯·马葛立芝的《西德建筑的悲剧》等；此外，建筑工程出版社1955年翻译出版了查宾科的著作《论苏联建筑艺术的现实主义基础》②进一步将苏联建筑理论渗透到中国……在此时局下，国内建筑师也发文阐述其见解，其中，梁思成在1953年访问苏联回国后，深有体会地撰写了《民族的形式，社会主义的内容》③一文，这些学术活动在很大程度上促进了“社会主义现实主义”“民族形式、社会主义内容”等观念在中国建筑学界的传播，促成了建筑理论引介的又一次高潮，只是“理论”本身裹挟着浓厚的政治色彩，而此种传播也并非理论旅行的常态。在此后近20年间，中国建筑学科还经历

①② 吉国华.新中国与苏联建筑：20世纪50年代苏联建筑理论的输入和对中国建筑的影响[J].广西城镇建设，2013（2）.1949年9月，莫斯科市苏维埃副主席阿布拉莫夫率一个苏联专家组来协助研究北京的城市规划和建设，根据梁思成“文革”交代材料，阿布拉莫夫在与梁思成第一次见面时就提出建筑要做民族形式，这大概是中国建筑师第一次接触到苏联的建筑理论。1952年穆欣和阿谢普可夫两位苏联专家先后来到北京，前者在中央财经委员会总建筑处工作，后者在清华大学讲授工业建筑和苏联建筑史课程，随后来到中国的苏联专家，例如接任穆欣的巴拉金、克拉夫秋克等人都曾向中国建筑师介绍过苏联的建筑理论。

③ 梁思成.民族的形式，社会主义的内容[J].新观察，1953（14）.

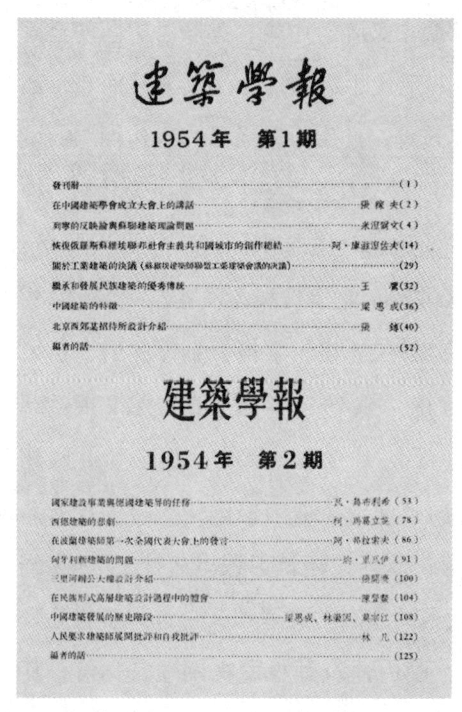

建築學報

1954年　第1期

發刊辭……(1)
在中國建築學會成立大會上的講話……張稼夫(2)
列寧的反映論與蘇聯建築理論問題……米涅爾文(4)
恢復俄羅斯蘇維埃聯邦社會主義共和國城市的創作總結……阿·庫滋涅佐夫(14)
關於工業建築的決議（蘇維埃建築師聯盟工業建築會議的決議）……(29)
繼承和發展民族建築的優秀傳統……王　鷹(32)
中國建築的特徵……梁思成(36)
北京西郊某招待所設計介紹……張　鎛(40)
編者的話……(52)

建築學報

1954年　第2期

國家建設事業與德國建築界的任務……瓦·烏布利希（53）
西德建築的悲劇……柯·馬葛立茨（78）
在波蘭建築師第一次全國代表大會上的發言……阿·弗拉索夫（86）
匈牙利新建築的問題……約·里氏伊（91）
三里河辦公大樓設計介紹……張開濟（100）
在民族形式高層建築設計過程中的體會……陳登鰲（104）
中國建築發展的歷史階段……梁思成、林徽因、莫宗江（108）
人民要求建築師展開批評和自我批評……林　凡（122）
編者的話……（125）

图 5-30 《建筑学报》1954 年第 1、2 期目录，可以窥见当时对苏联建筑理论引介的状况

了一系列观念的迭代：与苏联断交带来的全盘否定苏联模式—“国家 / 民族”形式的探索—反浪费、反复古主义思潮的提出—“设计革命”—“文化大革命”等。在此期间，中国建筑学界对西方建筑理论和实践的了解仍滞留在 20 世纪初期，学术理论研究长期受困于“一家言”的局面，导致了学术的沉闷和贫乏，这样的状态一直持续到 20 世纪 80 年代思想解放运动的开展，中国逐渐摆脱了意识形态的束缚，多样化的西方建筑理论才得以重新续接。

20 世纪 80 年代，突破了思想的禁锢，“读书无干涉、无禁区”成为当时知识界的思想主流，在广大知识分子的努力下中国的学术环境得以重建。思想界和文艺界开始就“怎样认识当代中国社会”“对中国传统文化的反思”等论题展开激烈论辩，学界关于中体西用、西体中用或者主张全盘西化的观念论争进一步加剧了“理论热”和“文化热”的延烧。在此影响下，中国建筑学界呈现出“理论热”的景象。其中，现代主义建筑“补课派”启动，以及随之而来的旨在抵抗现代主义单一化趋向的“后现代主义”思潮尤为活跃。简单概括，20 世纪 80 年代中国学界对国外建筑理论的引介大致经历了“现代主义—后现代主义—后现代主义转向（解构主义等）”几个重要阶段。首先，现代主义建筑理论引介一开始就对战后西方建筑思潮进行了总结，罗小未、周卜颐、罗维东等学者在期刊上发文介绍密斯、格罗皮乌斯等现代主义建筑大师,《建筑学报》开辟了“外国建筑简讯”专栏，每期以一定的篇幅介绍西方建筑实录[①]，此后，关于现代建筑运动的资讯见诸多家专业期刊。其次，基于国外建筑历史与理论的教材编写极大促进了建筑理论的普及。其中，1979年由清华大学陈志华先生编著的《外国建筑史》以及1982年由同济大学罗小未先生联合四校共同编著的《外国近现代建筑史》相继出版，改善了外国建筑史长期缺少教科书和教学参考书的状态；冯纪忠等同济大学教师自1979年开始译介斯图加特大学约迪克（Jürgen Joedicke）教授的《建筑设计方法论》一书，为我国建筑设计教学引入西方现代教学方法……建筑理论“热”开始在高校蔓延。再次，国内翻译和引介了一批经典的西方现代主义论著，如格罗皮乌斯的《新建筑与包豪斯》(张似赞译，1979)、勒·柯布西耶《走向新建筑》(吴景祥译，1981)、奈尔维的《建筑的技术与艺术》(黄韵升译，1981）等[②]，书籍的译介为现代建筑理论的续接起到重要补充作用。(图5-31)

20世纪80年代初期，正值西方“后现代主义”理论蓬勃发展的盛期，现代主义“补课”还没来得及完成，就赶上了后现代建筑理论以文本的形式迅速进入中国。罗伯特·文丘里的《建筑的矛盾性和复杂性》(周卜颐译，1981)、查尔斯·詹克斯的《后现代建筑语言》(李大夏译，1982)，以及阿尔多·罗西的建筑类型学理论、克里尔的空间类型学理论、亚历山大的“模式语言”、诺伯特·舒尔茨的“场所精神”理论等也随之被引介到中国，这些后现代建筑理论文本的进入引起学界强烈反响。此后，以《建筑师》《世界建筑》《世界建筑导报》等期刊为平台，翻译和连载了大量的后现代著作和设计实录，诸如“纽约五”、斯特林、格雷夫斯、矶崎新等后现代建筑师

---

① 比如20世纪50年代中期“悉尼歌剧院”国际竞赛方案评选、1958年“布鲁塞尔国际博览会”及展馆设计介绍等。

② 戴路．经济转型时期建筑文化震荡现象五题［D］．天津大学，2004：68.

图 5-31　20 世纪 80 年代部分被译介的西方理论文本

通过媒体介绍被广大学子热捧。在此基础上，20 世纪 80 年代中期开始，在汪坦等前辈学者的组织下，“国外著名建筑师丛书”“建筑理论译丛”“建筑师丛书”得以陆续引介出版，极大地扩充了国内建筑学科对西方建筑理论的认知；1986 年，刚成立不久的“当代建筑文化沙龙”就以“后现代主义与中国文化”为题组织了两次专题讨论，在青年建筑师中广受好评……一时间，建筑院校师生和行业工作者热烈讨论并欢迎后现代思想介入课堂和实践，而这些理论研究活动的开展把后现代理论的引介推向至高点，标志着后现代建筑理论开始全面渗透到中国建筑学界，也促成了 20 世纪第三次建筑理论引进高潮的形成。而这种仓促的译介和吸收也导致了后现代思潮在中国被普遍误读的现象，引起部分学者的忧思。其中，曾昭奋同志对此现象做出了正反两面评价：其一是 20 世纪 80 年代中国学界再次出现的“复古主义”思想与西方后现代主义的错接，导致了复古主义的重新泛滥；其二是后现代理论促进了建筑创作新形式、新语言的生产，尤其对民族特色和地方特色的建筑创作起到积极的推动作用。[①] 其观点至今看来仍然较为准确地总结了彼时这一学术现象，也为此后我们反思引进外国建筑理论起到警示作用。

---

① 曾昭奋．二十多年来的后现代建筑［M］// 创作与形式：当代中国建筑评论．天津：天津科学技术出版社，1989（3）．

1988年，美国纽约现代艺术博物馆（MoMA）进行了“解构主义展览”（Deconstructivist Architecture Exhibition）①，“解构主义”思潮同步进入中国，雅克·德里达、彼得·埃森曼、弗朗克·盖里、伯纳德·屈米等解构主义“大师”迅速为中国学界所关注，打破了后现代主义理论一家独大的局面。与此同时，开放的学术环境促进了跨学科研究的兴起，在此背景下，建筑学的理论研究突破了学科的边界，建筑的话语系统向哲学及文化理论等领域延伸。诸如海德格尔的《筑·居·思》、哈贝马斯的《现代与后现代建筑》、福柯的《全景敞视主义》、詹明信的《未来城市》、列斐伏尔的《空间生产》、德里达的《怪诞风格——时下的建筑》等文本进入国内，标志着非建筑学学者以不同的方式介入建筑理论文本的生产。②反之，哲学及文化理论话语也向建筑领域渗透，建筑理论与哲学、语言学、心理学、精神分析学和人类学等社会学科的领域有许多交叉和融合，衍生出多种跨学科视角下的当代建筑理论范式，包括建筑现象学、建筑类型学、建筑符号学、建筑美学、建筑心理学等。这些“理论范式”可以追溯到西方20世纪60年代以来建筑理论的建构过程，也意味着在极短的时间内，中国建筑理论的引介基本上对接上了当代西方理论的生产，并在此基础上逐渐探索出“有中国特色的”本土建筑理论。由此可见，在20世纪三次主要的建筑理论引介高潮中，以文本的进入为标志，建筑理论得以在中国形成独特的话语场。这是一种接受和误读并置的过程，既是对西方舶来话语的吸收和解读，同时也在理论转

---

① 1988年的解构主义建筑展览，由菲利普·约翰逊和马克·威格利组织，参展的建筑师共有7位（组），分别是：埃森曼、屈米（Tschumi）、盖里（Gehry）、里伯斯金（Libeskind）、蓝天组、库哈斯（Koolhaas）和哈迪德。由于这次展览，解构主义建筑逐渐被大众接受，成为当代建筑的重要风格流派。

② 20世纪80年代西方文论的译介对建筑学的理论研究影响深远。其中，1986年，两本探讨当代西方理论的著作：特里·伊格尔顿（Terry Eagleton）的《当代西方文学理论》以及安纳·杰弗森（Anna Jefferson）和戴维·罗比（David Robey）的《西方现代文学理论概述与比较》均推出了中文版。这些书籍均包含了对罗兰·巴特、福柯、德里达、拉康等人的理论的推崇。

译过程中酝酿着中国本土建筑理论的生产。

（二）“回归第三世界，回归基本理论”：本土建筑理论生产

20 世纪 80 年代，西方建筑理论全面进入中国学界，此时的中国学者逐渐意识到中国自身原创性的建筑理论研究几乎处于空白状态。在此前，相当长的一段时间里，“政治可以冲击一切，时间可以代替一切，理论被简单化、庸俗化、概念化和僵硬化”① 的观念占据着中国建筑学界，与设计实践的“务实”相比，建筑理论被视作“空洞的玄学”。这种状况到了改革开放以后有所转变，建筑理论得到了重新认识和重视，但是，20 世纪 80 年代的建筑理论研究仍存在着不少认知的“误区”，诸如，“把罗列现象实例误认为是建筑理论研究；把套用某些理论原则误认为是建筑理论；把整理材料使之条理化误认为是建筑理论成果；把对于某些问题的一些想法误认为是建筑理论……把历史研究等同于建筑的理论研究等”②。在 1986 年繁荣建筑创作会议上，建筑师和学者就新时期建筑业改革新形势畅所欲言。其中，天津大学张敕认为，建筑创作首先要观念更新，并就发展本土建筑理论的重要性发言：“要建立新的美学观念和‘自我’体系……我们应该有很多学派，多种‘自我’特色的理论体系。”③ 通过对历史的总结和反思，“回归第三世界，回归基本理论”成为此时的理论诉求，“学术界应当把理论研究的引进从外学科和边缘学科拉回建筑本身”“建立中国特色的建筑理论体系”呼之欲出，探索本土化建筑理论逐渐成为这一时期的主旋律。学者们通过学科交叉的视角，对建筑学科中的理论问题进行了再观察、再阐释，对建筑本质问题进行再定义……一系列“自主创新”的建筑理论体系建立起来，拓宽了本土理论研究的范畴，并由此发掘出理论创新点，这种跨学科视角下的理论研究也成

①② 顾孟潮 . 建筑理论的起点和终点［N］. 中国建设报，2006-9-7.

③ 邹德侬 . 中国现代建筑理论的解困：五谈引进外国建筑理论的经验教训［J］. 华中建筑，1998（3）.

为我国20世纪80年代以来理论研究的新趋向。其中“语言学”的引进和学科交叉是最典型的实例。“自从可持续发展理论映射到建筑理论之后，理论片断、符号、语言和风格流派对于解决环境和生命问题几乎无计可施，历史注定1999年世界建筑师大会重启中国建筑理论研究的进程，促动中国建筑理论从边缘回归本位。……在纪委理事长特别是吴良镛院士的主持下，展开了改革开放以来最具规模、深度和影响力的理论建设……中国建筑学会张钦楠和张祖刚两位副理事长，树立起了‘建设有中国特色建筑理论框架’的课题。”①“本土”或者说中国的经验始终处于构建或者重构的过程之中，诞生于这块土地上的独特内容持续挑战现成的理论，促使理论自新。

20世纪80年代中后期，建筑学与美学、语言学、符号学、心理学、社会学、行为学等学科交叉的理论研究成果也大量呈现于学术媒体，这既是对单一引介西方建筑理论局面的突破，也意味着中国本土建筑理论探索卓有成效。20世纪80年代以来，中国本土建筑理论探索与体系建构的大致情况表明，中国理论家们围绕着改革开放以来学科建设的实际需求并结合中西方建筑学科前沿实践和思想进行了理论层面的融会贯通。②（表5-1）在当时的状况下，一大批新时期学术环境下成长起来的学者在理论体系的建构和探索是大胆而有远见的，这些探索奠定了今天中国的本土建筑理论标准。比如，吴良镛院士提出“广义建筑学”以及人居环境科学体系，对中国建筑学科进行了全方位的分析和拓展，在吴良镛教授的推动下，《北京宪章》的制定标志着广义建筑学和人居环境理论的确立，中国建筑理论研究取得重大进展；陈志华教授在外国建筑史教学、文物建筑保护以及乡土建筑研究方面建构起一套建筑历史与理论的知识体系，奠定了我国建筑历史与理论的多元化发展方

---

① 邹德侬．二十年艰辛话进退：中国当代建筑创作中的模仿和创造［J］．时代建筑．2002（5）．

② 其中，天津大学张向炜博士在《新时期中国建筑思想论题》研究中，就十位中国建筑理论家的建筑理论探索进行了归纳总结。在此基础上，笔者就这些理论体系及其基本特征归纳为表5-1，旨在直观地呈现出新时期活跃在中国建筑理论界的部分理论家有代表性的理论构想。

向；还有郑时龄院士对建筑批评学的理论建构，为中国建筑评论的开展打下良好基础……这些理论探索对今天的建筑学科发展具有重要的历史意义。

**表5-1 20世纪80年代以来中国本土建筑理论探索与体系建构**

| 姓　名 | 基本介绍 | 理论体系建构 | 理论的基本特征 |
|---|---|---|---|
| 张钦楠 | 教授、建筑师 | 中国特色理论框架 | 建构中国特色建筑理论框架 |
| 顾孟潮 | 教授级高级建筑师 | 建筑科学整体观 | 信息金字塔到建筑哲学 |
| 吴良镛 | 中国科学院院士、中国工程院院士 | 广义建筑学、人居环境理论 | 从广义建筑学到《北京宪章》并提出人居环境理论 |
| 陈志华 | 教授 | 建筑理论系统 | 从建筑理论系统到乡土建筑 |
| 刘先觉 | 教授 | 建筑理论参照系统 | 中外相通的建筑历史和理论家 |
| 彭一刚 | 教授、中国科学院院士 | 建筑创作论体系 | 建筑美学理论和立基传统的创新实践 |
| 侯幼彬 | 教授 | 系统建筑观 | 从系统建筑观到中国建筑美学 |
| 汪正章 | 教授 | 五环图式整体观 | “建筑创作学”的理论架构 |
| 郑时龄 | 教授、中国科学院院士 | 建筑评论体系 | 从建筑理性论到建筑批评学 |
| 布正伟 | 教授级高级建筑师 | 自在生成论 | 从自在生成论到建筑语言论 |

然而，20世纪80年代的本土建筑理论研究尚处于学习和模仿阶段，加之当时的研究基础资料普遍存在“错接”或“误读”，作为对西方建筑理论的加工和再生产，某些理论存在一定程度的谬误也就在所难免。尤其是在经历了三十余年的发展的今天，反身来看，当时提出的某些建筑理论体系是否能被称为“体系”尚有待论证。就此现象，邹德依先生自20世纪80年代后期就陆续发文谈及建筑理论在中国的接受状况，“五谈”引进外国建筑理论的经验教训[①]成为其较有代表性的系列文章，也很大程度还原了20世纪80

① 分别是：两次引进外国建筑理论的教训：从“民族形式”到“后现代建筑”[J].建筑学报，1989(11).可知、可行是建筑理论的必备品格：再谈引进外国建筑理论的经验教训[J].建筑学报，1991(4).从半个后现代到多个解构：三谈引进外国建筑理论的经验教训[J].世界建筑，1992(4).八十年代中国的外来建筑影响：四谈引进外国建筑理论的经验教训[J].世界建筑，1993(4).中国现代建筑理论的解困：五谈引进外国建筑理论的经验教训[J].华中建筑，1998(3).

年代我国建筑理论引介的社会现实。尽管如此，我们还是不能忽视这一段勇于摸索探新的时期，并在此基础上，对新时期理论家做出的学术贡献批判地解读和继承。

## 二、理论的错接："后现代主义"在中国

### （一）后现代主义在中国的错接

在西方文论话语中，后现代主义的论争始终围绕着现代主义是否终结的问题展开。后现代主义者认为，后现代性（Postmodernity）建构了一个新奇的历史阶段和一种崭新的社会文化形式，需要新的概念和理论来阐述，他们放弃了现代主义理论所强调的主体统一性，认为"一切支离破碎，所有的一致性均已不复存在"①。后现代理论家鲍德里亚、利奥塔、哈维（Harvey）等普遍认为，新的知识形式和社会制度正在重新生产一种后现代社会形式，而这个后现代世界正处在一种全新的城市化进程和消费社会语境里。在后现代的观念中，"这是一个主体死亡的时代"②"主体叙事失落的时代"③"人文学科边缘化的庸俗社会"④"逆向的太平盛世观"⑤……理论已经穷尽自身，意义消失，本质、真理、事物及其话语的深度均被瓦解，只剩下碎片。"后现代主义是带有目的的游戏……它是置身于此在的缺席；它是必须围绕中心的扩散……它具有那种拒斥但又渴望超越性的内在性。"⑥伴随着后现代性对中心性的消解，各学科领域的传统界限变得模糊，学科消失了，科学边界上出

---

① 道格拉斯·凯尔纳，斯蒂文·贝斯特.后现代理论：批判性的质疑［M］.张志斌，译.北京：中央编译出版社，2011.对后现代主义，约翰·多恩秉持这种认知，即一切支离破碎，所有的一致性均已不复存在。

② 法国社会学家让·鲍德里亚。

③ 克留格·欧文斯（Craig Owens）。

④ 文化批评家爱德华·萨义德（Edward Said）。

⑤ 美国文化批评家弗雷德里克·詹明信（Fredric Jameson）。

⑥ 赵一凡，等.西方文论关键词［M］.北京：外语教学与研究出版社，2006.在文集中，关于后现代主义的特征，理论学者琳达·哈琴（Linda Hutcheon）如是描述。

现了重叠交叉现象，新的学科领域由此产生，“现代主义需要重新定位”的观念开始出现。

20 世纪 60 年代以来，建筑学面临的危机使人们丧失了对现代建筑的信心，对现代主义产生诸多责难。反思现代主义建筑运动以来的建筑思潮演变，西方理论研究出现了主要的两种对立思潮：一种是试图改造现代建筑运动，主张批判性地继承和超越现代建筑；另一种思潮则主张彻底否定现代主义建筑的原则，复兴新历史主义，提倡后现代主义舞台布景式的建筑，以此对抗现代主义的均质性。后者带有历史主义复兴的思潮被学界普遍地归纳为“后现代主义建筑”（Postmodernism Architecture）。然而，追溯“后现代主义建筑”的准确定义是一件棘手的事情，从广义的角度来看，“后现代主义”在建筑学科里泛指“现代主义之后”的一段历史时期；而狭义地来看，特指 20 世纪 60 年代以后，西方建筑领域出现的一种创作思潮，其中包括了历史主义、通俗化、功能与形式分离等多种倾向。在凯特·奈斯比特（Kate Nesbitt）主编的理论文集《建筑理论新议题：建筑理论合集（1965—1995）》（*Theorizing a New Agenda for Architecture*：*An Anthology of Architectural Theory* [ *1965—1995* ]）中，开篇“后现代主义：建筑学对现代主义危机做出的反馈”（Postmodernism：Architectural Responses to the Crisis Within Modernism）试图就“后现代主义”这样一个宽泛难解的理论范式（Paradigms）进行相对精准的定义。同时，作者选取了诸如文丘里《建筑的复杂性与矛盾性》（1965）、彼得·埃森曼《后功能主义》（1976）、罗伯特·斯特恩《美国现代建筑的新向度：现代主义边缘的附言》（1977）、麦克·格雷夫斯《隐喻的建筑》（1982）等经典文献，旨在从不同的观念维度描述西方 20 世纪 60 到 80 年代之间，在建筑学科中是如何论述后现代主义的。（图 5-32）与此同时，本节通过归纳和梳理后现代主义建筑的演变和传播过程，相对清晰地涤清这样一条演变的线索——后现代主义建筑理论在

图 5-32　后现代主义建筑理论重要文本

西方世界充斥着内在矛盾与外在反抗合流的共同作用下经历了一个逐步接受的过程。

从外在因素来看，20 世纪 60 年代以来西方文化经历的反战、学生运动、嬉皮文化、新殖民主义、电子信息技术、绿色革命等事件摇撼着传统的西方文明[①]；从内在因素来分析，1972 年，雅马萨奇（Minoru Yamasakis）设计的“the Pruit-Igoe Housing Complex”爆破事件，让“现代主义之死”的口号响彻学界，某种意义上标志着后现代主义建筑及其思潮开始涌入建筑理论的舞台。（图 5-33）在此背景下，“纽约五”（New York Five）、罗伯特·文丘里（Robert Venturi）、迈克尔·格雷夫斯（Michael Graves）、罗伯特·斯特恩（Robert Stern）、查尔斯·詹克斯（Charles Jencks）等建筑师及其作品被视作后现代主义的重要代言。同时，为之摇旗呐喊的还有一系列

① NESBITT K. Theorizing a New Agenda for Architecture：An Anthology of Architectural Theory（1965—1995）[M]. New York：Princeton Architectural Press，1996（3）. What is the context within which the crisis of modernism occurred? Cultural theorist Frederic Jameson offers：The 1960s are in many ways the key transitional period，a period in which the new international order（neocolonialism，the Green Revolution，computerization，and electronic informotion）is at one and the same lime set in place and is swept and shaken by its own internal contradictions and by external resistance.

图 5-33 “现代主义之死”：the Pruit-Igoe Housing Complex 爆破事件；“纽约五”进入实践创作的盛期

具有影响力的建筑展，其中，MoMA 的几个后现代主题展①功不可没（图 5-34）——1975 年的“布扎”体系展（Ecole Des Beaux-Arts）②将那些逐渐被人们忘却的传统建筑学教育体制的发生和演化再一次重新摆盘于大众的视野，同时也暗示了当时现代主义的困境，某种程度上呼应了当时正被热烈讨论的《建筑的复杂性与矛盾性》一书提出的批判性对待历史的观念……在内外因素共同作用下，后现代主义建筑理论得以疾速传播。进入 20 世纪 80 年代，欧美国家的后现代主义愈演愈烈，在此期间，对后现代主义建筑推动较大的展览还包括发生于欧洲世界的 1980 年第一届威尼斯建筑双年展③（La Biennale di Venezia），展览以“过去的在场”为主题，主展品“新大道”（Strada Novissima）不仅是建筑展览的里程碑，更是一次后现代建筑的集中

① 它们分别是：1975，The Architecture of The Ecole Des Beaux-Arts；1978，Transformations in Modern Architecture exhibition；1988，Deconstructivist Architecture。

② 1975 年以巴黎美院建筑设计作品为主题，选择以回顾巴黎美院建筑设计作品作为素材来反观建筑历史、质疑现代主义理论发展现状。在当时 MoMA 的展览理念中普遍认为，巴黎美院对于传统装饰的秉承、对于城市文脉的关注似乎恰恰解决了现代主义忽视的“历史”问题。

③ 经过 1968 年以来数次建筑主题展览（两次艺术展框架内的建筑展）获得的国际认同；意大利建筑师维托里奥·梅雷高蒂（Vittorio Gregotti）在 1974 年成为艺术展的策展人，并准备为威尼斯双年展增设建筑部；1980 年正式设立了建筑展览部。第六届威尼斯建筑双年展增设了多个国家馆，并设立了金狮奖，真正地实现了威尼斯建筑双年展组织模式的成熟与稳定。

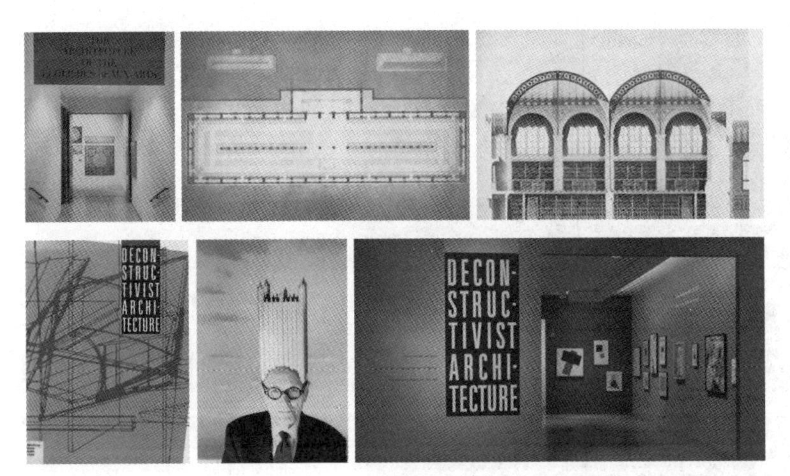


图 5-34　20 世纪 80 年代 MoMA 后现代主题展：Ecole Des Beaux-Arts（1975）& Deconstructivist Architecture（1988），展览极大地推动了后现代主义在全球的传播

亮相。[①]（图 5-35）展览以后现代建筑布局为“街道”，大道两旁的沿街“立面”充满了可读的暗示与历史符号的隐喻。策展人保罗·波多盖西（Paolo Portoghesi）旨在通过实景再现的方式呈现建筑师们对后现代理论的不同诠释。其中，参展建筑师汉斯·霍莱因（Hans Hollein）以四根“假柱子”呈现了后现代主义中的“双重译码”，其对历史的转译为后现代主义做出了精彩诠释……正如迈克尔·海斯（Michael Hays）所言，1980 年的建筑双年展，连同查尔斯·詹克斯（Charles Jencks）的《后现代建筑语言》与海因里希·克洛兹（Heinrich Klotz）的《后现代建筑的历史》一起，“将后现代主义这一标签流行化与制度化，使其统治建筑期刊与学术界十年之久”[②]。20 世纪 80 年代后期，随着后现代主义思潮的进一步演变，促成了后现代主义的转向——对“解构主义”思潮的探索。其中，在菲利普·约翰逊（Philip

① Strada Novissima 是一组由 20 个 7 米 × 9.5 米大小的建筑立面所组成的长达 70 米的人工布景，每组立面由一位建筑师负责设计。立面背后是每个建筑师的作品展。在这里，被展示的不再是展览空间之外的世界，展品自身所呈现的空间成为展览的全部意义所在。

② 任少峰 . 威尼斯建筑双年展的历史研究［D］. 同济大学，2012.

图 5-35 1980 年第一届威尼斯建筑双年展，展览以“过去的在场”为主题，主展品“新大道”不仅是建筑展览的里程碑，更是一次后现代建筑的集中亮相

Johnson）和马克·威格利（Mark Wigley）的策展下，1988 年，MoMA 的“解构主义建筑”（Deconstructivist Architecture）展就此做出了精彩诠释，并推出了 7 位解构主义建筑师和事务所，他们的思想和创作推动了此后西方建筑理论的研究进入新领域。

通过简要回顾西方国家后现代主义思潮的演变，我们可以看到，20 世纪 60 至 80 年代是西方国家后现代主义逐渐进入高潮的时期，而当时的中国正值打开国门拥抱新理论、新思想的关键时期，后现代理论在中国的“接受”即生发于这样的语境中。在后现代主义思潮的“理论旅行”过程中，后现代主义理论舶入中国还可以继续深入地追溯到几个重要人物及事件。其中，弗雷德里克·詹明信（Fredric Jameson）教授 1985 年秋在北京大学进行为期四个月的讲学，其演讲稿后来以《后现代主义与文化理论》之名出版，标志着成熟的西方后现代主义文化理论全面进入中国。一时间，其带来的“后现代”诸多理论解释，将现代性及诸位大师挤到思想史的边缘，福柯、格雷马斯、哈桑、拉康等一大批后现代理论家占据了学术前沿并引发了“理论热”。此时，中国学者逐渐意识到西方当代文化理论和文学理论的强大影响力，继而感受到20世纪80年代以来的西方学界都变成了“后”学的天下，詹明信也由此成为把后现代文化理论引入中国大陆的“启蒙式”人物而备受推崇。建筑理论引介方面，以《建筑师》[①]等杂志为代表的媒体的关注和大力宣传推介在极大程度上促成了“后现代”思潮在中国被普遍地接受。20世纪80年代以来一批集中译介的“建筑师丛书”如《外部空间设计》《后现代建筑语言》等，系统深入地在中国推送了后现代主义建筑理论思潮。而国内建筑理论学者也逐渐意识到后现代研究的狂热需要更为理性的思考和总结，其中，刘先觉《关于后期现代主义——当代国外建筑思潮再探》(《建筑师》，1981年，第8期)、吴焕加《论建筑中的现代主义和后现代主义》(《世界建筑》，1983年，第2期)、罗小未《当代建筑中的所谓后现代主义》(《世界建筑》，1983年，第2期)、《现代派、后现代派与当前的一种设计倾向——兼论建筑创作思潮内容的多方面多层次》(《世界建筑》，1985年，第1期）等文章从理论、实践等多个方面进行评介……其中，佘庆康在《当代世界建筑趋向小议》一文中较早地意识到后现代主义的片面和局限性，“后现代主义标榜文脉主义、隐喻主义与装饰主义倾向，强调建筑物的精神功能和自由的表现方式，同强调物质功能的现代主义相对立。然而，后现代主义无论从理论上或实践上都显示了严重的片

---

① 1982年3月总第10期刊载了查尔斯·詹克斯著，尹培桐翻译的《晚期现代主义与后现代主义》；紧接着介绍了菲利普·约翰逊、约翰·波特曼等知名的后现代建筑师；1982年开始，李大夏摘译了查尔斯·詹克斯的《后现代建筑语言》；1983年又连载了邹德侬节译的查尔斯·摩尔和杰拉德·阿伦合著的《建筑量度论——建筑中的空间·形状和尺度》；罗伯特·A.M.斯特恩的《现代主义运动之后》；查尔斯·詹克斯的《建筑的新“主义”——后现代古典主义》；1986年连载乐民成的连载文章《迈克尔·格雷夫斯和他引经据典的隐喻建筑》《彼得·艾森曼的理论与作品中呈现的语法学与符号学特色》；1987年张似赞撰写的《追寻建筑发展的动向——〈晚期现代建筑〉一书评介》；1989年彭华亮的《欢迎更多的C.詹克斯式的建筑评论家——读曾昭奋文章偶感》等，这一系列重要译文的刊载极大地丰富了国人对后现代主义建筑的认知。

面性”[①]。此外，较有代表性的作品还包括曾昭奋的《二十多年来的后现代建筑》，这篇文章从五个方面总结了“后现代主义”建筑理论在中国传播的途径和状况，分别是：“五本洋书”“三次展览”“七位明星”“五个倾向”“两种反应”，此类文章较为系统地整理了后现代建筑理论的脉络，表明了中国学者在此时已经对此议题有了较为清醒的判断。虽然就后现代理论的解读从内容到形式与此前任何一种理论引介相比有了本质上的突破，然而，由于长期的理论知识匮乏，对当下国外思想来不及明辨思量，建筑创作和理论学习过程中，除了快速吸收后现代建筑理论，建筑师还旨在实现设计与理论相结合的“追求”，在此背景下，后现代主义在中国的“错接”也就不可避免地发生了。

20世纪80年代的建筑创作中，大量充斥着西方古典柱式或者转译自传统中国建筑的符号和元素以混搭、分离、重新组合等形式迅速涌现，其中不乏一些优秀的作品，比如，北京国际展览中心（1985）以及北京西单商场设计方案（1986）[②]（图5-36）等均被视作中国的后现代主义建筑并引发热议。但是，从总体趋势来看，后现代主义经历了舶来之初短暂的好评和推崇之后，自20世纪80年代后期至今，其思潮在中国普遍饱受争议和质疑。尤其在建筑设计中，但凡采用了“复古”形式——诸如“大屋顶”“小亭子”、马头山墙、缺口山花、釉面砖、玻璃幕墙等元素，往往被戴上“后现代建筑”的帽子加以批判……就此现象，有学者认为，复古主义思潮借助后现代的历史主义风向，打着复兴中国传统文化的旗帜粉墨登场，导致了“夺回古都风貌”或者仿古“一条街”等形式的再现，这是建筑创作的退步……一定程度上，后现代成为复古主义的“替罪羊”。伴随着后现代思潮的泛滥，作为后

① 余庆康．当代世界建筑趋向小议［J］．世界建筑，1983（2）．

② 由柴裴义设计的北京国际展览中心建成于1985年，被誉为改革开放以后建筑设计领域的一枝“报春花”。1986年北京西单商场设计方案则登上当年《建筑学报》，以其厚墙、小窗、冲天牌楼等符号和象征手法被视作后现代主义建筑并引发热议。

图 5-36　北京国际展览中心（1985）以及北京西单商场设计方案（1986）

现代主义最重要的理论旗手之一，文丘里逐渐意识到学界对其提出的理论产生了质疑甚至是否定，在各种学术研讨会或访谈中，他曾多次"澄清"其对后现代建筑理论的观点并非提倡一种肤浅的历史主义复兴，"后现代一词已广泛滥用于掩饰与过去建筑有分歧的倾向……特别是在新古典词汇运用方面……"①。在 20 世纪 80 年代的一次访谈中，文丘里夫妇就强调其理论的提出并非一味地提倡形式复古，而是强调新时代应该出现一种对抗现代主义运动"一家言"的新思想、新观念，他们在相关论述中也一再表示后现代并非坚不可破的理论。1982 年 4 月，在哈佛大学的讲座上，文丘里进一步解释道，在这场关于"后现代主义反对现代主义"的争论中，他的出发点并非否定现代建筑运动开创时代的光荣和成就，是针对其后期的过度和软弱……在此基础上，学界需要的是革命而非演变，他进而强调："宁可不要真正的

① 周卜颐 . 中国建筑界出现了"文脉"热：对 Contextualism 一词译为"文脉主义"提出质疑兼论最近建筑的新动向［J］. 建筑学报，1989（3）.

后现代也要反对现代主义。”[①] 通过以上论述可以看到，西方后现代主义理论和实践的目的并非直指历史主义复兴，而是以一种理论抵抗某种理论的单一性。由于时代的局限性，中国对后现代主义建筑理论的批判认识要相对迟缓一些，直至20世纪90年代后期，各种新思想、新理论陆续进入中国，数次掀起学习和讨论的热潮，后现代主义理论才逐渐淡出学界。时至今日，就20世纪80年代后现代主义在中国的“错接”现象为经验教训，我们在对待各种理论更迭的现象时，应该意识到新产生的理论话语总是在不断地打破甚至是取代此前的理论，但是新晋理论不见得就要优越于此前的理论，那种单一维度的线性进步历史观应当被正确认识，而对建筑的评价也不应该以风格站队，更不应该认为当下的新理论就是进步的代言，而民族形式就等同于历史的退步……正如彼得·埃森曼所言：“一个时代提出的挑战会成为下一个时代的陈词滥调，因此它没有为当代建筑提供任何解答和教诲。相反，它展现了一个时代的切片。这个切片是无限生成循环的一部分，也是一种无限替代的观念。”[②] 只有客观对待和正确理解理论更迭这一学术规律才能不深陷观念的沼泽中。

（二）建筑“文脉”热

在西方后现代主义理论的助推下，“文脉”（Context）一词在20世纪80年代中国建筑学界引发较大争议。有学者认为，“复古开始抬头，老摩登受到欢迎，古典主义、折中主义充斥建筑设计领域……一些新权威人士，借后现代主义的强调‘文脉’，为古都风貌（古都新貌）寻找理论根据”[③]。在此“担忧”之下，有文章就“文脉”一词的源流与演变进行分析，试从Context或Contextualism中文释义的准确性来讨论“文脉”的具体含义。

---

①③ 周卜颐．中国建筑界出现了“文脉”热：对Contextualism一词译为“文脉主义”提出质疑兼论最近建筑的新动向［J］．建筑学报，1989（3）．

② 彼得·埃森曼．建筑经典：1950—2000［M］．范路，陈洁，王靖，译．北京：商务印书馆，2015．

在“Context”一词刚进入中国之时，相关的翻译就出现了“文脉”“上下文”“关联域”“环境”“语境”等解释，旨在从不同角度进行解读。1989 年周卜颐先生发表在《建筑学报》第 3 期的文章《中国建筑界出现了“文脉”热》[①] 指出，“文脉”这一概念的正式引介可以追溯到后现代建筑理论文本进入中国。其中，罗伯特 · 斯特恩（Robert Stern）的《美国建筑的新动向》把后现代主义的特征概括为大致三个方面，即 Contextualism、Allusionism、Decorationism。其中，Contextualism 被翻译为“文脉主义”[②]，这个翻译直接导致了一时间有不少人认为后现代主义就是文脉主义，甚至有人围绕“文脉”大做文章，重文化艺术而轻建筑技术。“文脉”的翻译一定程度上导致了一种“假洋货”的产生，导致了一种“中国建筑协调论”的出现，为盛行一时的“古都风貌”助威加油。就此现象，周卜颐先生认为，无论是词典的解释还是回到后现代理论的各种重要文本，都不应该将 Context 翻译为一个容易产生歧义的“文脉”。他指出，《建筑的复杂性与矛盾性》中，文丘里曾明确指出 Context 为 Setting（环境）；哥伦比亚大学教授 Goodman 也把 Contextual architecture 解读为 Buildings designed to fade into Surrounding（“新设计的建筑消失在周围环境中”）……因此，周卜颐先生建议把 Context 译为“环境”，Contextualism 译为“环境化”，将此概念理解为建筑结合环境、建筑与周围环境相协调要更为准确易懂。只有这样才能避免重蹈覆辙，防止再次陷入中华人民共和国成立后迷失于社会主义民主形式论争的泥沼。

时隔数月，1989 年第 6 期《建筑学报》刊载了张钦楠先生的《为“文脉热”一辩》，对周卜颐先生在文章中的一些主要观点提出异议。他认

① 周卜颐 . 中国建筑界出现了“文脉”热：对 Contextualism 一词译为“文脉主义”提出质疑兼论最近建筑的新动向［J］. 建筑学报，1989（3）.

② 其中，Contextualism 翻译为文脉主义，Allusionism 翻译为隐喻化，Decorationism 翻译为装饰化。

为 Context 一词源自语言学，本意为“上下文”，释义为“文脉”是较为妥帖的。而周卜颐先生在文中建议将其译为“建筑环境”（Environment、Surrounding、Setting），实际上忽视了此概念存在的虚实之分，因为建筑环境除了物质环境还有精神环境、文化环境这种“虚”环境，如果把 Context 与 Environment 都译为同一概念，同样容易导致误读。另就周卜颐先生在文章中担心和质疑的“注意文脉会不会导致复古”，张钦楠先生认为，首先要区别学术与政治上的“复古”观念，对“复古”要给予客观包容的态度，不要一提“复古”就认为是“有罪”，应当允许其作为“百家争鸣”中的一家。更何况在当下的后现代建筑作品中也不乏新观念的实践，诸如理查德·迈耶在法兰克福的博物馆设计，既体现了“白色派”的特点，也通过尺度、空间和细部的设计很好地衔接了新旧展馆的关系，对新旧建筑文脉起到延续的作用；西萨·佩里在休斯敦莱斯大学新馆设计中，采用了“砖石幕墙”，很大程度上尊重了校园的历史文脉……可见，提“文脉”并非就是围绕形式问题打转，更不能因为我国当前的设计中存在一些个别现象就否认后现代主义理论的不合时宜。就周卜颐的“文脉热”一文，还陆续引发争议。艾定增在《文化·文明·文脉》一文中如是说：“‘文脉主义’的译法也许不是尽善尽美，但比‘环境化’要好多了。‘文脉’热也许有点副作用，但比反文脉热好多了。”

纵观 20 世纪 80 年代晚期，中国建筑学界对 Context 的反应体现在城市和建筑设计的方方面面，城市的街道、广场、建筑物以及城市的历史、文化背景等，均包括在 Context 的意义之中。在“文脉”观念的衍生下，“文化环境”“城市文化”“乡村文化”等词汇进入了学界的讨论中，“建筑创作与文脉”的话题开始不断出现。而新建筑“介入”城市应该有责任心地去适应已有文脉要求并做出反应①成为此后大部分新建筑设计的出发点。在此背景

① 杨建党 . 对 Context 作出反应：一种设计哲学［J］. 建筑学报，1990（5）.

下，建筑创作要强调“文脉”“个性”“象征”的话语占据媒体的报道，除了大肆推介和学习欧美后现代建筑，亦有设计者从各个方面来寻找与设计对象相契合的“文脉”。比如通过提取周边建筑片断，或者“场所感”[①]的营造来呼应场地关系，抑或从传统建筑中萃取“符号”，飞檐斗拱、马头墙、牌坊等传统形式通过变形、夸张、割裂、换材料、变色彩等手法被赋予到新建筑中，此种“变体”被视作与“文脉”相协调，此种切入设计的思维模式一度非常流行，甚至延续到当代的建筑创作中。本书就“文脉”热展开的论述基于20世纪80年代后现代主义在中国得到热烈讨论的语境，“文脉”作为一段后现代主义观念的切片，也体现了一种舶来的理论在中国语境下是如何被“解读”的。

（三）建筑“美学”热

20世纪80年代以来，我国的美学研究呈现出多学科、多门类交叉探索的状况，从基础美学理论到商品美学、技术美学以及各行业的次生理论研究层出不穷，一时间形成了知识界的“美学热”。而作为一种“美学”意义上的审美普遍性知识谱系，对文学批评和文化研究而言，美学理论的表述变得尤为重要。1982年，中国社会科学院哲学研究所的美学研究室主编了“美学译文”[②]系列，从审美的起源、形式论、建筑美学、维特根斯坦的阐述等方面集中引介了西方美学理论。此后，我国的美学研究开始系统地从理论上探索美学的基本问题，关注美的本质、美的创造、美感等议题。与此同时，随着后现代理论的传播，西方哲学理论中的美学观念遭遇了颠覆，康德的学说中把美学（Aesthetics）的首要任务视作对某种思想认知的体验和判断力的理解等观念已经不能满足彼时的理论诉求，美学价值被简单放大为“美”“丑”的评判标准，用以对客体的视觉认知进行判断。简要地来看，中

① “场所”概念的提出和讨论与“文脉”几乎同时展开，本书限于篇幅不再一一展开论述，旨在通过“文脉”热一窥当时后现代主义在中国语境下的状况。

② 中国社会科学院哲学研究所美学研究室．美学译文［M］．北京：中国社会科学出版社，1982.

国“建筑美学”的讨论可以追溯到20世纪50年代关于“建筑艺术”问题的论争。在当时时事政治的骤变中，关于建筑中“美”的论述逐渐成为一个敏感的话题，建筑美学形象的伦理教化作用被无限夸张和放大，甚至作为社会主义阵营的形象代言与资本主义阵营观念进行对抗。特殊时期里，谈论建筑“美观”或者建筑的艺术形式等相关问题都是非常“危险”的。其中，建筑方针“适用、经济、在可能条件下注意美观”的提出以及讨论，在当时的时代背景下显得尤为不易。直到20世纪80年代，建筑审美意识得以解除束缚，建筑“美”或者说更为宽广范畴下的“建筑美学”的系统论述才得以开展。

在20世纪80年代“美学热”的影响下，建筑学科开启了“建筑美学”的讨论，并深刻影响了中国20世纪80年代以来本土建筑理论的探索。在此期间，建筑学界一度把建筑美学研究放在很高的地位，从建筑的美、环境建筑学、建筑艺术等层面展开讨论。① 比如，20世纪90年代初期，钱学森先生提出了建构“山水城市”的构想，其中涉及大量建筑美学和城市美学的相关问题；高占祥在《在改革开放中建设社区文化》中针对建筑艺术、环境艺术、群体艺术提三个“要十分重视”②……可见，在当时的政治环境下，建筑美学在建筑创作和理论研究中得以长足发展。围绕“建筑美学”议题，学界数次召开了城市美学、建筑美学、环境艺术、园林艺术等学术研讨会议，就实践活动中如何体现城市和建筑的美学思想、艺术形式等问题展开讨论。与此同时，建筑美学理论的建构体现在一系列研究文本的引介和科普活动中。随着后现代理论的传播，一系列建构在“后学”思潮之上的建筑美学文本推动了“美学热”在中国的蔓延。翻译和引进的文本中，英国学者罗

①② 顾孟潮.建筑美学四题：形势·对象·经验·后现代[J].世界建筑，1995(1).在此文中，顾孟潮先生从四个方面深入地讨论了建筑美学在中国的状况。

杰斯·斯克鲁登（Scruton Roge）的《建筑美学》、美国学者托伯特·哈姆林的《建筑形式美的原则》、文丘里的《建筑的复杂性与矛盾性》、詹克斯的《后现代建筑语言》、日本学者芦原义信的《隐藏的秩序》等著作从多个角度阐释了当时国外主流的建筑"审美"趣味，后现代美学思潮深刻影响着当时的建筑创作。其中，文丘里提出的"片断反射、二元并列、对位关系、均衡组合……通过非传统的方法组合传统部件能在总体产生新的意义"等理论[①]被广泛推崇，甚至有观点认为，我国的香山饭店、龙柏饭店、白天鹅宾馆、武夷山庄等建筑作品的创作均在不同程度上运用了文丘里等提及的这些后现代手法。尽管很难判断这些建成作品是否深受后现代建筑创作手法的影响，但是"通过非传统的方法组合传统部件能在总体产生新的意义"的观念似乎与当时中国本土建筑创作的表现形式不谋而合。此外，在"美学热"的影响下，国内学者对建筑美学的研究也逐渐形成了本土理论体系。沈福煦先生的《建筑美学讲义》[②]作为较早出现在我国的、系统介绍美学观念的建筑美学教材影响深远；王振复的《建筑美学》[③]就建筑"美"的本质做了系统概括；汪正章的《建筑美学》围绕"建筑美"的论题，构建了中国语境下的建筑美学理论框架；邓炎的《建筑艺术论》系统地梳理了建筑艺术与美学的相关理论，并把中国传统建筑美学特征纳入研究系统中。此外，萧默、顾孟潮、荆其敏等学者的建筑美学研究也持续影响着当下相关议题的讨论。"建筑美学"在前辈学者的关注和研究中逐渐形成一门舶自西方、具有中国特色的建筑理论，并作为建筑学教学的主要课程推而广之[④]。

此外，笔者在对"建筑美学"进行研究的过程中发现，"形式美"原则

① 艾定增．符号论美学和建筑艺术［J］．建筑学报，1985（10）．

② 沈福煦．建筑美学讲义［M］．上海：同济大学建筑系，1984.

③ 王振复．建筑美学［M］．昆明：云南人民出版社，1987.

④ 目前，我国以"建筑美学"作为教材的文本已有多个版本，限于篇幅，本书不再一一赘述。

作为建筑美学讨论中出现频率较高的概念不容忽视。“形式美”的观念一度成为新时期中国建筑教育中重要的教学理论贯穿于 20 世纪 80 年代的教学过程中，甚至在今日的建筑学教学中仍然占有一席之地。20 世纪 80 年代以来的建筑学子普遍接受过“形式美”原则的灌输，在建筑构图学习中，对所谓“统一、均衡、比例、尺度、韵律”等形式美基本要素有过系统训练。而关于“形式美”在教学中的兴起，可以追溯到英国美学家罗杰斯·思克拉顿的美学理论的提出，以及 1982 年由邹德侬先生译介的美国学者托伯特·哈姆林（Talbot Hamlin）编写的《建筑形式美的原则》[①] 一书进入中国及其产生的影响。其中，哈姆林在其著作里提出了现代建筑技术美的十大法则：统一、均衡、比例、尺度、韵律、布局中的序列、规则的和不规则的序列设计、性格、风格、色彩，较为全面地从人对建筑物的视觉心理感受的角度，概括了建筑美学的基本内容。而诸如此类的建筑设计构图原则和教条，实际上早在“布扎”体系（Beaux-Arts）传播到中国之时就已经萌芽，只是到了 20 世纪 80 年代借由“美学热”再次成为学科热点。在今天看来，当时提出“形式美”法则旨在探索一种建筑设计方法，或者说是一种设计构图的操作“标准”，进而形成一套“建筑美”的评判标准。在教学过程中，这种从构图和形式出发的“形式美”原则往往把建筑设计导向了单一维度的形式认知，而忽略了设计作为一门综合学科的本质。这种“标准”给当时的教育体系带来的审美趣味上的“一刀切”风险在今天仍然存在。回望当时，把美学理论引入建筑学科的初衷是为了挣脱观念的束缚，打破建筑创作中的“千篇一律”，借此寻求建筑创作的多元化。然而，囿于时代，在美学理论的引介过程中知识的“错接”和“误读”不可避免地出现了，“建筑美学”被简单地

---

① 托伯特·哈姆林．建筑形式美的原则［M］．邹德侬，译，北京：中国建筑工业出版社，1982. 本书译自美国哥伦比亚大学 1952 年出版的《20 世纪建筑的功能与形式》第 2 卷《构图原理》(全书共 4 卷)。

等同于“形式美”，“形式美”作为建筑创作的评判标准等问题也由此产生。20 世纪 90 年代以后，随着学界对“建筑美学”认识的深化，有学者意识到建筑美学不纯粹只是一种意识形态的审美活动，“它还有物质生产、物质消费（商品属性）领域的审美活动，同时建筑美学与其他绘画、雕塑、音乐、文学等美学的特征有着本质的差异……”[①]。逐渐地，越来越多的建筑师开始认同建筑美学不是一种“美术”思想，更不是一种用来简单进行建筑美学价值判断的理论标准，一定程度上可以将其视作后现代主义在中国理论的错接下的“产物”。总的来看，20 世纪 80 年代的建筑“文脉”热、建筑“美学”热等理论的提出或多或少存在着时代的局限性，在今天的理论探索中，我们应该理性地理解和对待这些理论思想。简言之，作为一种理论创新实践，20 世纪 80 年代“错接”的理论探索为我们今天的本土理论奠定了一套系统的研究框架。

### 三、理论自主性实践：本土建筑理论的生产

20 世纪 80 年代中国的本土建筑理论探索根植于传统建筑文化观念的土壤中，与此同时，面临着西方现代主义和后现代主义理论同步引介的现实状况。在此情状下，“中国建筑领域开始呈现认识紊乱、仓促又有点无所适从的局面”[②]。基于此背景，国内建筑理论自主性实践在摸着石头过河的状况下逐渐开展起来，尤其是与建筑设计相关的基本“原理”和“方法”的探索开始成为本土理论研究的重心。其中，1980 年出版的《住宅建筑设计原理》[③]，彭一刚先生主编的《建筑绘画基本知识》[④]《建筑空间组合论》[⑤]，吴良

①② 丰谷，小菡．新时期的建筑美学思想［J］．华中建筑，1994（12）．

③ 《住宅建筑设计原理》编写组．住宅建筑设计原理［M］．北京：中国建筑工业出版社，1980.

④ 天津大学土木建筑工程系（建筑绘画基本知识）编写组．建筑绘画基本知识［M］．北京：中国建筑工业出版社，1978.

⑤ 彭一刚．建筑空间组合论［M］．北京：中国建筑工业出版社，1983（9）．

镛先生编著的《广义建筑学》[1] 等在学界广为传阅的建筑学出版物作为 20 世纪 80 年代以来国内重要建筑理论文本，其影响一直延续至今。

（一）“建筑‘空间’+‘组合’论”献疑

彭一刚先生编写的《建筑空间组合论》一书自问世以来，获得了学界尤其是建筑高校的一致好评。在此后我国的建筑教学中，该书被奉为经典，尤其是文本中大量的手绘图解（Diagrams）以及经典案例分析与注释，使其成为一本极具参考价值的“实用手册”。（图 5-37）随着《建筑空间组合论》一起声名鹊起的关键词还有“形式美”“建筑空间”“手头功夫”“钢笔画”“仿宋字体”等。在 20 世纪 80、90 等资讯匮乏的年代里几乎人手一册的《建筑空间组合论》是当时学界的“标配”宝典，而该书的出版和普及也在很大程度上填补了建筑教学中建筑“构图”（Composition）基本原理参考标准缺失的状况。据不完全统计，《建筑空间组合论》自 1983 年出版发行以来，截至 2006 年，共计印刷 26 次，发行 158 640 册[2]……而该书的主要章节至今为止仍作为我国一级注册建筑师资质考试的考题范围，可见其学科影响力尤为深远。而关于“建筑‘空间’+‘组合’”的提法在学界仍存在一些质疑和讨论，彭一刚先生的《建筑空间组合论》从标题上可以追溯到西方学术研究中的两组理论观念，即“空间”（Space）和“组合”（Composition，也可译为“构图”）的相关研究。本书将就此书名的相关争论做出简要论述。

首先，“空间”（Space）作为建筑术语被广泛使用可以追溯到 20 世纪 30 年代，尤其是随着吉迪恩（Sigfried Giedion）的著作《空间 · 时间与建筑：一种新传统的成长》（*Space，Time and Architecture：The Growth of a New Tradition*）英文版的出版发行，建筑“空间”的概念开始传播，“空

① 吴良镛 . 广义建筑学［M］. 北京：清华大学出版社，1989（9）.

② 李华 .“组合”与建筑知识的制度化构筑：从 3 本书看 20 世纪 80 和 90 年代中国建筑实践的基础［J］. 时代建筑，2009（3）.

间”开始作为西方现代建筑重要的学术概念为学界认同。其次，“组合”（Composition）的概念则是源自巴黎美术学院（Ecole des Beaux-Arts）的一种设计构图方法。作为“布扎”体系的基本工具，19世纪以来，“组合”原理有效地参与到建筑设计的构图原则中。综观西方关于Composition基本原则的理论研究著述颇多，从迪朗（J.N.L.Durand）建构的Architectural Composition理论及其编写的《简明建筑学教程》（1802）（*Précis des leçons d'architecture*）的出版，到20世纪初加代（J.Guadet）的《建筑理论与要素》（1901—1904）（*Éléments et théorie de l'architecture*）出版，再到20世纪50年代哥伦比亚大学组织编写了长达四卷的《二十世纪建筑的形式与功能》（1952）（*Forms and Functions of Twentieth-Century Architecture*）① 等著作均论述了不同历史时期设计构图原理的基本方法和要义。而“空间”和“组合”概念的结合昭示着“布扎”体系在其演化过程中逐渐吸收了“空间”这个具有现代性特征的学术概念，并于20世纪50年代形成了西方理论话语中的“空间组合”理论。在已有研究中，有学者考据“空间组合”这个舶自

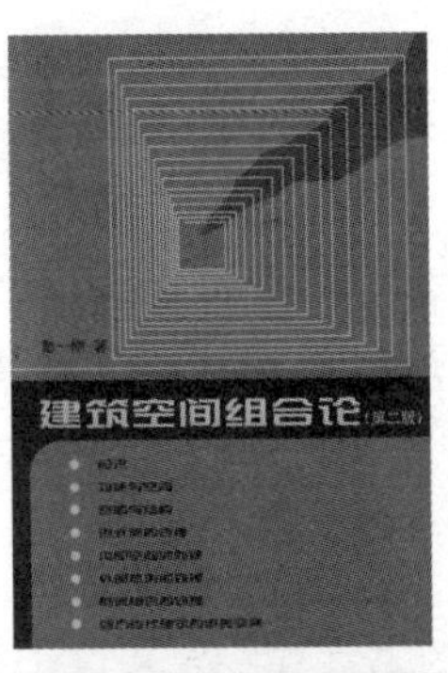

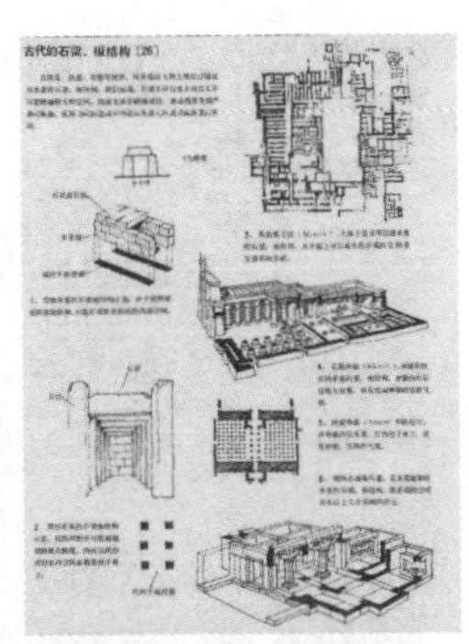

图5-37 《建筑空间组合论》与彭一刚教授的手绘图纸

① 其中，第二卷的“The Principles of Architectural Composition”谈及了建筑的构图原理。

西方的术语在 20 世纪 50 年代间接地从苏联传播到中国[①]，从这个时候开始，中国建筑师对“构图”原理的探讨均将“空间”概念融入其中。[②]限于种种历史原因，直到 20 世纪 70 年代“四人帮”垮台后，彭一刚先生早在 20 世纪 60 年代就萌生的编写一本有关“构图原理”的书的念头才得以实现，1977 年正式为编写做准备，1983 年 9 月《建筑空间组合论》第一版终于面世，该书作为中国第一本关于“建筑空间”的著作，其影响力从发行之时一直延续至今。而此书的书写在一定程度上是对西方“布扎”构图理论与现代建筑空间观念的结合与延伸，对 20 世纪 80 年代以后中国建筑学的教学和实践均产生深远影响。

总的看来，《建筑空间组合论》以图文并茂的方式呈现了建筑设计中的基本构图原理和实际操作的方法，适用、浅显易懂。正如彭一刚先生在此文本的前言所说，此书的编写既要避免内容过于抽象而影响初学者的阅读，又要兼顾一定的理论深度，使得从业人员可以提高设计素养，因此，在行文中尽量做到虚实结合，避免就事论事。而此书最重要的章节均从美学的角度论述了“形式美”的客观规律及其在建筑构图中的基本法则，并分别就内部空间、外部体形及群体组合处理等方面分析说明了形式美规律在建筑设计中的运用，这些内容对当时我国的建筑创作起到重要的引导作用，并有效地贯彻到设计教学环节中。然而，如何评价《建筑空间组合论》一度成为学界讨论的热点，在专家学者观点中，对此研究的褒奖与质疑并存。其中，齐康先生认为，此书是建筑学入门的重要文本，与西方的建筑构图原理著述

---

① 20 世纪 60 年代，俄语版的《建筑构图论》从苏联传播到中国，“空间构图”开始出现在当时的学术文章和教学中。尽管在中国提及的“空间构图”间接地从苏联传播过来，但是在中国的语境下，这个概念却有着一定的区别。在此后国内学者的解读中，逐渐渗入了中国传统文化的色彩，“空间构图”或者“空间组合”的理论得以再诠释。

② 闵晶，卢永毅 .“空间构图”：中国现代建筑“空间”话语的一个重要概念［J］. 时代建筑，2013（6）.

相比较，此书不局限于传统的古典建筑样式中形式美的分析方法和观念，作者从建筑内外空间入手，以一般建筑艺术规律来分析[①]……这些均是重要的进步。而陈志华先生曾以窦武之名于《建筑师》杂志发文《建筑空间组合论》献疑[②]，文章首先肯定了彭一刚先生以辩证唯物主义的视角对建筑理论中大多数人习以为常的知识做出了新的思考，并对耗费数年时间写就此书的精神表达了钦佩。接着，陈先生就此书主要内容提出几点质疑：在其看来，作者开篇用"形式与内容"这一组对立统一的概念来概括建筑的基本理论存在不妥；彭一刚先生在书中提到，"在建筑中，功能表现为内容，空间表现为形式"，对此说法陈志华先生认为，"特定的建筑内部空间只是各种物质因素的相互关系的产物"，而就建筑的内容来看，建筑作为一个复杂的综合体，包含着使用功能、结构构造、意识形态等方面，且每个方面都有各自的具体内容，因此"建筑空间组合论'仅提出功能来作为建筑的内容是远远不够的'"[③]。此外，彭的文本中提到"从复古主义、折中主义到近现代建筑又到后现代主义，是一个否定之否定的周期"，就此论断，陈先生又进行质疑，在其看来西方后现代主义并非对现代建筑的否定，把建筑理论套用到辩证法的体系中是此书的一大弱点。就陈先生提及的关于此书的种种质疑，彭一刚先生随即发文《空间、体形及建筑形式的周期性演变——答窦武同志》[④]并逐一做了解释。鉴于《建筑空间组合论》在学界的重要性，对其做出的评价和质疑一直延续到当下。在东南大学李华老师的研究中，曾以"空间"概念的现代性为出发点，对"建筑空间"与"组合"的性质做出批判解释，"虽然《组合论》使用了空间一词，却很难说它是一个'现代主义'的文本，如果我们同意'空间'是一个与'现代主义'话语相关的概念。就《组合

① 齐康．入门的启示：评《建筑空间组合论》[J]．建筑师，1985（21）．
②③ 窦武．《建筑空间组合论》献疑［J］．建筑师，1985（21）．
④ 彭一刚．空间、体形及建筑形式的周期性演变：答窦武同志［J］．建筑师，1985（21）．

论》的内容来看，它讨论的不是‘空间’问题，而是‘建筑形式的处理问题’……”①。相关的讨论还见诸同济大学研究生闵晶与卢永毅教授的《“空间构图”——中国现代建筑“空间”话语的一个重要概念》一文……由此可见，在当下的相关研究中，可以清晰地判断“空间”与“组合”的概念分别源自两种观念系统，如果说“组合”（构图）更关注形式及其相关要素的布置法则和规律，那么，“空间”理论更倾向于探讨形式之外的各种要素。把“空间”与“组合”相联系，摒除了西方理论观念的束缚，并在此基础上做出理论实证，可以说是彭一刚先生《建筑空间组合论》对传统建筑理论研究做出的重要挑战，而此书的影响力和广大受众群也表明了中国本土建筑理论研究的开展是必要且极具学术意义的。

（二）“环境”意识的觉醒，“广义建筑学”的提出

二战结束以来，西方国家开始了新一轮的城市建设活动，伴随着工业化发展和城市化进程的加速，人口增长、能源危机和生态危机日益威胁着人类赖以生存的建成环境。在此背景下，如何保护和改造人类的居住环境成为学术研究聚焦的重要议题。20世纪60年代以来，西方国家“环境”意识觉醒，越来越多的学者和建筑师开始意识到，人类社会的发展进程中，现代化的生产方式和科技进步与人居环境之间存在着巨大的矛盾和冲突，为了有效缓解两者之间的矛盾，1968年在各国学者、建筑师的协作下，组织成立了“罗马俱乐部”并于1972年发表了“增长的极限”学术报告，以此拯救人类的居住环境。②此后，在联合国的组织下，1976年在加拿大召开了人类居住环境会议……1977年12月通过了《马丘比丘宪章》，宪章指出，“规划、建筑和设计在今天不应当把城市当作一系列的组成部分拼在一起来考虑，而必

① 李华．“组合”与建筑知识的制度化构筑：从3本书看20世纪80和90年代中国建筑实践的基础［J］．时代建筑，2009（3）．

② 马国馨．环境杂谈［J］．美术，1986（3）．

须努力去创造一个综合的多功能的环境"；1981 年国际建协大会发表了"华沙宣言"，"建筑师的责任必须包括对他所工作的环境的考虑，并有义务去保证他的关注能为社会环境协调做出贡献……"。宣言着重强调了"人类-建筑-环境"三者具有密切相关性……在一系列的措施和专家学者的共同努力下，环境保护得以开展，人们对环境问题的意识也逐渐增强了。在理论研究方面，环境保护、环境设计的观念与建筑学科交叉，产生了建筑环境心理学、建筑环境社会学、建筑生态学等新理论，这些理论从更为系统的角度对环境问题展开探究。此外，1968 年在美国成立了"环境设计研究会"；1970 年由伊特尔逊等人编写的《环境心理学》出版；同年，"国际建筑心理学会"在美国成立；1971 年美国建筑学会费城分会组织成立了"为人的行为而设计协会"①……各类型的环境科学组织还创办了学术刊物并召开主题研讨会，这些理论探索积极有效地促进了"环境"议题相关研究的全面开展。

改革开放以后，中国与西方学界的交流增多，在《马丘比丘宪章》《华沙宣言》等章程指导下以及数次参与国际建协的交流中，西方建筑学科中盛行的"环境"观念也被引介到中国学界。"环境"观念的提出正好与中国 20 世纪 80 年代的"人文关怀"诉求相对接，二者共同促成了中国建筑学界对"环境"问题的关注和讨论。一时间，"环境"与"空间""文化"等理论话语成为当时国内建筑学界讨论较多的议题，并逐渐丰富了 20 世纪 80 年代中国建筑理论话语，打破了 20 世纪以来围绕"形式"问题论争的主要格局。值得注意的是，1980 年 10 月，中国建筑学会第五次全国代表大会在北京召开，会议以"建筑·人·环境"为议题展开讨论，建筑与人类居住环境之间的矛盾开始引起专家学者的关注，至此，"环境"作为一个重要的概念进入了我国学界的研究体系。在建筑创作中，"风景旅游建筑"作为 20 世纪 80

① 孟宪惠．环境建筑心理学的问世及其对建筑界的影响［J］．辽宁工学院学报，1995（1）．

年代建筑创作的重大课题，对建成环境的关注也最为集中，建筑与环境相结合的思想观念几乎贯穿了当时的景区建筑设计。此外，以“广派”新建筑为代表的创作思想往往与地域特征相结合，岭南庭院与热带气候成为“广派”建筑师考虑最多的设计要素，环境与建筑相结合的观念得以较好地呈现。在理论研究方面，20 世纪 80 年代跨学科研究成为我国理论研究的主要范式，其中，“环境心理学”理论的舶入以及本土化过程标志着我国建筑学科对“环境”理论的探索拉开序幕。这种始发于欧美和日本的新兴理论旨在从人类“行为–环境”展开系统研究，以此应对环境危机下的城市建设活动。在相关研究中，往往伴随着对建筑“场所”“文脉”“艺术”等问题的关注，作为一个综合研究的门类，“环境行为学”“环境艺术”等次生理论的研究和实践也得以开展。而 20 世纪 80 年代末 90 年代初期，钱学森等学者提出“山水城市”的理论更是把“环境”问题提到了学科前沿的讨论中。

在我国本土建筑创作和理论研究中，以“环境”观念为出发点的研究不能不提及吴良镛先生做出的学术贡献及其代表著述《广义建筑学》。吴良镛教授于 1987 年在清华大学召开的“建筑科学的未来”学术讨论会上首次正式提出“广义建筑学”的概念，1989 年以此作为书名，正式出版发行了《广义建筑学》。（图 5-38）作为“环境”观念在中国本土理论的投射，《广义建筑学》从地区实际需求出发，以全人类居住环境构建为依归，其研究扩大了建筑学的研究范畴，“把建筑与自然、建筑与环境、建筑与人、建筑与城市融为一个整体的构思框架……从而把建筑学完全从传统的狭窄的建筑造型艺术的象牙塔中摆脱出来”①，“吴先生的这些观点对形成我国自己的‘建筑观’，更好地指导建筑实践具有重要意义”②。“广义建筑学”的研究意义正如吴先生在此书的前言中指出的，“这个框架的建立，不是对传统建筑学

① 彭华亮．理性的探索：介绍《广义建筑学》[J]．建筑学报，1990（5）．
② 周干峙．现实的多层面展开的建筑学思想：我所理解的广义建筑学［J］．华中建筑，1990（3）．

的否定，也不是传统建筑学的堆积，而是抓住以‘良好的居住环境的创造’为核心，‘向各方面汲取营养的融贯学科’的模式，进行整体思维，逐步形成学术框架。其目的‘在于从更大的范围内和更高的层次上提供一个理论骨架，以进一步认识建筑学科的重要性和科学性，揭示它的内容广泛性和错综复杂性’”①。此后的研究中，吴先生逐步完善其“人居环境”“广义环境设计”等相关理论，在设计实践中，其主创的北京菊儿胡同改造荣获世界人居奖；在其努力下，1995 年清华大学成立了人居环境研究中心；1999 年在北京召开的第 20 届世界建筑大会上，其带头起草的《北京宪章》获得世界范围内的普遍认同……自 20 世纪 80 年代以来，吴良镛先生在“广义建筑学”的理论范畴中，反复强调了自然环境、人工环境和社会环境的重要性，以“广义建筑学”的不断深化为标志，其研究既是对中国本土理论的提升，更对建筑学未来发展趋向做出了积极探索。

图 5-38　吴良镛院士“广义建筑学”理论的提出

① 彭华亮．理性的探索：介绍《广义建筑学》[J]．建筑学报，1990（5）．

# 第六章
# 20 世纪 80 年代以来中国建筑话语流变

## 第一节　20 世纪 80 年代以来中国建筑思想观念演变

建筑专业期刊作为承载建筑话语的重要平台和思想交锋的主要阵地，既报道和传播学术研究的前沿观念，又承担着构建建筑师社会认同的当代使命。专业媒体的报道在很大程度上引导着大众对经典历史事件的聚焦，其关注的热点话题甚至成了学科发展的风向标。了解媒体期刊参与建筑学话语生产的传播机制，对我们研究和观察当代中国建筑学科观念演变具有重要意义。

本书的研究建构在建筑话语研究的方法框架之上，进一步拓展了建筑学历史与理论研究的维度。研究主要通过对 20 世纪 80 年代以来中国主要的建筑专业期刊文本进行甄选和分析，尤其是围绕 20 世纪 80 年代这样一个承上启下的重要历史阶段的“建筑思想话语”以及“建筑历史与理论”两个重要方面的观念演变展开，主要从 20 世纪 80 年代整个中国社会历史、文化背景和建筑学科的核心议题出发，通过数据统计结合话语分析的方法，筛选出不同阶段占主导地位的建筑思想话语和理论研究关键词，分析其概念的来源、译介途径、在国内接受度，对其概念本土化与转化、建筑师的接受度、概念的衍生与转化等过程，进而对这些关键词的话语生成和生产的机制进行剖析，展现话语概念发展和演进的脉络，探讨建筑观念和话语生成、传播、演变的初步规律；同时通过出现频次统计分析建筑话语关键词和实践的关联度，使得建筑话语的研究与真实发生的建造实践紧密联系，以此促进当代中国建筑理论和批评标准体系的建立。

## 一、当代中国建筑思想话语关键词研究

中国建筑专业期刊“建筑思想话语”关键词CNKI搜索频次统计图（1979—2017）选取了20世纪80年代以来（1980—2010）中国核心建筑期刊作为关键词统计和分析的文献来源。（图6-1）其中包括了《建筑学报》《新建筑》《时代建筑》《世界建筑》《世界建筑导报》等若干专业建筑期刊，并基于CNKI（中国知网）的检索平台展开关键词的历时性分析。其中，横轴为时间年份，纵轴为20个讨论较为密集的“建筑思想”话语关键词被引用的频次。通过统计分析，图表大致呈现出如下趋势。

（一）20世纪80年代建筑思想话语解析

（1）20世纪80年代建筑思想话语关键词的词频总体呈现出不断上升的趋势（在1990至1993年之间均趋于平稳），这个现象的产生主要得益于20世纪80年代初期学科环境的不断优化，以及学科整体呈现出良性循环的发展态势。

（2）在此阶段，建筑思想话语关键词词频大致有两次明显波动，第一次为1984至1986年间的波峰现象，通过爬梳彼时相关文献资料我们发现，在此期间召开了众多学术讨论会和交流活动，出现了大量学科新兴话语并基本上形成了话语生产的基本框架。其中，在1986年这个时间节点之前的所有词频的增减趋势各不相同，而在之后，相关度较高的关键词呈现出的走势基本一致。第二次波动则发生在1988至1989年之间，社会环境对我国城

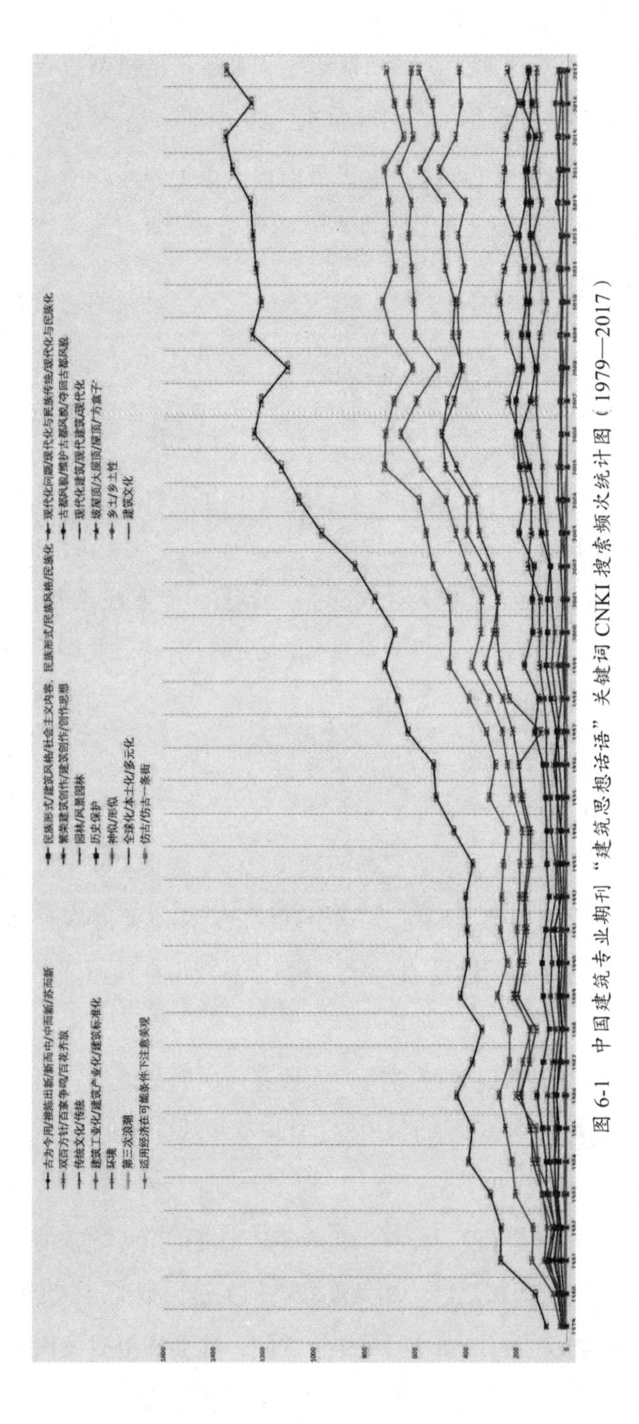


图 6-1　中国建筑专业期刊“建筑思想话语”关键词 CNKI 搜索频次统计图（1979—2017）

电子统计图可扫码下载，提取码：g5wr

乡建设活动产生了一定影响，学科思想话语的论争突然减弱。

（3）通过各个话语关键词的组群分析，其中，第一组：环境、传统、建筑文化等作为20世纪80年代被提及最多的话语关键词，在各大专业媒体中出现频次非常高，从数据上看，1986年以后普遍超过300次/年；第二组：建筑创作、大屋顶、民族化、现代化这四个关键词出现频次也比较高，值得注意的是“大屋顶”和建筑创作形式的论争关系较大；第三组：仿古、园林、历史保护的讨论也较为频繁，有意思的是对“仿古”的讨论频次远高于对“古都风貌”“中而新”等传统–创新形式问题的讨论，但基本上这些词语均是平行出现的；第四组：建筑工业化、乡土性、中而新、全球化、古都风貌、民族形式、形似神似、经济美观、百家争鸣、第三次浪潮等10个词的引用频次在此期间较为平稳，没有太多的波动，但始终处于20世纪80年代的学术讨论范畴中。

通过以上分析，我们发现在这张表中“环境”一词可以说一枝独秀，代表了彼时建筑学科关心的内容，城市环境、建筑环境、建成环境、环境工程、环境保护等均从“环境”这个关键词展开了不同层面的历史回应。换句话说，在建筑生产方式转型的20世纪80年代，建筑学需要解决的核心问题仍然是建成环境问题。与此同时，“传统”和“建筑文化”两个关键词的并置出现，说明建筑学术圈仍然将我们应该建造什么样的建筑，放在了学术讨论的首位，尤其是对“传统”的认同以及争论始终是20世纪中国建筑学从未放下的顾虑。而“繁荣建筑创作”这类关键词的频繁出现一方面说明了新时代的社会主义建设百废待兴；另一方面又说明身处于多元化急剧膨胀的年代，创作焦虑在所难免。尤其是围绕“传统”与“建筑文化”展开的讨论，“传统”这个词到底意味着什么，均成为新的历史观涌现时期最重要的话语。因此，大屋顶、园林、仿古、乡土、民族形式均成为这一时期这种话语系统下的子话题。

与此同时从建成作品的角度来看，20世纪80年代四次重要的优秀建筑作品评选自然成了专业媒体关注和报道最为集中的部分。(图 6-2)通过分析，图中大致呈现出如下趋势：建筑创作产生了大量的实践话语和关键词，其出现频次的峰值在 1986 至 1989 年之间。其中，占据关键词搜索比重最大的是贝聿铭设计的北京香山饭店，被提及次数高达 200 多次，占据了 20 世纪 80 年代建筑实践讨论近 1/3 的话题。与此同时，武夷山庄、白天鹅宾馆、龙柏饭店等重要建筑的词频也作为讨论的热点出现，由此可见当时对“旅游宾馆”建设热潮的追捧。此外，20 世纪 80 年代中国建筑创作上，“京派”“海派”“广派”等方向上的百花齐放以及对地方性、环境、技术等方面较为重视的作品也被媒体所聚焦并呈现出热烈的讨论趋向。

(二)当代中国建筑思想话语关键词图景(1980—2010)

通过图 6-1 对近 40 年来整体走势的分析来看，被专业媒体提及频率最高的词汇主要集中于“古为今用”“推陈出新”“新而中”“中而新”等相关概

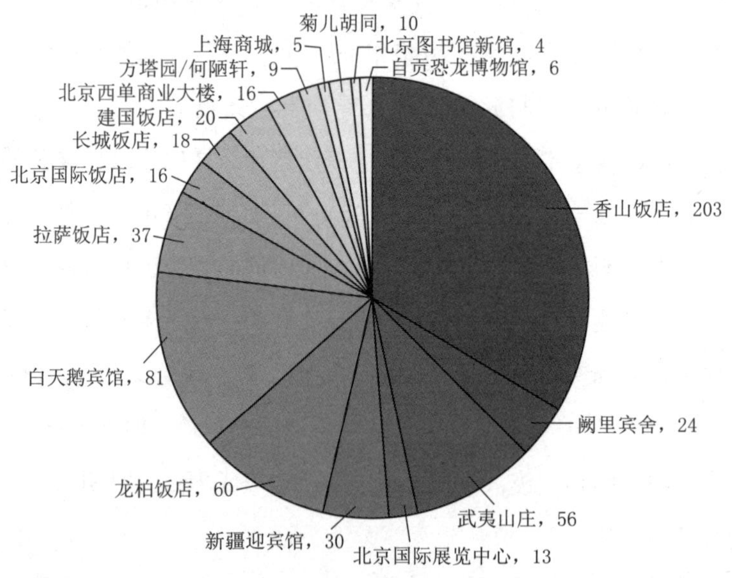

图 6-2　20 世纪 80 年代中国建筑期刊文本关注建筑作品 CNKI 搜索频次统计图(1979—1994)

念中。这些词汇概括地说，均是在讨论“中国性”（Chinese-ness）的问题。进一步分析可以看出，20 世纪 80 年代以来，伴随国家经济的增长，对于文化的寻根、话语再塑造等一系列方式，必将体现在同时期的文化艺术领域，也同样会体现在建筑与设计领域。所以这一类关键词成为频次最高的原因并不难以理解。但是，我们从其他关键词中也能发现专业领域中对“中国性”建筑的描述，诸如园林、大屋顶等具体样式的出现频次并没有预想中那么高。从这里，我们不难得出一个推论——我们对于“中国性”的讨论，并不一定仅仅基于具体的专业领域，结合其他占据相对高位的关键词来看，针对“中国性”的讨论更多的是基于整个社会环境下，思想文化和意识形态方面的整体性反思。然而，拘囿于时代，由于这种形而上的讨论相对缺乏准确定义，同时还缺乏一个可以被真正讨论的话语平台，有关建筑学科“中国性”的争论很容易进入空中楼阁式的无意义状态，并最终导致看似百花齐放，实则缺乏实质性和深度的“虚假繁荣”状态。因此，在当下，我们如何去定义一个“中国性”的建筑观念？这一类讨论显然具有重要意义，但也一定会随着时间的变化和问题的转变而不断被更新。但是，如何有效地去讨论却是中国建筑学专业领域所需要面对的另一个重要问题。

## 二、当代中国建筑理论与历史关键词研究

中国建筑专业期刊“建筑理论”关键词 CNKI 搜索频次统计图（1979—2017）选取了 20 世纪 80 年代中国核心建筑期刊作为关键词统计和分析的文献来源。（图 6-3）其中包括了《建筑学报》《新建筑》《时代建筑》《世界建筑》《世界建筑导报》等若干专业建筑期刊，并基于 CNKI 的检索平台展开关键词的历时性分析。其中，横轴为时间年份，纵轴为 16 个讨论较为密集的“建筑理论”话语关键词被引用的频次。通过统计分析，图表大致呈现出如下趋势。

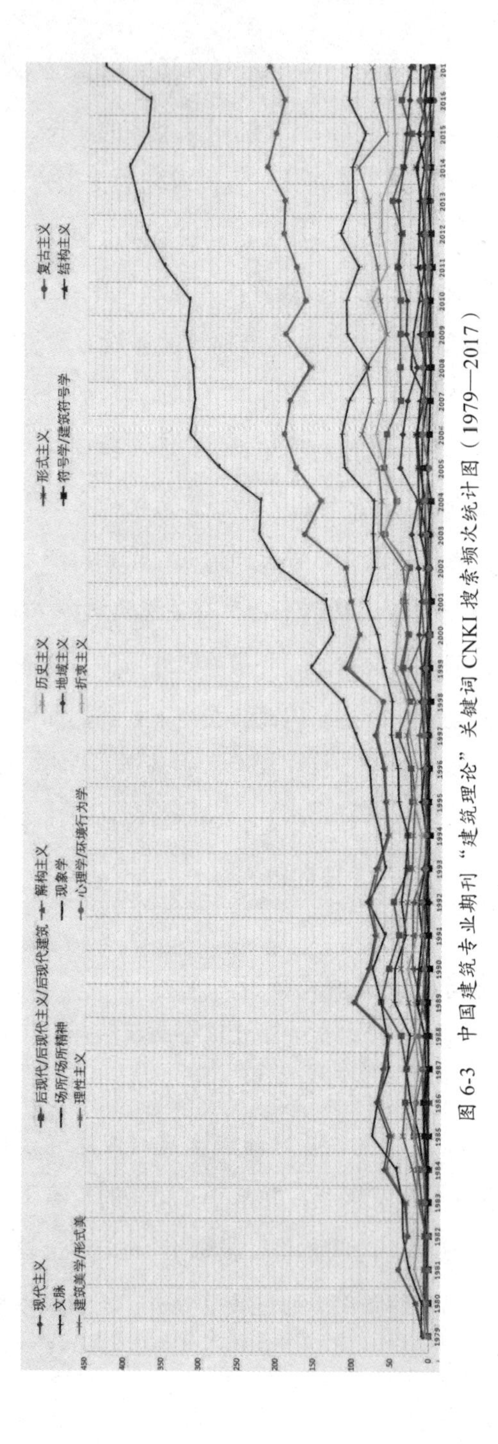


图 6-3 中国建筑专业期刊“建筑理论”关键词 CNKI 搜索频次统计图（1979—2017）

电子统计图可扫码下载，提取码：bu30

（一）20 世纪 80 年代建筑理论话语解析

本书研究选取的建筑理论关键词，上游来源于 20 世纪 80 年代的理论探索，而下游则输出到建筑行业关注什么样的建筑师、呈现出什么样的实践结果。因此将话语关键词、建筑师的关注度以及理论话语的讨论热度并置在一起进行观察，是一种具有可行性的研究方式。

（1）从总体趋势上看，20 世纪 80 年代建筑理论关键词词频呈现上升趋势，直到 1992 至 1994 年间逐渐呈现出下降的态势。其上升的态势主要得益于我国经济建设环境与建筑学科环境的重建，以及各大媒体在 20 世纪 80 年代初逐渐创刊、复刊的背景下，对建筑理论引介的普遍重视。

从此图来看，20 世纪 80 年代建筑理论关键词词频整体出现了两次高峰，第一次为 1984 至 1986 年间，尤其是 1985 年，大量的理论话语出现在媒体讨论中。诸如“场所”“建筑美学”“文脉”等讨论均呈现抬升趋势；此外，在 1985 年这个时间节点之前理论关键词词频的增减趋势各不相同，而在之后，相关度较高的几组关键词的曲线走势基本一致。第二次高峰发生在 1989 至 1991 年之间，尤其是 1989 年，“理性主义”和“后现代主义”以及“符号学”等理论引介均呈现出明显的上升趋势。与此同时，值得注意的是 1989 至 1991 年出现了所有关键词均持续走低的态势，具体原因还需要进一步研究。

通过各个关键词折线的相关性比对，呈现出如下趋势，其中，第一组：现代主义、形式主义、历史主义、结构主义的数据关联性很强，是所有词频中数量较大的一组数据；另外建筑美学、符号学、心理学的词频总量不大，但这组建筑理论关键词整体趋势基本一致；第二组：后现代、文脉、理性主义在词频数量上不及第一组，但其词频趋势与第一组基本一致，由此可见其紧密的关联性；第三组：折中主义、复古主义词频总量不大，均在 1989 年后出现了下降的趋势，相关讨论逐渐被淡化；第四组：地域主义、场所精神解构主义与现象学的词频由于在引介和讨论的起步阶段，词频在 20 世纪 80 年代趋势图上的趋势基本一致，而在此后的讨论中才逐渐升温。

从上游理论关键词的统计结果来看，有一组关键词从 20 世纪 80 年代初一直到 20 世纪 90 年代初都保持着比较高的搜索频次，即现代主义、理性主义、结构主义、现象学以及形式主义这些理论已几乎占领了整个 20 世纪 80 年代的学术圈，而从本质上看，它们并不属于建筑学的基本范畴，更多的是从哲学、语言学等其他人文学科中引介或转译过来的。因此，可以说 20 世纪 80 年代的建筑学理论话语的产生和讨论实际上是跟随着人文学科等学术领域而发展演进的。当然，这些关键词的出现也传达了中国建筑学在 20 世纪 80 年代复苏和重构的过程中所产生的历史遗留问题。此外，通过数据分析，值得引起注意的是，“后现代”这个词在 20 世纪 80 年代末异军突起，这除了与人文学科在这一时期引入诸如詹明信这样的学者，大规模讨论后现代的问题直接相关，也标志着建筑学科正在逐步扩张自身的理论范畴。与后现代一词相关的文脉解构主义、地域主义等词汇，也在这一时期逐步被引入建筑学术视野。当然，这些更为普遍性的理论研究，尽管有建筑学术杂志刊登，严格意义说是被动的，但更重要的是能够反映这些人文学科概念在建筑学领域的转译和学术交叉的特征。

（2）为了更好地呈现“建筑理论”关键词的多方面特征，我们再通过一个“建筑师”被讨论频次计量分析的图来呈现彼时的知识生产状况。通过 CNKI 检索取样，最终选取了 17 位中国建筑师、21 位国外建筑师作为关键词样本，20 世纪 80 年代中国建筑师 CNKI 搜索频次统计图（1979—1994）显示（图 6-4），中国建筑师的提及频次大约是欧美建筑师的三分之一，其中华裔建筑师搜索频次最高的是贝聿铭，由于其北京香山饭店设计而成为 20 世纪 80 年代最受关注的建筑师。此外，戴念慈因为阙里宾舍的设计也引发了 20 世纪 80 年代中期的讨论高潮，围绕着这些体制内外的建筑师的作品

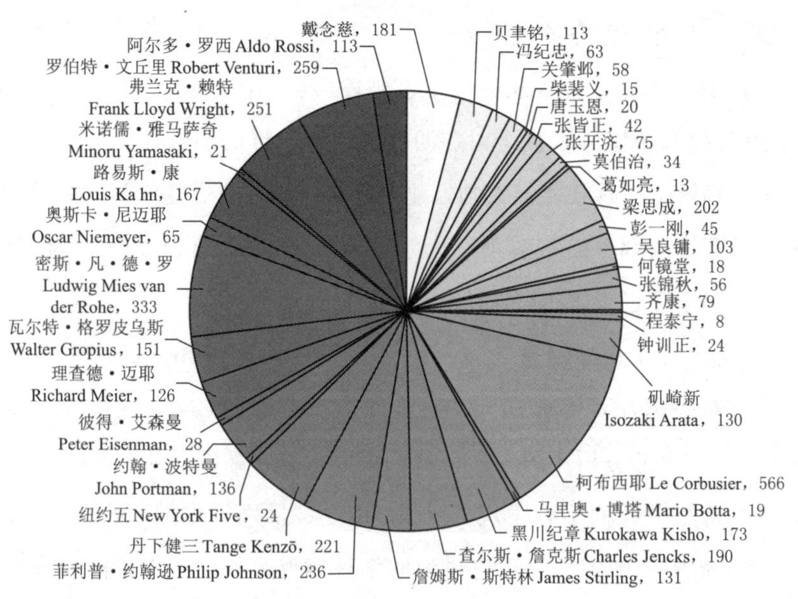


图 6-4　20 世纪 80 年代中国建筑期刊文本关注建筑师 CNKI 搜索频次统计图（1979—1994）

思想、设计方法等展开的文章和报道也日渐丰富多元。

与此同时，图中显示出，欧美建筑师出现频次最高的分别是柯布西耶、密斯·凡·德·罗、赖特、格罗皮乌斯这几位被称为“现代建筑四大师”的开拓者，其比重占到 20 世纪 80 年代被讨论的建筑师的大约 30%，由此可见，在 20 世纪 80 年代，引介欧美建筑师是诸多中国建筑专业媒体的重点所在。当时中国的建筑学科对建筑师的关注视角更为“学院化”，与欧美主流建筑历史研究关注的“现代建筑四大师”情况类似，这些更具代表性的现代建筑运动先驱仍是建筑学术关注的主角。值得注意的是，在后现代理论和实践兴起的情况下，西方建筑理论学者罗伯特·文丘里和查尔斯·詹克斯也占据了一定比重，他们在学术工作中往往是以批判现代主义的姿态出现。然而，从主要出现的建筑师名字来看，并不存在与它们同时代的西方建筑师，而更多的是现代主义建筑师，换句话说，获悉西方建筑师以及他们工作方式的主要渠道仍然是西方的理论文本，在 20 世纪 80 年代这样一个图像和媒介并不发达的时代，这种现象的出现也是理所当然的。这个时期，联系到 20 世纪 80 年代末中国学术社会对詹明信的误解，将詹明信这位批判后现代的哲学家，理解为后现代主义大师，建筑学对西方二战后建筑学的发展与演化也同样处于懵懂期，而一系列关系到西方社会发展、意识形态、政治经济的理解的问题至今也未曾得以解决。

（二）当代中国建筑理论与历史关键词图景（1980—2010）

通过对中国建筑专业期刊“建筑理论”关键词 CNKI 搜索频次统计图（1979—2017）的分析（图 6-3），我们可以大致归纳以下几个特征。

（1）从图中我们不难发现，“地域主义”“批判的地域主义”从 20 世纪 90 年代开始成为中国建筑理论讨论的学科热点。我们当然不能排除自进入 20 世纪 90 年代中期，国际语境时下的热点议题渐渐渗透到国内评论语境中，而不是如同 20 世纪 80 年代那样，国内外两个语境呈现出明显脱节的情状。而在当时，弗兰姆普敦作为西方语境下理论的代表人物，从某种程度上，他的学术影响力决定了由他所主推的“批判的地域主义”成为国际热点话题。另一方面，伴随着狭义的“后现代主义”在实践上的日渐无力和理论上的后劲不足，如何选择一个新的国际讨论热点话题，也成为当时国际评论界所不得不面对的问题。在此背景下，“地域主义”“批判的地域主义”作为国外被讨论得热火朝天的理论，具有更为宽泛的实践意义的理论观念，在 20 世纪 90 年代开始成为理论热点议题并不难理解。然而，伴随着 21 世纪国际评论语境中多元化讨论的热潮，某一单一学说或理论很难再出现类似“后现代主义”这种“一统江湖”的局面。通过此图不难发现，“地域主义”“批判的地域主义”在国内依旧占据着整个关键词频次最高的位置，随着时间推移，同其他关键词的出现频率差距愈来愈大。虽然某些特殊时期其态势出现了下降，但总体上来看，自 1994 年开始，“地域主义”“批判的地域主义”在图中基本上维持了长期、快速增长的趋势。

结合图 6-3 纵向对比，我们可以对这种“非正常”的增长趋势进行合理的推理，“地域主义”“批判的地域主义”的讨论同时伴随着对“中国性”的讨论而呈现类似的增长趋势。借助“地域主义”“批判的地域主义”理论，我们可以对较为缺乏理论支持的中国当代建筑进行具有国际可讨论空间的理论扩展，使得具有中国特色的建筑实践可以在更大程度上被国际语境所接受。换句话说，正是“地域主义”“批判的地域主义”本身对于其定义的“模糊”，造成了在不同时期均可对此概念进行不同的“再解释”。虽然它们维持着较高的出现频次，但是我们有理由相信，进入 21 世纪以后讨论的“地域主义”“批判的地域主义”已经同 20 世纪 90 年代的认知有了显著区别，在具体描述上有了更加细致的解读。同时，我们也相信，伴随着整个国家经济的上行和文化自主性的被强调，“地域主义”“批判的地域主义”的提及频次在中国当代建筑语境下仍将保持领先地位。

（2）从大事件角度上来讲，2008 年出乎意料地成为一个理论话语生产的拐点。2008 年奥运会的举办是成功的，这在某种程度上体现了“大事件”有助于增强建筑学科对“中国性”和国家身份的认同与自信。但与之相反的是，“中国性”在建筑话语关键词的讨论中，第一次清晰体现出一种走低的趋势。这种走低直至 2010 年上海世博会的完成。这种变化并不难理解，伴随着两次大事件带来了国际上更加成熟与系统的评论与思考，必将会引起我们对于自身的特质的反思。我们甚至可以说，前者对尚未建立系统的国内建筑理论与评论界来说，其实是一次沉重的降维式打击。传统热点话题讨论度的降低也意味着会有新的热点议题的产生，比如在本书研究中，20 世纪 80 年代尚未出现的“建构”理论的讨论……这印证了本书的研究并不是一个一成不变的静态框架，而与时代变迁相对，本书关注的思想观念和理论热点的变化始终有着一定的开放性。同时我们需要看到，这次走低并不是一次简简单单的瞬时变化，它结束了从2000到2006年一次长期的高速增长趋势，代表着我们进入了一次“集体反思”的状态，这种“集体反思”的重建必将为新一轮的讨论建立更为理性的基础。也就是说，该时间节点其实还有着重要的承上启下作用。

## 第二节 “中国性”观念建构

通过纵向比较图6-1和图6-3还可看到以下规律：在2000至2006年之间，图6-1和图6-3分别出现了搜索频次在整体上极速增长的情况。通过分析可以看到，这种“跳跃式”的急速增长一定是由某一种外在因素的巨变所带来的，比如2008年奥运会和2010年世博会的召开。由此可见，外在因素的冲击必将会对国内评论话语的基本布局造成较大的影响，大型事件的发生势必会影响到学科内部更加多元与前卫的讨论议题的生产。与此同时，多元的讨论也将会分散我们对某一些传统热点话题的关注度，比如，在此期间，国外建筑理论话语被大量引介到国内，在这种理论话语多元化的状况下，我们对“中国性”的讨论与再探求相对减弱了。这很好地解释了为什么从2000到2006年，我们对于“中国性”的关注呈现出爆炸式的增长，而我们对其他理论话语讨论虽然在总量上呈现出增长的趋势，然而其增长程度亦是相对缓和的。这一推论反过来可以更好地证明前文的分析，即“中国性”本身是缺乏相对明确的定义的，围绕这个观念所展开的讨论具有历时性的特征，而我们也在通过对国际语境的不断反思，由外到内去试图寻找到底什么是属于中国建筑的“中国性”的特征。

再深入地分析，图6-1和图6-3均体现出A、B、C三段式的分层状况，分别是热度最高的第一段、居中的第二段以及频次较少的第三段。首先我们发现，A段，不论是“中国性”还是“地域主义”“批判的地域主义”这两个话题都是可以被更广泛讨论的，这种广泛的讨论不仅仅限于专业、非专业或者是相关专业，亦可以借助各自的相关领域知识对这两个概念进行不同的解读。而B段体现出了一种“中间状态”，比如“环境”“适用、经济在可能的条件下注意美观”等观念，其实质上可以在泛设计领域展开讨论，而不仅仅局限在建筑学的学科语境下，这也充分说明了B段与A段所侧重的讨论话题的各有侧重。

与此同时，通过仔细比对我们不难看出，C段讨论的思想话语和建筑理论则更具有专业性和学术性。简单概括来说，A段体现为对“社会话题”的关注，B段为建筑专业或者相关专业讨论较多的话题，而C段主要是专业度更高的“学术话题”。然而，C同A在讨论频次和总量上的巨大差异进一步呈现出了一个有些“尴尬”的事实，即C段感兴趣的学科观念或许仅存在于相对狭隘的学术领域，这些“观念议题”很难拿来被更广泛地讨论，甚至同非专业人士产生真正的共鸣。从表格中我们不难发现A段的折线变化呈现的是一条较为单一的发展曲线，而C段的折线变化是最为复杂的。如果我们无视某单一词汇的高频而仅对词汇本身进行讨论，我们会发现C段才是具有最多热点词汇的部分。换句话说，A段跟B段的区别，更多体现出“什么是可以被整个社会拿来进行开放性讨论的”，而B段跟C段的区别才真正地体现出建筑学科专业理论的观念演变特征。

上述分析似乎体现出一个广泛讨论的话题同学术领域相对狭小但具有针对性的话题两者之间的差别，并可以引出这样的思考——究竟什么才是学术讨论的真正价值？作为具有学科理论价值的C段，是否应该在当下的讨论中摆脱孤芳自赏的狭隘而具有普遍性？或者换句话说，自20世纪80年代学科重建以来，在学科观念不断生产和转型的过程中，面对话语观念的断裂状况，我们如何重构“中国性”的建筑观念？进而反思，作为学术讨论，我们更应该关注什么？当然，针对思想观念和理论话语学术价值的讨论并不是本书的研究目的，本书的研究目的还在于，通过一系列关键词图解，探究我们该如何客观、理性地描述话语实践，并揭示话语对于社会身份的建构。通过研究我们可以看到，近 40 年来有关“中国性”的讨论实际上是一个“隔靴搔痒”的中性词，它仅仅是对于国家身份认同的一个泛讨论、一个非常模糊的描述……这也印证了邓小平同志在 20 世纪 80 年代改革开放初期就提出来的观点：“有关‘中国模式’‘中国道路’的讨论，不仅成为国内外知识界普遍关注的问题，更被视为现代中国历史中‘民族心理’和主体意识发生转换的历史契机。”

## 一、“身份认同”的危机

### （一）“新时期”“民族 / 国家形式”观念的呈现

《空间·时间与建筑——一个新传统的成长》①（*Space，Time and Architecture：The Growth of a New Tradition*）作为 20 世纪最重要的建筑历史著述之一，作者吉迪恩将此书的副标题选定为“一个新传统的成长”，并在文中说道：“History is not a compilation of facts，but an insight into a moving process of life.”② 某种程度上表明，早在 20 世纪 30 至 40 年代，吉迪恩就意识到现当代建筑历史是一个动态生长的过程，而不仅是对历史事实（Facts）的编纂。通过对现代建筑历史的书写，具体历史条件下的现代性进程、权力与文化认同等问题得以清晰地呈现。时隔近半个世纪，库哈斯关于当代中国的描述与吉迪恩所强调的“变动生长”观点极为相似，“This

---

① 希格弗莱德·吉迪恩.空间·时间·建筑：一个新传统的成长［M］.王锦堂，孙全文，译.武汉：华中科技大学出版社，2014.在作者看来，当代文化混杂的外在之下，其内部依然潜藏着可以把握的规则与统一，也正是在此状况下，一个“新的建筑传统”得以成长。

② GIEDION S.Space，Time and Architecture：The Growth of a New Tradition［M］. Cambridge，Massachusetts and London：Harvard University Press，2008. 5th rev. and enl. ed.

is China，One big contradiction which refuss to be placed in a box”。在库哈斯看来，中国问题是一个复杂矛盾的综合体，当代文化中的瞬时性、动态性、异质性是其基本特征，中国的社会现实很难在单一范畴里简单概括。潜在之意就是说，当代中国建筑话语的研究更近似于一部“动态”当代史的观察和书写，很难为此构建一个固定的研究框架，也很难循着某种发展规律来阐述。

20 世纪 80 年代作为中国当代建筑学实践与理论研究全面开启的历史阶段，见证着“一个新传统的成长”。本书的研究聚焦 20 世纪 80 年代中国建筑学的实践生产和理论阐释，通过建筑话语的分析，探索与反思中国建筑的现代性演变状况，呈现“一个新传统”的成长图景。

现代性的危机与困惑导致了身份认同的焦虑和观念的转变，一定程度上，身份认同呈现了某一文化主体在强势与弱势文化之间进行的集体身份选择。作为西方文化研究的重要概念，“身份认同”（Identity）源自西方哲学主体论，根植于西方现代性的内部矛盾，秉承现代性批判理念，并在西方思想史的发展历程中几经裂变，衍生出多种范式。① 在 20 世纪 80 年代中国学术思想图景里，观念的话语被不断地“叙述”和“重构”，中国学界围绕着“传统–现代”“中国–西方”“个人–体制”“主义–问题”等相互制约又彼此紧密相关的核心观念，在一个多维度的话语版图里就“怎样认识当代中国社会，对中国传统文化的反思”展开了热烈讨论。这些有关“身份认同”观念的论争既是过去 30 年中国知识界未竟的议题，也是 20 世纪以来建筑学话语论争的中心。本书旨在中国语境下，以建筑学科为坐标中心，呈现出“传

---

① 赵一凡，张中载，李德恩．西方文论关键词［M］．北京：外语教学与研究出版社，2006．在文集收录的陶家俊所编写的“身份认同”一文中，他把身份认同的范式大致划分为以下几类：以主体作为中心的启蒙身份认同、以社会为中心的社会身份认同、后现代去中心的身份认同、后殖民身份认同、族裔散居混合身份认同。

统-现代”“中-西”“古-今”“中心-边缘”等二元对立的维度上不断变动、不断产生的新话语、新观念之图景。通过研究此坐标维度上建筑话语的发生与演变，呈现身份认同过程中自我与他者、个人与社会的相互作用。

就中国建筑学科围绕“民族/国家形式”与身份认同的讨论来看，可以追溯至20世纪初期“中国”作为一个“国家”概念的诞生以及探索民族建筑“式样”(Style)的诉求中。其中，王颖博士《探求一种“中国式样”：早期现代中国建筑中的风格观念》[①]一书的相关研究，就近代中国“式样”风格观念的流变做出了重要的知识梳理。文章提到，“中国建筑”是随着“民族/国家”意识的产生而逐渐出现的概念，中国作为世界中心的观念从19世纪开始逐步瓦解，并以西方国家模式为范本创造了一个“民族国家”。在此意识形态下，19世纪末至20世纪初期，中国知识分子就开始了对“民族性”的追求：20世纪初期的中国知识界深受西方文化思潮影响，从“取其精华，弃其糟粕”到“整理国故”的思想运动成为吸收和理解西方文化的重要途径。其中，“整理国故”运动在胡适先生等学者的拓展下将“研究问题、输入学理、整理国故、再造文明”的观念作为对待和处理传统学术思想的态度，并在20世纪20年代开启了探索传统文化的风尚。从此以后，对民族文化以及历史传统的扬弃成为中国知识分子普遍的观念诉求，这也逐渐成为几代中国建筑师内心无法割舍的家国情怀，并体现在建筑创作中对“中式”“中国性”的集体诉求上。在此背景下，寻找以及建构“国家/民族形式”，成为中国建筑学科构建身份认同的重要途径。

概括地说，20世纪以来，中国建筑学科大致经历了三次重要的“民族/国家形式”浪潮——20世纪30年代有关“中国固有式”的探求；20世纪50年代“社会主义内容，民族形式”的实践以及“中国的社会主义建筑风格”

---

① 王颖.探求一种“中国式样”：早期现代中国建筑中的风格观念[M].北京：中国建筑工业出版社，2015.

问题的讨论；20 世纪 80 年代“中国建筑的现代化道路”“新而中”的论争。这些旨在通过建筑形式来寻求“民族 / 国家”身份认同的尝试深刻影响着 20 世纪的中国建筑实践。其中，20 世纪 80 年代的形式论争以及“中国性”讨论，很大程度上延续了 20 世纪之初以来在“民族 / 国家”身份认同的焦虑，不难看出，20 世纪 80 年代中国建筑学仍旧未能走出这种形式探索的困境。

## 二、20 世纪 80 年代中国建筑的“现代性”观念探求

在西方语境中，传统社会向现代社会过渡的状态曾被认为是一场身份认同的危机，随着现代性论述的观念范畴不断拓宽，其内涵也在不断深化。现代性不再只是文论研究的专有概念，同时也在揭示一种不断发生变化的当代意识。很大程度上，现代性不再作为传统的对立面而存在，甚至参与到对传统观念的反思与重建上——“现代性作为一种后传统的秩序，并未与传统彻底决裂，而是在利用传统进行秩序重建”①。

现代性（Modernity）作为近现代中国建筑学科发展进程中最重要的特征，几乎可以用来分析和阐述各个时期现代建筑的实践和话语生产状况。然而，与西方话语中的现代性观念有着显著区别，如何对中国语境下的建筑现代性进行解释，成为一个既重要又困扰当代中国学者的问题。一方面，对中国建筑学科究竟有没有构建起真正意义上的现代性，在相关研究中仍存有不少质疑的观点；另一方面，在已有研究中，建筑学有关现代性、现代化、现代等相关概念的阐述大多建立在西方文论研究立场上②，这些建立在对西方现代性的想象之上的阐释历经“理论旅行”参与到中国的建筑现代性讨论

---

① 安东尼·吉登斯．现代性的后果［M］．田禾，译．南京：译林出版社，2000：33.

② 在希尔德·海嫩的著作《建筑与现代性：批判》中，作者援引了马歇尔·伯曼（Marshall Berman）在《一切坚固的东西都烟消云散了》(*All That Is Solid Melts into Air*：*The Experience of Modernity*）一书中对现代化、现代性和现代主义三者做出的区分。

中，似乎很难准确地描述中国问题，而就中国语境下的建筑现代性讨论也就难免变得繁杂起来。[①] 在郑时龄教授看来，中国现代建筑演变和发展的环境是十分复杂的，并且始终处于“现代与反现代”的矛盾中。在其看来，“中国建筑的现代性必然不同于欧洲或美国式的现代性，中国建筑的现代性不是单纯靠移植外国或境外建筑师的设计能够实现的”[②]。也就是说，有关中国建筑现代性的论述几乎无法参考西方经验，我们只能通过诸多研究方法和视角，在中国语境下“构想”我们的现代性。

作为一个具有政治意义的时间枢纽，20 世纪 80 年代在当代中国处于一个特殊的历史位置连接着当下与历史。“80 年代作为一个告别 1950—1970 年代的‘前现代’与‘革命’的‘现代化’时期，似乎重新续接了打碎古老中国‘铁屋子’的‘五四运动’传统的新文化启蒙时期，同时也作为一个挣脱了传统中国闭关锁国谬见而走向世界的开放时期，这种历史意识和时代认知赢得了广泛认同和共鸣……正是在 80 年代，有关这一时段的历史体认方式，以及一种基于对‘文化大革命’及中国革命史的反省而形成的‘现代化’想象，成了普遍共识。”[③] 有关 20 世纪 80 年代的历史讨论远不只是知识界的理论反思，更是某种受到普遍关注的社会意识和多元议题的共同阐述，20 世纪 80 年代中国社会知识生产正是在这样的历史背景下启动。而 20 世纪 80 年代作为续接了 20 世纪 50 至 70 年代的一段历史时期，其观念意识的建构深刻地影响着当下，综观 20 世纪中国建筑学的现代性探求，始终伴随着对

---

① 在中国有关建筑现代性的讨论已经举办了多次学术讨论会，近期最有影响力的一次是 2015 年 5 月 30 到 6 月 1 日，由同济大学建筑与规划学院以及上海现代建筑设计集团共同举办的“构想我们的现代性——20 世纪中国现代建筑历史研究的诸视角”国际研讨会，此次会议把建筑现代性作为主要议题进行了深入的讨论，并将重要文章集结发表于 2015 年第 5 期《时代建筑》。其中，比利时作者希尔德·海嫩、玛丽·麦克劳德等作者的相关叙述对本书有关现代性的书写有较深影响。与此同时，限于笔者对现代性理论认知的局限，在此不再展开拙见。

② 郑时龄．当代中国建筑的基本状况思考［J］．建筑学报，2014（3）．

③ 贺桂梅．“新启蒙”知识档案：80 年代中国文化研究［M］．北京：北京大学出版社，2010.

传统文化扬弃的种种顾虑。在此观念下，“民族 / 国家形式”的思辨和论争成为近现代建筑话语演变的主线。在有关“传统-现代性”的论争中，一种独特地（Unique）、混杂地（Hybrid）“中国现代性”观念主导着20世纪80年代中国建筑话语的不断演变更迭，深刻影响着当代中国建筑学科的发展。

简言之，20世纪80年代以来，如果说中国建筑学的实践和理论探索包含了对现代性的思考和追求，那么，我们可以看到此后的近40年，中国传统文化观念并没有彻底被现代性所消解，传统形式或者说“中国性”已经不再是一个“羁绊”，而是转化成为一种根植在当代中国建筑师潜意识里的观念维度，作为一个统摄性的核心范畴，参与到关于建筑学现代性的建构和想象当中。而我们所认为的文化断裂则是多方面原因造成的，但构成一切断裂的宏大基础则是传统在现代社会的迅速消逝，或者更恰当地说，不是作为人类整体历史的突然中断，而是传统的精神理念、价值规则、思维途径，甚至包括传统的实在事物在本质上的转换和隐退。有如哈贝马斯所言，我们不能挑选我们的传统，但是，我们能够决定如何延续并改造我们的传统，现代性在中国建筑学科的发生正是对这种传统“重建”的见证。

## 第三节　20世纪80年代中国建筑历史研究的当代意义

20世纪80年代以来的中国知识界旨在探索新的理论和学术话语，希望从传统的话语结构和思想观念中突围，探寻新的话语资源几乎是整个中国20世纪80年代的文化动力。20世纪80年代的建筑学科作为一个话语生产的实验场，许多新兴理论和批判范式被不断地生产出来并影响着当代中国建筑话语的走向。

综观20世纪80年代中国建筑实践，无论是香山饭店“现代中国建筑之路”的探求，还是阙里宾舍为代表的“新而中”的观念生产，抑或是方塔园“与古为新”的独立姿态，当时的本土建筑实践主要围绕着建筑形式的扬弃展开。然而，囿于时代，20世纪80年代的中国建筑只能在“极为有限的缝隙中探索传统与现代的融合”①，面对突然间剧增的建设量以及丰富多元的学科探索活动，当时的中国建筑师见证了西方文化作为一种“强势”力量介入中国的设计实践，并在极短时间内对中国传统文化展开了前所未有的挑战。面对彼时的状况，大部分中国建筑师普遍抱持着喜忧参半的态度，一方面欢迎西方（后）现代建筑来到中国；一方面担心西方思想观念对中国传统文化的吞噬，在极力“维护古都风貌”的同时也忧虑于“夺回古都风貌”的复古主义思潮再次泛滥。此时，建筑自主性观念逐步觉醒，出现了“京派”“海派”和“广派”并存的局面，一大批中青年建筑师在实践中大胆创新、彼此争鸣……然而，在经济和文化进入快速发展的这一阶段，大量的实践和新兴理论来不及吸收和转化，造成了大多数建筑师对“传统-现代性”的忧思、对身份认同的焦虑，这也是他们共同呈现的20世纪80年代建筑师的时代群像。

由此可见，20世纪80年代的话语论争无论是观点上的一致认同还是激进的批判争鸣，似乎都是基于对现代社会认知的不知所措以及对此前社会政治运动的畏惧，意识形态的开放或保守很大程度上影响着中国建筑的现代性建构。与此同时，在本土建筑理论的探索上处于“摸着石头过河”的状态，盲目引介和简单模仿西方建筑理论，导致了理论接受过程中“误读”以及本土理论生产时“错接”现象的产生，虽然这种“摸着石头过河”的探索意识在今天看来是突破性的转变，它为当代中国建筑实践奠定了广泛的理论基

① 彭一刚．传统与现代的断裂、撞击与融合：厦门日东公园的设计构思［J］．建筑师，2007（4）．

础，但是，20 世纪 80 年代在建筑实践和理论研究上的历史遗留“问题”无形中为当下学科发展预埋了重重障碍。在今天的学术研究中，敢于挑战 20 世纪 80 年代思想观念的偏差，对当时的设计实践和理论探索做出矫正，既是当务之急也将是历史发展的必然。

## 一、书写当代中国建筑的地志

> 如果想融入国际学术界的主流语境，既要进入国际学界——这叫“预流”，又必须要强调自己独特的立场和问题意识。进入国际学术界的前提就是保持自己的分析立场，问题意识，独特角度。①
>
> ——葛兆光《宅兹中国：重建有关“中国”的历史论述》

全球化语境下，“历史的书写从单极的、欧洲中心主义的、线性的、目的论的现代性模型转变为‘多元的’‘可选的’‘全球的’和‘他者的’模型，为理解建筑中的现代性提供了全新的视角”②。在此背景下，打破西方中心论的传统观念，展开非西方现当代建筑史的研究具有重要的历史意义。综观已有的现当代建筑历史研究，主流现代建筑史的书写始终以西方建筑发展历程作为标尺，以西方现代性经验作为检验标准，这种状况造成了文化差异性和独特性的消解，因此，有必要在西方话语之外，构建诸视角下的非西方现当代建筑历史研究体系。与此同时，当代中国作为实践话语极为丰富的主体，寻求并建构属于中国自己的话语场，研究中国当代建筑史、建构本土建筑理论、书写当代中国建筑的“地志”势在必行。

---

① 葛兆光 . 宅兹中国：重建有关“中国”的历史论述［M］. 北京：中华书局，2011.

② 卢端芳，金秋野 . 建筑中的现代性：述评与重构［J］. 建筑师，2011（1）.

中国建筑近40年来的实践表明，当代中国建筑话语的变化，绝不仅仅是建筑学科内部的范式变革，而是一种与中国当代社会密切相关的变革现象。在库哈斯看来，当代中国建筑话语具备一种不断发展变化的特性，中国吸引他的是它生机勃勃的内在生活，有很多矛盾，这些矛盾可以抗拒巨大的均质性。换句话说，也正是在这种异质（Heterogeneous）、动态的（Dynamic）发展状况下，中国建筑师和研究学者旨在通过“中国-西方”“传统-变革”“建筑自主性-社会现实”的复杂网络寻求自身话语，从事件、时间、空间的层面观察并介入当代中国建筑实践。

现代建筑历史的书写从方式方法到视角均有别于一般历史的书写，我们无法将其固定在一个研究框架下笼统地进行编年史般的记述，也难以选择一个具体的时间点，对此间的种种史实进行详尽的概括。本书的书写以20世纪80年代建筑文本为对象，对文本记述中被讨论得较多的“片断”展开话语分析。这种研究方法和视角固然存在种种局限和不足，但是，作为一种当代中国建筑史研究的方法，希望今后的相关研究能在此基础上不断提升和发展，逐渐形成一套具有“分析立场，问题意识，独特角度”的中国当代建筑史研究和书写的方法。中国史学研究学者章太炎曾在《中国通史略例》的编撰时提到，中国与西方关于历史的“书写”可归纳出各自的方法途径，“西方做史，多分时代；中国则惟书志为贵，分析事类，不以时代分画：二者也互为经纬也”。由此可见，在历史书写中，中国问题的研究和记述并没有规定必须严格按照时代作为划分的教条，反而，对史料分析的重视、对研究方法的融会贯通，这些自古以来的书写观念才是中国历史书写的智慧。在章太炎先生的观点里，“立足中国本土寻找问题的答案”才是最难能可贵的。

如果说历史研究是一个不断被证伪和试错的过程，那么，当代史的研究和书写应当被视作发现问题和提出问题的历史以及一个自我批评和检视的过程。关注历史现实，把握“当代性”这种变动生长的文化过程，将是当代史研究中最为困难但也是备具意义的部分。本书的研究将 20 世纪 80 年代视作当代中国建筑起步的“原点”，从研究的出发点以及书写过程来看，这也将是一个通过不断调整、不断修正、不断深化，逐步接近和走进客观真理的过程。我们相信，通过不断拓展中国当代建筑研究的边界，更有价值、更为系统深入的相关研究对逐步充实和完善中国当代建筑地志的书写具有重要的时代意义。（图 6-5）

## 二、拓展中国当代建筑研究的边界

中国当代建筑近三十年来的实践活动表明，较之 20 世纪 80 年代贝聿铭、戴念慈等前辈建筑师对“中国性”“现代性”等问题“顾虑”较多、对

图 6-5　西方专业建筑期刊“有关中国建筑的专业报道”的若干文本

置身的政治环境和国家意识形态做出积极的反馈，当代中青年中国建筑师的设计实践更倾向于从中国的社会现实以及设计自主性等问题出发，较少关注作品本身是否符合某种“民族形式”、是否呼应了历史文脉、是否体现了场所精神、是否顺应了官方诉求等问题。尤其是20世纪90年代以来，中国出现了以张永和、刘家琨、王澍、马清运等为代表的体制外独立建筑师和事务所，他们的建筑实践与20世纪80年代的建筑师从观念上就产生了巨大的分野。这一代建筑师更关注作品本身的叙事性，在设计过程中，他们主张思想和理念先行，对主流观念进行挑战。他们的作品普遍体现出开放创新的前卫姿态，面对当代历史语境敢于大胆地提出具有实验意味的设计理念，这使得他们在这个阶段的作品被学界概括地称为“实验建筑”，并深刻地影响了接下来的中国建筑实践。（图6-6）对此，“实验建筑”资深研究学者饶小军先生做出敏锐的洞察，他认为当时的“实验者”“一方面要在西方思想的空白、间断、边缘和缺失处建立本土的话语实验，以消解西方建筑理论对我们的控制性影响；另一方面，它也并无意产生一种替代性理论，以超越前此以往的理论框架，上升为新的正统和主流。它可以看成是一种理论上的增值，把对本土建筑发展的生存焦虑和对西方建筑理论思想的解构批判同时加以思考，来寻求当代中国建筑的思想定位”①。如果说20世纪90年代的“实验建筑”是一种观念性的探索、一种边缘性的实践，那么，2000年以后的中国当代建筑师已经走出了实验建筑的“不确定性”。新一代中国建筑师越来越明确地意识到，在自己所置身的社会现实中，能多大程度上实现其作品的完成度。在这种预判下，他们的作品不再一味地深陷形式问题的困扰之中，也不再为种种社会意识形态所左右。对2000年以后中国建筑师的实践状况，当代建筑研究学者李翔宁教授认为，“‘中国性’这一宏大和沉重的

---

① 饶小军．实验建筑：一种观念性的探索［J］．时代建筑，2000（2）．

图 6-6　当代中国建筑与先锋："实验建筑"呈现出的"抵抗的意愿"

命题，对于今天更年轻的建筑师而言，既不是他们的经验和传统文化的修养所能够探讨的，也非他们的兴趣所在……他们更关注的是如何在中国现有的条件下，实现有品质、有趣味的建筑。他们并不太在意自己的思想和形式是'西方'的，还是'中国'的……"①。同时，他进一步提出了"权宜建筑"的概念，并以此描述当代中国中青年建筑师参与设计实践的态度，"'权宜建筑'不是对现实的妥协，而是一种机智的策略，是在建筑的终极目标与现实状态间的巧妙平衡；'权宜建筑'不是对西方建筑评判标准的生搬硬套，而是对自身力量和局限的正确评价……'权宜建筑'可能不是最好的，但绝对是最适合中国的……"②。对当代中国建筑师而言，"权宜建筑"的策略既是对其参与实践状况的生动描述，也成为他们应对中国问题时可供选择的参照策略。

①② 李翔宁．权宜建筑：青年建筑师与中国策略［J］．时代建筑，2005（6）．

此外，就当下中国建筑实践的现代性探求来看，当代中国建筑师逐渐有意识地建构起一套属于自己介入实践和批评的观念话语。其中，当代建筑研究学者朱涛在《圈内十年：从三个事务所的三个房子说起》一文选取了马达思班、家琨建筑和都市实践三个具有不同设计策略的事务所，就其介入设计实践的观念和操作策略进行了评述。在朱涛看来，马清运的设计并不遵循一个有序的演化过程，当代文化中的瞬息万变和失稳状态是其作品常见的“品质”。“玉山石柴”① 那种“脚踏实地”的实践模式并没有在其此后的作品中加以延续，投身于天马行空的“广义操作”，关注设计背后的“力量”(政治、经济和社会性等决定因素）是马达思班最常见的实践模式。与马清运相反，刘家琨的设计策略倾向于“将自己的实践相对稳定地锚固在某些观念点上”，聚焦于“此时此地”、关注“现实感”，通过控制传统与现实的张力来协调现代性和各种特定的地域文化传统、物质状况、人情世故之间的关系，其作品大多具备强烈的历史感。与刘家琨偏踞西南的在地实践和马清运天马行空的“广义操作”不同，都市实践（Urbanus）立足“都市”这样一个混杂的空间场域，实践过程中，他们“勇于担当空间知识分子、技术专家和艺术家的多重角色，积极地参与很多大型城市项目的调研和策划工作……坚持城市文化理想和空间实践批判性”，在理论话语和实践操作上，他们以“都市主义”为研究的起点和终点，旨在都市语境下探索“形式”并反过来以“形式”推动他们的“都市实践”。与此同时，都市实践作为那种在实践和理论探索上都有清晰的自我定位的事务所，他们较好地实现了“实践-研究”

---

① 就“玉山石柴”呈现出清晰的建造逻辑以及层次丰富的形式语义之后，马达思班的设计策略转向了“狭义的建筑设计领域之外”，朱涛在文章中对此表示出些许遗憾，“可惜，之后马达思班的作品，并没有在形式质量上进一步开拓或提升，而是越来越倾向于在各种建筑时尚的兴奋点上跳跃”。

的互动。他们的文章《用“当代性”来思考和制造“中国式”》[①]体现出对“当代性”和“中国式”的批判反思，同时，他们也有意识地通过“城中村”和“土楼计划”等研究进一步去验证这种思考，可以这么说，以都市实践为代表的当代中国建筑师介入设计的策略对当下中国建筑实践活动的开展是具有示范意义的。

在当代中国建筑学话语图景中，20 世纪 80 年代作为中国当代建筑实践与理论研究全面开启的历史阶段具有重要的学科意义。在 20 世纪 80 年代奠定的基础上，中国建筑师的建筑创作环境空前开放和自由，一大批中青年建筑师得以走出国门学习交流，并获得大量的设计实践机会，他们的实践在很大程度上突破了传统观念的束缚，并通过不同阶段的探索实践积累了丰富的经验。进入 2000 年以后，中国建筑师的实践和理论话语日趋丰富——重新理解传统、重新阐释经典、跨学科对话、拓展研究边界成为近十年来中国建筑师和研究学者探求学科话语的新领域。其中，黄居正、刘东洋、金秋野、王昀等学者关于柯布在中国的解读；王澍、董豫赣、童明、葛明聚焦中国传统园林，以园林作为工具寻找中国当代建筑中的“中国性”（图 6-7）；李翔宁、朱剑飞、朱涛、周榕等学者关注当代中国建筑师的境遇；王骏阳教授对“建构”理论的引介；卢永毅、卢端芳、王凯、王颖等学者对建筑现代性的讨论；袁烽、徐卫国、宋刚等对参数化的应用推广……这些尝试在很大程度上扩展了当代中国建筑学研究的边界。由此可见，当代中国建筑实践已经跨

① 刘晓都，孟岩，王辉．用“当代性”来思考和制造“中国式”[J]，时代建筑，2006（3）．在都市实践看来，全球化语境下，“符号”已无明确的地域界限，它可以是降落在纽约大都会博物馆顶楼的江南园林，也可以是落脚于深圳的粉墙黛瓦和院落……但是一种符号化的“传统”作为“中国式”的幽灵反复地与各个历史时期的政治话语、文化主旨等问题缠绕在一起，数次出现在中国的建筑实践中。今天的当代中国建筑在这个谁也说不清道不明的“中国式”里打转，很大程度导致了城市建设中的消费狂欢、景观异化等问题……在此背景下，都市实践基于中国“当代性”制造了一种独特的“中国式”的理解。

图 6-7　以“园林”作为工具寻找中国当代建筑中的“中国性”讨论

越 20 世纪 80 年代的观念束缚，以更具开放性的姿态参与到当代实践中并呈现出当代中国建筑师日趋理性的思考。

回顾近四十年中国建筑学科的历史进程，我们发现，伴随着狂飙突进的城市化以及设计实践的盲目高歌猛进，当代中国建筑师和理论家在实践急速发展的同时也伴随着历史性记述的缺失和中国自己的理论话语的失声。在此时代背景和社会现实下，展开对中国当代建筑历史的系统性研究，既是对学科前沿的深入探索，也是对当代中国社会现实的批判性反思。20 世纪 80 年代作为当代中国建筑历史与理论研究的“原点”，学术研究和设计实践在经历了历史的断裂后重新展开，多学科交叉下产生了大量的新话语、新观念，而对 20 世纪 80 年代展开的中国当代建筑研究则相对匮乏，缺乏真正的梳理。在此状况下，本书以 20 世纪 80 年代建筑专业期刊的重要文本为研究对象，以学科关键词计量统计并结合建筑话语分析等研究方法，对彼时建筑学科内部讨论较多、论争活跃的学术“事件”和“议题”展开话语研究，归纳和分析建筑话语内外的学术景观，呈现 20 世纪 80 年代及改革开放 40 多年来中国建筑观念演变的趋向，并对当代中国建筑学科展开批判性反思。

概括地说，对20世纪80年代建筑学科展开系统深入的研究和史料整理具有重要的学术意义和科研价值，本书将有助于当代中国建筑理论研究的进一步开展，并可以和西方的话语体系相互参照和比对，从而发掘当代中国建筑理论自身的独特性，改善当代中国建筑对自身理论研究贫乏的现状；同时，通过建筑话语研究的方式，介入当代建筑实践与建筑评论的互动，有效促进当代中国建筑师借助理论和话语工具对自身创作实践进行反思，推动实践与观念话语的变革。

# 附　录

## 附录一　20 世纪 80 年代中国建筑大事记

· 1976 年　北京前三门高层住宅工程开工

· 1976 年　广州白云宾馆建成

· 1977 年　中国建筑学会恢复工作

· 1977 年 8 月 12 日　中国共产党第十一次全国代表大会召开，社会主义建设进入新时期

· 1977 年 8 月 23 日　外经部向党中央、国务院提出《关于进一步做好援外工作的报告》

· 1977 年 9 月　中国教育部在北京召开全国高等学校招生工作会议决定恢复高考，中国的人才选拔和培养机制重回正轨

· 1977 年 9 月　国家建委党组决定恢复和充实中国建筑学会办事机构，恢复和筹建 13 个专业学术委员会

· 1978 年 3 月　全国科学大会上，邓小平重点阐述了"科学技术是生产力"的观点

· 1978 年 4 月　全国教育大会召开，恢复文化教育科技事业，结束了对外封闭的状态

· 1978 年 5 月 26 日　建筑学会和建筑科学研究院在广州联合召开旅馆建筑设计经验交流会，会后出版了《旅馆建筑》
· 1978 年 7 月 6 日　国务院召开务虚会，主题是研究加快中国四个现代化的速度问题；会议提出要组织国民经济的新的“大跃进”
· 1978 年 9 月 7 日　国家建委在北京召开“城市住宅建设会议”，就如何加快城市住宅建设问题提出了规划和设想
· 1978 年 10 月 19 日　国务院批转国家建委《关于加快住宅建设的报告》，报告提出，到 1985 年城市平均每人居住面积达到 5 平方米的目标
· 1978 年 10 月 22 日　中国建筑学会建筑创作委员会（简称“南宁会议”）召开恢复活动大会，会上对建筑现代化和建筑风格问题进行了讨论；经有关领导指示，委员会改名为“建筑设计委员会”
· 1978 年　建筑学会代表团赴墨西哥参加国际建协第 13 次大会
· 1978 年 12 月 13 日　十一届三中全会准备会议上，邓小平发表了《解放思想，实事求是，团结一致向前看》的讲话
· 1978 年 12 月 6 日　邓小平把四个现代化量化为到 20 世纪末，争取国民生产总值达到人均 1 000 美元，实现“小康水平”；邓小平把这个目标称为“中国式的四个现代化”，即“小康之家”
· 1978 年 12 月 18 日　党的十一届三中全会在北京举行；全会决定，从 1979 年起，全党工作的重点转移到社会主义现代化建设上来
· 1978 年 《建筑设计资料集》出齐，该资料集自 1964 年，经历 10 年时间终于问世
· 1979 年 1 月 6 日至 1 月 15 日　国家建委召开全国设计工作会议，在会议文件中最后一次提到“设计革命”
· 1979 年 2 月 15 日　中国建筑工程公司宣布成立
· 1979 年 2 月 20 日　中国建筑学会和国家建委科技局联合发布《关于组织城市住宅设计方案竞赛评选工作的通知》
· 1979 年 3 月 31 日　国家建委党组做出为中国建筑学会和《建筑学报》平反的决定

- 1979 年 4 月 1 日　建筑学会召开常务理事会扩大会议（简称“杭州会议”），会议讨论了落实政策、拨乱反正，建筑学会召开第五次代表大会等问题；会议肯定了中国建筑学会在“文化大革命”前执行的路线、方针、政策基本上是正确的，成绩是主要的
- 1979 年 5 月 25 日　国家建工总局党组召开第一次扩大会议，会议依据十一届三中全会和中央工作会议精神，分析研究了建筑业面临的新形势，讨论贯彻执行“调整、改革、整顿、提高”的方针措施，提出今后工作的奋斗目标是“在体制改革上有所突破，在队伍建设上起带头作用，在行业建设上搞出一些章法，在对外承包业务方面打开一条路子，为建筑业的发展打好基础”
- 1979 年 6 月 8 日　国家计委、建委、财政部发布《关于勘察设计单位实行企业化取费试点的通知》；根据通知，全国 18 家勘察设计单位成为全国首批企业化管理改革试点单位，由核拨事业费改为停拨事业费，收取设计费，采取自收自支、自负盈亏、自我约束、自我发展的企业化管理的经营模式；这是中华人民共和国历史上第一次实行设计收费制度
- 1979 年 7 月　中共中央、国务院同意在深圳、珠海、汕头、厦门试办出口特区，1980 年 5 月改称“经济特区”，各地许多大中型勘察设计单位纷纷到特区设立分院
- 1979 年 8 月　中国建筑工业出版社的“《建筑师》丛刊”创刊，连载了大量外国建筑理论译文和对国外建筑师的评介文章
- 1979 年 8 月 22 日至 9 月 3 日　国家建筑工程局在大连召开“全国勘察设计工作会议”，讨论三年调整期间，建筑勘察设计部门如何贯彻“调整、改革、整顿、提高”的方针；肖桐就活跃思想发言；闫子祥作了《解放思想，脚踏实地，努力做好勘察设计工作》的报告；随着全国关于真理标准问题讨论的深入，会议进行一系列拨乱反正工作，提出要解放思想，总结历史经验，深入开展设计思想问题的讨论；要繁荣建筑创作
- 1979 年 9 月 1 日　国家旅游总局召开了全国旅游工作会议，提出对国家投资兴建的旅游饭店要确保重点；要积极利用外资，分期建造一批旅游饭店

· 1979 年 12 月　中国建筑学会农村建筑学术委员会成立

· 1979 年 12 月　中国第一个商品住宅小区——广州东湖新村开工建设

· 1979 年　国家建委举办“全国城市住宅设计方案”竞赛

· 1980 年 1 月 《建筑学报》1980 年第 1 期发表了扬芸的《由西方现代建筑新思潮引起的联想》及周卜颐的《七十年代欧美几座著名建筑评介》，这是 20 世纪 80 年代国内第一次介绍 Post-Modernism 建筑新思潮

· 20 世纪 80 年代初　建筑学会加入亚洲建协（ACASIA）

· 1980 年 2 月　国家建委、农委确定委托国家建委农村房屋建设办公室和中国建筑学会联合举办“全国农村住宅设计竞赛”

·《建筑学报》1980 年第 2 期发表了陈世民的《“民族形式”与建筑风格》，文章认为多年来的“民族形式”已经被习惯地用于代替古代建筑传统，也被作为现代公共建筑的参考标准，作者就“民族形式”提法提出商榷

· 1980 年 4 月　中国建筑学会、国家建委设计局、文化部艺术局和国家建工总局联合举办“全国中小型剧场设计方案竞赛”

· 1980 年 5 月 5 日　全国建筑工程局长会议，肖桐在题为“新时期建筑部门的光荣使命”报告中批判了过去 30 年的“极‘左’路线”错误，进一步提倡解放思想

· 1980 年 5 月 17 日　国务院批转外经部《关于外经工作当前基本情况和今后方针任务的报告》，对经援建设项目进行了调整

· 1980 年 6 月 7 日　国家建工总局颁发《直属勘察设计单位试行企业化收费暂行实施办法》；这是中国设计行业改革依靠国家财政拨款作为经费来源，打破大锅饭的第一个法定文件

· 1980 年 6 月 27 日　中国第一家中外合资饭店——建国饭店开工建设

· 1980 年 7 月 3 日　国家建委印发《关于开展优秀设计总结评先活动的通知》，在全国勘察设计行业开展评选优秀设计的活动

· 1980 年 7 月 19 日　国家建工总局颁发《优秀建筑设计奖励条例（试行）》，要求建工系统逐级推荐优秀设计，规定每两年评选一次，并在 1981 年开展了全国优秀

设计评选活动

- 1980 年 10 月 18 日至 10 月 27 日　中国建筑学会在北京召开第五次全国代表会，会议贯彻党的十一届三中全会的路线；动员广大会员和建筑科技工作者为实现城乡建筑的新任务而奋斗；会议还举办了“80 年代建筑发展方向”的学术年会
- 1980 年 10 月　《世界建筑》(双月刊)杂志创刊，宗旨是促进对世界各国建筑的了解和研究，内容包括评介各国城市规划和建筑设计的新理论、新实践、新趋势。杂志实时引介国外建筑作品，评介重要建筑师作品及设计理论；首期封面选用了约翰·伍重设计的悉尼国家大剧院；清华大学的教授汪坦在 1980 年第 2 期《世界建筑》上发表《现代建筑设计方法论》一文，介绍了西方当代设计方法论的文章
- 1980 年 10 月 25 日　国际建筑师协会第四区在东京举行了“人类的城市与环境”学术会议，中国代表团成员在会上做了“人、自然、建筑、城市”和“城市要发展，特色不能丢”的学术报告
- 1980 年 11 月 15 日　国务院在北京召开全国省长、市长、自治区主席会议，同时召开全国计划会议；这两个会议讨论了经济形势，面对发展中潜在的危险，提出要下大决心进一步抓好调整，压缩基本建设，适当控制消费，稳定经济
- 1980 年 12 月 1 日至 12 月 10 日　全国中、小型剧场方案设计竞赛评选会议在成都召开；竞赛是在同年 4 月发起的，此后多次开展了体育馆、学校等建筑的设计竞赛
- 1980 年 12 月 8 日　国务院批转全国城市规划工作会议纪要，提出“控制大城市规模、合理发展中等城市、积极发展小城市”的方针
- 1981 年 3 月 1 日　新华社报道，“中国乐山博物馆”建筑设计方案获得 1980 年日本国籍建筑设计佳作奖，打破了自“文革”以来中国建筑师在国际竞赛中默默无闻的局面；设计方案的作者是同济大学的四名讲师：喻维国、张雅青、卢济威和顾如珍
- 1981 年 3 月　《建筑师》编委会举办首届全国大学生建筑设计竞赛，反响热烈
- 1981 年 3 月　《建筑师》第 8 期刊发美国建筑师及理论家文丘里的《建筑的复杂性和矛盾性》(周卜颐摘译)，这是西方后现代主义重要著作，在中国产生重要影响
- 1981 年 3 月 5 日　国家建筑工程总局在北京召开全国建工局长会议，会议分析了

经济工作中“左”的错误在建筑业的表现和影响

- 1981年4月9日　《人民日报》发表特约评论员文章《端正经济工作的指导思想——论经济建设中的“左”倾错误》，文章指出，中国社会主义建设指导思想的错误主要是急于求成，是“速成论”
- 1981年5月4日　国家建工总局设计局、卫生部和中国建筑学会召开全国医院建筑设计学术交流会
- 1981年6月15日至6月25日　国际建筑师协会第14次大会和第15次代表会议分别在波兰华沙和卡托维茨举行，大会的主题为“建筑·人·环境”，会议通过了《华沙宣言》
- 1981年6月23日　国家建工总局在全国范围内组织进行了评选优秀设计项目活动
- 1981年6月24日　建筑学会与国家建委农村房屋建设办公室联合举办的全国农村住宅设计竞赛在北京揭晓，这是中华人民共和国成立以来的第一次农村住宅设计竞赛
- 1981年6月26日　中国建筑学会窑洞及生土建筑第一次学术会议在延安召开
- 1981年6月27日至6月29日　中共十一届六中全会在北京举行，会议审议并一致通过了《中国共产党中央委员会关于建国以来党的若干历史问题的决议》
- 1981年7月28日　国家建委、国家经委颁发《国家优质工程奖励暂行条例》，旨在鼓励重建建筑创作环境
- 1981年10月19日至10月22日　由中国建筑学会承办的“阿卡·汗建筑奖”第六次国际学术讨论会“变化中的乡村居住建设”在北京召开
- 1981年11月1日　中国建筑学会历史学术委员会召开1981年年会，会议讨论了扩大中国建筑史研究领域、古建筑保护等问题
- 1981年11月9日至11月14日　国家建委在北京召开全国优秀设计总结表彰会议，会议向评选出的20世纪70年代国家优秀设计项目授了奖；会上讲话指出，打破“大锅饭”是非常重要的，要求在设计体制改革上努力奋斗；这是中华人民共和国成立以来全国设计战线第一次表彰优秀设计的盛会

· 1981年1月30日　在第五届人大四次会议上提出的《政府工作报告》指出，从当年起再用五年或更多一点的时间，继续贯彻执行调整、改革、整顿、提高的方针
· 1982年2月8日　国务院批准24个城市为中国第一批历史文化名城
· 1982年3月　图书馆建筑设计交流会召开，此后相继召开了体育、医院等建筑设计讨论会
· 1982年4月24日至4月28日　建筑设计学术委员会在合肥召开全国居住建筑多样化和居住小区规划、环境关系学术交流会
· 1982年5月4日　城乡建设环境保护部成立
· 1982年5月18日　中国建筑学会与法国蓬皮杜文化中心工业创作中心合办的“中国建筑、生活、环境展览”在巴黎蓬皮杜文化中心开幕
· 1982年10月　由贝聿铭设计的香山饭店建成，引起建筑界的关注和讨论
· 1982年11月19日　全国人大批准公布了《中华人民共和国文物保护法》
· 1983年3月23日　建设部在苏州召开高等工业学校建筑类专业教材编审委员会会议，决定恢复和建立“建筑学及城市规划”等五个专业教材编审委员会
· 1983年5月30日　我国第一个现代化彩色电视制作播出中心——中央彩色电视中心工程开工，1987年6月30日建成交付使用；该工程被评为北京20世纪80年代十大建筑之一
· 1983年6月10日至6月15日　园林绿化、城市规划、建筑设计、建筑历史、建筑经济5个学术委员会，在武夷山联合召开“风景名胜区规划与建设学术讨论会”
· 1983年9月23日　北京图书馆新馆工程举行奠基典礼
· 1983年10月8日至10月14日　城市规划、园林绿化、建筑历史与理论、市政工程、建筑设计等5个学术委员会在扬州市联合召开“中小历史文化名城保护、规划与建设学术讨论会”
· 1983年11月9日至11月16日　建设部设计局、文化部艺术事业管理局、中国声学学会、中国建筑学会建筑物理委员会共同举办全国宁村集镇剧场设计方案竞赛
· 1983年11月12日　首都规划建设委员会成立并举行第一次会议

- 1983 年 11 月 19 日至 11 月 21 日 “中国建筑学会成立 30 周年庆祝大会”在南京召开；之后展开中国建筑学会第六届理事会第一次会议，选举产生了中国建筑学会新的领导机构：戴念慈为理事长，阎子祥、许溶烈、王华彬、吴良镛为副理事长，龚德顺为秘书长
- 1983 年 12 月 9 日至 12 月 12 日 中国城市住宅问题学术讨论会在北京举行
- 1983 年 12 月 10 日 长城饭店在北京落成，开始试营业
- 1984 年 1 月 国务院颁发《城市规划条例》，这是中华人民共和国成立以来我国城市规划、建设和管理方面的第一个法规
- 1984 年 1 月 27 日 中国建筑学会 1984 年春节学术座谈会，广泛议论了“新产业革命”将会对建筑界产生何种影响以及我们的对策
- 1984 年 2 月 23 日 新华社报道，西安冶金建筑学院王瑶等 13 名大学生根据居民要求提出的西安旧居住区化觉巷改建方案，获得国际建筑师协会 1984 年大学生国际竞赛第三名
- 1984 年 3 月 29 日 《人民日报》以《蒸蒸日上的深圳经济特区》为题，连续报道深圳建设经验；此后，还发表了《中国现代化建筑史上的奇迹》等一系列通讯文章
- 1984 年 4 月 2 日 现代中国建筑创作小组成立
- 1984 年 4 月 中国建筑学会与建设部乡村建设局、设计局、中国建筑技术发展中心、文化部群众文化局、国家体委群体司联合组织“农村住宅及集镇文化中心设计竞赛”
- 1984 年 4 月 4 日至 4 月 19 日 建设部决定，今后除某些特殊工理和大型建设项目外，一般工程都要实行招标的办法建设，设计单位也要择优委托；打破“一统天下”的局面
- 1984 年 5 月 15 日 赵紫阳在第六届人大第二次会议的《政府工作报告》中指出，建筑业首先进行全行业的改革；要积极推行以招标承包为核心的多种形式的经济责任制；修改不合理的设计规范，制定新的标准，定额，设计单位要逐步向企业化、社会化方向发展；要处理好多样化和标准化的关系，改变建筑造型千篇一律的状况
- 1984 年 6 月 16 日至 6 月 20 日 现代建筑创作研究小组在昆明召开成立大会

· 1984年6月28日　建设部颁发了1984年全国优秀建筑设计获奖名单，广州白天鹅宾馆、扬州鉴真纪念馆、上海龙柏饭店、福建武夷山庄等5个项目获得一等一级奖；塞拉利昂政府办公楼项目获得一等二级奖

· 1984年7月　建设部召开全国城乡建设勘察设计工作会议，就如何贯彻建筑业改革精神提出设计工作十条改革要点，自此全国勘察设计单位以企业化经营为中心的改革进入高潮

· 1984年8月《建筑学报》1984年第8期发表项秉仁《语言、建筑与符号》一文，《世界建筑》发表刘开济《谈国外建筑符号学》，符号学理论的探讨推动了中国建筑创作理论的发展

· 1984年9月3日　戴念慈就国家允许开办个体建筑设计事务所问题，对《经济日报》记者发表谈话，指出：建筑设计上，允许全民、集体、个人三种所有制并存

· 1984年9月21日《人民日报》发表评论员文章《设计是工程建设的灵魂》，同时报道设计改革打破两个"大锅饭"体制，勘察设计工作向企业化、社会化转型，以全民所有制单位为主体，允许集体和个体所有制并存，成立开放型、竞争型的体制

· 1984年11月2日至11月4日　在北京召开"国际生土建筑学术会议"

· 1984年11月《时代建筑》杂志创刊，主要介绍中国当代建筑实践及理论

· 1985年　中国建筑工业出版社组织出版"建筑师丛书"，这是当代建筑理论研究重要著作丛书

· 1985年1月20日至1月29日　国际建筑师协会第十五次、第十六次代表会议在开罗举行，吴良镛在会上被选为国际建筑师协会理事

· 1985年2月3日至2月7日　中国建筑学会与建设部设计局在北京共同召开"繁荣建筑创作座谈会"

· 1985年3月5日至3月8日　在杭州市召开"全国建筑普及与教育工作会议"，会议交流了工作经验，协调了工作计划

· 1985年5月6日　由"现代中国建筑创作研究小组"发起、组织，在中国建筑学

会领导、支持下，在武汉召开首届现代中国建筑创作研讨会

· 1985 年 5 月 31 日至 6 月 1 日 《时代建筑》杂志在同济大学召开了“上海市建筑创作实践与理论座谈会”；出席会议代表有 50 多个单位百余人，收入论文 30 篇

· 1985 年 5 月　由《建筑师》杂志举办的全国大学生建筑设计竞赛评选在福建举行，此次竞赛以“高等学校校庆纪念碑”为题

· 1985 年 7 月 10 日　建设部召开工程质量电话会议，针对工程质量下降情况，提出立即开展一次群众性质量大检查，坚决取缔无证设计

· 1985 年 9 月 9 日至 9 月 16 日　“全国农村住宅及集镇文化中心设计竞赛”在大连揭晓

· 1985 年 10 月 11 日　阙里宾舍在曲阜建成，引发学界热烈讨论

· 1985 年 10 月 27 日 《经济日报》报道中国十大风景名胜评选结果

· 1985 年 11 月 29 日至 12 月 3 日　在广州市召开“繁荣建筑创作学术座谈会”；这是 1959 年“上海建筑艺术座谈会”以后，第一次研究建筑创作问题的全国性专题会议，对近年来建筑界关心的主要问题比如建筑与艺术、建筑风格、传统和革新等展开了讨论；戴念慈理事长就建筑与艺术、建筑风格、传统和革新等若干理论问题做了《论建筑的风格、形式、内容及其他》的长篇报告，会后，就此展开热烈的讨论

· 1985 年 12 月 23 日　全国城市中小学建筑设计方案竞赛评选在南京揭晓

· 1985 年 12 月　我国第一部记载当代建筑业发展历程与建设成就的大型工具书《中国建筑年鉴》( 1984—1985 ) 出版

· 1985 年 12 月　中国自己培养的第一个建筑设计与理论博士研究生，项秉仁通过论文答辩

· 1986 年 1 月 30 日　建设部根据全国建筑市场情况，发布《关于认真整顿建筑市场的通知》

· 1986 年 3 月 19 日　中国政府援建的埃及国际会议中心工程奠基典礼仪式在开罗举行

· 1986 年 5 月 5 日　首次全国旅游旅馆设计经验交流会在武汉举行

· 1986年6月3日　建设部召开建筑业改革理论与实践讨论会，总结和探索建筑业演化改革的理论与实践；中国建筑学会建筑经济学术委员会举行1986年年会

· 1986年6月6日　《人民日报》报道，从20世纪70年代末到现在，中外设计机构在中国合作设计了150多个工程项目

· 1986年　中国建筑工业出版社出版“国外著名建筑师丛书”，这是最早介绍国外建筑师的丛书

· 1986年6月　中国建筑出版社出版汪坦主编的“建筑理论译丛”出版

· 1986年7月1日　国家计划委员会和对外经济贸易部联合发布《中外合作设计工程项目的暂行规定》

· 1986年7月28日　建设部在唐山召开唐山地震十周年抗震防灾经验交流会暨第八次全国抗震工作会议

· 1986年8月10日　北京为1990年第十一届亚运会而兴建的一批体育场馆工程陆续开工

· 1986年8月22日　中国“当代建筑文化沙龙”在北京成立

· 1986年9月25日　建设部公布了“1986年度全国优秀建筑设计评选”结果，加强了评选的专业性和对得奖作品的专业评论

· 1986年10月　《世界建筑》杂志社主办“走向世界、为国争光——国际建筑设计竞赛获奖者座谈会”，我国参加国际竞赛的获奖者齐聚一堂交流创作经验，据统计，1980至1986年间，我国有30个设计方案在国外建筑设计竞赛中获奖

· 1986年11月　全国首次建筑教育思想讨论会于1986年11月17日至21日在南京召开，31所高等院校的建筑院系及部分设计单位的代表出席了会议；大会收到论文40篇，并举办了11所院校的学生作业展览

· 1986年12月　据建设部外事局披露，1982到1986年是中华人民共和国成立以来建筑界进行国际交往最活跃的时期

· 1987年1月10日至1月17日　全国勘察设计工作会议和中国勘察设计协会第一届理事会议在京召开，提出坚持正确设计指导思想，把设计工作重点转移到提高

效益上来

· 1987 年 2 月　由文化部社会文化局、中国建筑学会、中国建筑工业出版社联合举办的“全国文化馆建筑设计竞赛”在全国展开

· 1987 年 2 月 10 日　为维护建筑市场的正常秩序，推动建筑业经济体制改革，建设部与国家工商行政管理局联合发布《关于加强建筑市场管理的暂行规定》

· 1987 年 4 月 1 日　中华人民共和国成立以来首次专门以“建筑评论”为题的全国性会议在江苏召开

· 1987 年 4 月 10 日　中国建筑业联合会决定从 1987 年起设立建筑工程鲁班奖，鲁班奖是全国建筑行业工程质量的最高荣誉，授予创出第一流建筑工程的企业，每年颁发一次

· 1987 年 6 月 1 日　中国建筑学会建筑创作学术委员会在京举办“当前世界建筑创作趋势学术讲座”，国外几位建筑学者分别介绍了近年来本地区建筑发展趋势，阐述了建筑文化等问题

· 1987 年 7 月 1 日　国家标准《住宅建筑设计规范》颁布实行

· 1987 年 8 月 10 日　现代中国建筑创作研究小组第三届年会以“传统建筑文化和现代中国建筑创作”为题举办研讨会

· 1987 年 8 月 18 日　“建筑科学的未来”研讨会在京举行

· 1987 年 10 月 1 日　国家标准《中小学校建筑设计规范》(NJ88-89) 颁布实行

· 1987 年 10 月 16 日　当代建筑文化沙龙在北京举行首次环境艺术讲座

· 1987 年 12 月 11 日至 12 月 15 日　中国建筑学会第七次全国会员代表大会在北京召开，会议改选了理事会，表彰了工作五十年的老专家，开展了以“建筑环境”为主题的学术交流

· 1988 年 1 月 15 日至 1 月 18 日　国务院召开住房制度改革工作会议，指出住房制度改革不仅可以正确引导和调节消费，同时还能促进消费结构趋向合理，在经济、政治上有很大意义

· 1988 年 3 月 22 日　遵照国务院指示，国家计委向各省、自治区、直辖市及各部门

发出《关于清理楼堂馆所项目的通知》

· 1988 年 4 月 28 日　首都 20 万群众投票选出的北京 20 世纪 80 年代十大建筑

· 1988 年 6 月 16 日　国务院向各地发出《国务院关于清理楼、堂、馆、所项目的通知》

· 1988 年 7 月 1 日　“世界建筑节”前夕，从建设部获悉，近几年中国已有 110 多人在国际建筑设计竞赛中获得各类大奖，获奖方案达 45 项

· 1988 年 8 月 1 日　中共中央办公厅、国务院办公厅联合通知，严格控制建立纪念设施

· 1988 年 9 月 22 日　颁发中华人民共和国国务院令《楼堂馆所建设管理暂行条例》

· 1988 年 9 月 26 日　中共十三届三中全会开幕，在中共十三届三中全会上的报告提出“治理经济环境，整顿经济秩序是明后两年改革建设的重点”

· 1988 年 10 月 7 日　海峡两岸建筑专家、学者首次在香港聚会，举行了近 40 年来的第一次座谈会；大陆著名建筑师戴念慈、吴良镛参加了座谈会

· 1988 年 11 月 10 日　建设部与文化部联合发出通知，要求各地城市规划部门要与文物部门和建筑学会密切配合，做好近代建筑物的调查、鉴定与保护工作

· 1988 年 12 月 26 日　国务院发布《关于进一步清理固定资产投资在建项目工作的通知》，提出“先停后清”的原则，并列出“先停后清”的范围

· 1988 年 12 月 22 日 《人民日报》报道，经国务院批准，国务院清理固定资产项目领导小组和国家计委最近联合发出通知，严格控制开工项目，并做了具体规定

· 1989 年 3 月　“中国现代艺术展”在北京举行，建筑作品引起观众兴趣

· 1989 年 5 月 《当代中国建筑师》（第一卷）由天津科学技术出版社出版，其中介绍了 50 位当代建筑师的经历、设计思想和代表作品

· 1989 年 6 月 28 日　中国建筑学会召开纪念世界建筑节座谈会，主题是“建筑与文化”；强调要重视建筑创作，提倡百花齐放，精心设计，标新立异，树碑立传

· 1989 年 7 月 6 日　由《世界建筑》杂志发起的评选“80 年代世界名建筑”和“80 年代中国建筑艺术优秀作品”的活动揭晓成绩

· 1989 年 10 月 23 日至 10 月 25 日　中国建筑学会在杭州召开以“中国建筑创作 40 年”为题的学术会议，同时召开了中国建筑学会建筑师学会第一届代表会议，龚

德顺当选为第一任会长

· 1989 年 11 月 27 日至 11 月 30 日　由国际建筑师协会亚澳区、中国建筑学会和清华大学共同主持的国际学术讨论会“转变中的亚洲城市与建筑”召开

· 1989 年 《建筑创作》杂志创刊

· 1990 年 4 月 1 日 《中华人民共和国城市规划法》公布

· 1990 年　北京国家奥林匹克体育中心建成，该项目是为举办第 11 届亚运会而建

· 1990 年　上海市评选出“上海十佳建筑”和“上海 30 个建筑精品”

· 1991 年 12 月 16 日至 12 月 20 日　全国建设工作会议在北京召开，会议总结了过去 10 年建设事业取得的成就及经验，研讨了今后 10 年和“八五”时期建设事业的发展规划，部署了 1992 至 1993 年的工作重点

· 1991 年 12 月 27 日　全国高等学校建筑学专业评估工作会议在南京结束，清华大学、同济大学、天津大学、东南大学四所高校建筑学系的建筑学专业获得优秀资格，有效期为 6 年；来自多个国家和地区的专家学者作为观察员监督了评估过程

# 附录二　1980—1989年中国在国际建筑设计竞赛中获奖概况

| 获奖方案名称 | 获奖人 | 奖　别 | 获奖时所在单位 | 发起竞赛的时间、国别 |
|---|---|---|---|---|
| 传给下一代的住宅 | 曹希曾 | 佳作奖 | 中国建筑西北设计院 | 1980　日本 |
| 中国乐山博物馆 | 喻维国　张雅青<br>卢济威　顾如珍 | 佳作奖 | 同济大学 | 1980　日本 |
| 石棉板住宅 | 黄　仁　朱谋隆 | 佳作奖 | 同济大学 | 1981　日本 |
| 住宅的屋顶花园 | 曹希曾 | 佳作奖 | 中国建筑西北设计院 | 1981　日本 |
| 半干旱地区住宅中的水庭 | 朱少宣　李　悦等 | | 清华大学 | 1982　新加坡 |
| 长寿之家 | 卢济威　敏　飞<br>顾如珍 | 三等奖 | 同济大学 | 1982　日本 |
| | 江泽泉 | 佳作奖 | 中国建筑西南设计院 | |
| | 齐后生　彭济美<br>齐幸生　周广银 | 佳作奖 | 江西省南昌市建筑设计院 | |
| | 薛求理 | 佳作奖 | 同济大学 | |
| 中国的传统住宅——窑洞四合院 | 傅克诚　朱幼宣 | 佳作奖 | 清华大学 | 1982　日本 |
| 长江水晶宫 | 张在元 | 佳作奖 | 武汉大学 | 1982　日本 |
| 具有历史传统和地方风格的住宅 | 徐　希　徐震时<br>松本靖男（日） | 三等奖 | 人民美术出版社 | 1983　日本 |
| 具有历史传统和地方风格的住宅 | 李茂添　龚瑞奇 | 佳作奖 | 中国台湾建筑师 | 1983　日本 |
| 中国西北黄土高原上的窑洞住宅 | 佘晓白 | 三等奖 | 上海市规划局 | 1983　日本 |
| 地方性与历史性民居 | 荆其敏 | 佳作奖 | 天津大学 | 1983　日本 |
| 地方性与历史性民居 | 刘亚波 | 佳作奖 | 重庆建筑工程学院 | 1983　日本 |
| "建筑师促成居住者参与住宅规划和设计"竞赛中的三个方案 | 王　琦　王　瑶<br>孙西京　吴天佑<br>李唐兴　张新悦等 | 叙利亚建筑界奖 | 西安冶金建筑学院 | 1984 国际建协 |
| 玻璃塔 | 郑光复 | 佳作奖 | 南京工学院 | 1984　日本 |
| 现代的方舟——"功宅" | 李　悦 | 一等奖 | 北京市建筑设计院 | 1984　日本 |
| 廊的住宅 | 王　慧　黄向明 | 二等奖 | 同济大学 | 1984　日本 |
| 吉达港旁小道上的小清真寺 | 王木林 | 三等奖 | 清华大学 | 1984　新加坡 |
| 中国江南水乡中庭空间 | 李江南 | 三等奖 | 同济大学 | 1985　日本 |

续表

| 获奖方案名称 | 获奖人 | 奖 别 | 获奖时所在单位 | 发起竞赛的时间、国别 |
| --- | --- | --- | --- | --- |
| 神农架原始森林野人俱乐部 | 张在元 | 佳作奖 | 武汉大学 | 1985 日本 |
| 办公室空间 | 刘晓光 葛 莘 | 优胜奖 | 清华大学 | 1986 意大利 |
| 新的办公空间——第二个家 | 狄红波 赵 杰 张晓炎 董振侠 姜 权 刘 勤 | 优胜奖 | 清华大学 | |
| 高效益的办公空间 | 王 兵 崔光明 屠晓芳 王 毅 | 入选 | 清华大学 | |
| 伊斯兰建筑——“思源屋” | 周 丹 | 优胜奖和阿凡提奖 | 重庆建筑工程学院 | 1986 沙特阿拉伯 |
| 回族理论——中国伊斯兰哲学与美学（论文） | 张 华 | 表扬奖 | | |
| 瓦屋顶居住小区活动中心 | 汤 桦 | 三等奖 | 重庆建筑工程学院 | 1986 日本 |
| | 千光浩 | 佳作奖 | 中国建筑西南设计院 | |
| 四间房（300×300×300 英尺） | 张永和 | 一等奖 | 美国鲍尔州立大学 | 1986 日本 |
| 今日住宅 | 张 建 高 其 楼 欣（音译） | 荣誉奖 | | 1986 英国 |
| 曲水流茶 | 张汉陵 | 二等奖 | 重庆建筑工程学院 | 1986 日本 |
| 三人茶室 | 李 舒 | 佳作奖 | 重庆建筑工程学院 | 1986 日本 |
| 长江三峡空中水榭 | 张在元 | 二等奖 | 武汉大学 | 1987 日本 |
| 民间传统的水上商业步行道 | 杨翌文 杜 今 朱建平 吴晓钟 | 佳作奖 | 北京市建筑设计院 北京工业设计研究院 北京城市规划设计院 | |
| 长城的故事 | 赵晓东 杨 颖 | 佳作奖 | 天津大学 | 1987 日本 |
| 北非沙漠大学 | 舒伦哲 | 一等奖 | 中国台湾留美学生 | 1987 美国 |
| 智能信息市场 | 吴 刚 张 英 | 二等奖 | 同济大学 | 1986 日本 |
| 秦俑馆前建筑群体环境空间设计 | 仲辉军 李敬军 刘功毅 | 入选 | 西北建筑工程学院 | 1987 英国 |
| 喀什伊斯兰大教堂广场建筑群空间设计 | 吴 薇 钟 波 罗永生 | 入选 | | |
| 把人民安置在小城镇——一个着重发展的领域 | 孙敏辉 龙 元 吴 敏 黄 捷 | 第一名 | 华中理工大学 | 1987 国际建协 联合国 |
| 仓库的改造 | 田 东 | 佳作奖 | 同济大学 | 1987 日本 |
| 小城镇的乡土资料馆 | 吴 刚 张 英 | 三等奖 | 同济大学 | 1987 日本 |
| 小城市的乡土历史资料馆 | 宋 刚 张 瑾 | 佳作奖 | 重庆建工学院 | |

续表

| 获奖方案名称 | 获奖人 | 奖　别 | 获奖时所在单位 | 发起竞赛的时间、国别 |
|---|---|---|---|---|
| 小城市的乡土历史资料馆 | 王方戟　朱　涛 | 佳作奖 | 重庆建工学院 | 1987　日本 |
| 水巷路径 传统社戏 | 叶　劲　严骏飞 | 佳作奖 | 同济大学 | |
| 中国上海吴淞路段改建 | 贾　健　解　冬 | 荣誉奖 | 同济大学 | 1987　国际住宅学会 |
| Center for Better Living | 田　东 | 佳作奖 | 同济大学 | 1987　日本 |
| 门 | 陈建斐　邢世昌 | 鼓励奖 | | 1987　日本 |
| 门 | 罗奇云（音译） | 鼓励奖 | 留美学生 | 1987　日本 |
| 潮汐之家 | 陈　弘 | 佳作奖 | 武汉水利电力学院 | 1987　日本 |
| 水手的家 | 张汉陵 | 二等奖 | 重庆建工学院 | 1987　日本 |
| 水手的家 | 李　舒 | 佳作奖 | 重庆建工学院 | 1987　日本 |
| 悬空驿舍 | 张汉陵 | 佳作奖 | 重庆建工学院 | 1987　日本 |
| 未来桥的形象 | 张　斌　宋　刚 | 佳作奖 | 重庆建工学院 | 1987　日本 |
| 思园 | 刘东洋 | 优胜奖 | 加拿大留学生 | 1988　美国 |
| 从桌子到桌景 | 张永和 | 一等奖 | 美国鲍尔州立大学 | 1988　日本 |
| 复合休息设施 | 千光浩 | 特别奖 | 中国建筑西南设计院 | 1988　日本 |
| 人 + 鸽的田园交响曲 | 张在元 | 二等奖 | 武汉大学 | 1988　日本 |
| 享受城市生活乐趣的住宅 | 周　亮　聂晓晴 | 佳作奖 | 重庆建工学院 | 1988　日本 |
| 享受城市乐趣的住宅 | 季　绘 | 特别奖 | 重庆建工学院 | 1988　日本 |
| 水城加油站 | 吴献民　谭隆政<br>陈安琪　马　健 | 入选 | 西北建筑工程学院 | 1988　英国 |
| 佛站 | 缪德智 | 荣誉奖 | 华南理工大学 | |
| 加油站 | 俞文新　杨　征 | 优胜奖 | 同济大学 | |
| 健康住宅 | 陈　哲 | 佳作奖 | 上海美术学院 | 1988　日本 |
| 健康住宅 | 靳元峰　张天翼 | 佳作奖 | 天津大学 / 铁道部第三设计院 | |
| 健康住宅 | 谢震纬 | 佳作奖 | 重庆建筑工程学院 | |
| 现代建筑美术馆 | 李　岩 | 佳作奖 | 清华大学 | 1988　日本 |
| 住宅 | 王彤 季苏苏 | 佳作奖 | 杭州市建筑设计院 | 1988　日本 |
| 埃及亚历山大图书馆 | 关肇邺（教授）<br>孟　岩　朱　锫<br>何小健　孙国伟 | 特别奖 | 清华大学 | 1988　埃及和国际建协 |

续表

| 获奖方案名称 | 获奖人 | 奖　别 | 获奖时所在单位 | 发起竞赛的时间、国别 |
|---|---|---|---|---|
| 探索一种"联合"的途径 | 陈伯超 | 入选 | 沈阳建工学院 | 1989　美国、苏联 |
| 大运河上的使者 | 叶　劲　俞文新 | 特别奖 | 中国深圳建筑技术发展中心 | 1989　国际住宅学会 |
| 上虞宾馆设计 | 孙万斌 | 泷富士美术奖 | 同济大学 | 1989　日本 |
| 中国传统绘画基础上的建筑设计意图尝试 | 吴　刚　张　英 | | | |
| 横滨车马道 | 傅　勇　刘　敏 | 入选 | 南昌市建筑设计院 | 1989　日本 |
| 摩天楼中的飞翔 | 罗　劲　甄洪艳 | 三等奖 | 机电部设计院 | 1989　日本 |
| 长城新居 | 罗　劲　甄洪艳 | 佳作奖 | 机电部设计院 | 1989　日本 |
| 闹市天堂 | 周　恺 | 佳作奖 | 天津大学 | 1989　日本 |
| 适时办公室与住宅 | 李　岩 | 佳作奖 | 西北建筑工程学院 | 1989　日本 |
| 未来世界的工业城市 | 冯漫江　周　鸽<br>刘　珩　吕　丹<br>邵国波　周　锋 | 荣誉奖 | 华中理工大学 | 1989　美国 |
| 线性车站 | 曹小通　杨　音 | 佳作奖 | | 1989　日本 |
| 市井（居住：昨天、今天、明天） | 李长君　单国伟 | 三等奖 | 东南大学 | 1989　苏联 |

# 参考文献

## 一、连续出版物


[1] ARMITAGE D. What's the Big Idea? Intellectual History and the Longue Durée [J]. History of European Ideas，2012.

[2] GRAFTON A. The History of Ideas：Precept and Practice，1950—2000 and Beyond [J]. Journal of the History of Ideas，2006.

[3] KELLEY D R. What is Happening to the History of Ideas? [J] Journal of the History of Ideas，1990.

[4] LOVEJOY A O. Present Standpoints and Past History [J]. The Journal of Philosophy，1939.

[5] LOVEJOY A O. Reflections on the History of Ideas [J]. Journal of the History of Ideas，1940.

[6] MINK L O. Change and Causality in the History of Ideas [J]. Eighteenth-century Studies，1968.

[7] SKINNER Q. Meaning and Understanding in the History of Ideas [J]. History and Theory，1969.

[8] 艾定增. 建筑观念必须革新. 建筑师 [J]. 1987（26）.

[9] 艾定增. 评《为“大屋顶”辩》[J]. 建筑师，1981（6）.

[10] 艾定增. 神似之路：岭南建筑学派四十年 [J]. 建筑学报，1989（10）.

[11] 艾定增 . 中国建筑的“神”与“神似”[J]. 建筑学报，1990（3）.

[12] 艾定增 . 中国建筑理论酝酿着突破：八十年代中国建筑五大思潮述评［J］. 建筑师，1991（42）.

[13] 布正伟 . 中国城市建筑的环境、文脉与风格［J］. 新建筑，1991（1）.

[14] 曹庆涵 . 建筑创作理论中不宜用“民族形式”一词［J］. 建筑学报，1980（5）.

[15] 曹意强 . 观念史的历史、意义与方法［J］. 新美术，2006（6）.

[16] 常青 . 从风土观看地方传统在城乡改造中的延承：风土建筑谱系研究纲领［J］. 时代建筑，2013（3）.

[17] 陈可石 . 关于阙里宾舍的思考［J］. 新建筑，1986（2）.

[18] 陈世民 .“民族形式”与建筑风格［J］. 建筑学报，1980（2）.

[19] 陈薇 .《中国营造学社汇刊》的学术轨迹与图景［J］. 建筑学报，2010（1）.

[20] 陈正东 . 关于“在可能条件下注意美观”[J]. 建筑学报，1981（4）.

[21] 陈植 . 为刘秀峰同志《创造中国的社会主义的建筑新风格》一文辩诬［J］. 建筑学报，1980（5）.

[22] 陈志华 . 谈文物建筑的保护［J］. 世界建筑，1986（3）.

[23] 陈重庆 . 为“大屋顶”辩［J］. 建筑学报，1980（4）.

[24] 程泰宁，叶湘菡，徐东平 . 中小型建筑创作小议［J］. 1979（6）.

[25] 程万里 . 也谈“大屋顶”[J]. 建筑学报，1981（3）.

[26] 崔恺 . 1999—2009 中国建筑创作回顾［J］. 建筑学报，2009（9）.

[27] 崔勇 . 论 20 世纪的中国建筑史学［J］. 建筑学报，2001（6）.

[28] 戴复东 . 徒言树桃李，此木岂无阴：谈谈上海龙柏饭店的建筑创作［J］. 建筑学报，1982（9）.

[29] 戴念慈 . 搞好体制改革，努力开创建筑勘察设计工作新局面［J］. 建筑学报，1983（6）.

[30] 戴念慈 . 论建筑的风格、形式、内容及其他：在繁荣建筑创作学术座谈会上的讲话［J］. 建筑学报，1986（2）.

[31] 戴念慈 . 中国建筑学会建会三十年的工作报告 [J]. 建筑学报，1984 (1).
[32] 董豫赣 . 稀释中式 [J]. 时代建筑，2006 (3).
[33] 董豫赣 . 预言与寓言：贝聿铭的中国现代建筑 [J]. 时代建筑，2007 (5).
[34] 窦武 .《建筑空间组合论》献疑 [J]. 建筑师，1985 (21).
[35] 窦以德，项端祈，吕章申 . 简评全国农村集镇剧场竞赛方案 [J]. 建筑学报，1984 (2).
[36] 范雪 . 十年之变：2003—2013 年《建筑学报》变迁 [J]. 建筑学报，2014 (Z1).
[37] 冯纪忠 . 何陋轩答客问 [J]. 时代建筑，1988 (3).
[38] 冯纪忠 . 与古为新：谈方塔园规划及何陋轩设计 [J]. 华中建筑，2010 (3).
[39] 冯仕达，虞刚，范凌，李闵 . 建筑期刊的文化作用 [J]. 时代建筑，2004 (2).
[40] 冯原 . “东西南北中”与当代中国建筑的“双十结构”[J]. 建筑师，2010 (6).
[41] 傅娟，肖大威 . 约翰 · 波特曼与莫伯治宾馆设计思想之比较 [J]. 建筑学报，2005 (6).
[42] 高承增 . 新命题新起点：全国村镇规划竞赛评议活动综述 [J]. 建筑学报，1984 (6).
[43] 高名潞 . 85 青年美术之潮 [J]. 文艺研究，1986 (4).
[44] 高瑞泉 . 观念史何为 [J]. 华东师范大学学报（哲学社会科学版），2011 (2).
[45] 高旭东 . 创新后的困惑：岭南文化与岭南建筑 [J]. 南方建筑，1998 (2).
[46] 葛宁，吉国华 . 历届建设部优秀建筑设计作品统计分析 [J]. 新建筑，2010 (4).
[47] 葛如亮 . 从创作实践谈创作之源 [J]. 建筑学报，1986 (5).
[48] 顾大庆 . 作为研究的设计教学及其对中国建筑教育发展的意义 [J]. 时代建筑，2007 (3).
[49] 顾孟潮 . 北京华都、建国两饭店设计座谈 [J]. 建筑学报，1982 (9).
[50] 顾孟潮 . 北京香山饭店建筑设计座谈会 [J]. 建筑学报，1983 (3).
[51] 顾孟潮 . 后新时期中国建筑文化的特征 [J]. 建筑学报，1994 (5).
[52] 顾孟潮 . 建筑理论的起点和终点 [N]. 中国建设报，2006-9-7 .

[53] 顾孟潮 . 建筑美学四题：形势・对象・经验・后现代 [J]. 世界建筑，1995（1）.
[54] 顾孟潮 . 论中国当代（城市）建筑美学的研究 [J]. 南方建筑，1997（1）.
[55] 顾孟潮 . 新时期中国建筑文化的特征 [J]. 世界建筑，1987（2）.
[56] 顾孟潮 . 学习信息游泳术是当务之急：关于繁荣建筑设计和创作的思考 [J]. 建筑学报，1986（3）.
[57] 顾孟潮 . 中国当代建筑文化十年（1986—1996）记述 [J]. 时代建筑，1997（2）.
[58] 顾奇伟 . 从繁荣建筑创作浅谈建筑方针 [J]. 建筑学报，1981（2）.
[59] 关肇邺 . 从“假古董”谈到“创新”[J]. 建筑学报，1987（3）.
[60] 关肇邺 . 重要的是得体不是豪华与新奇 [J]. 建筑学报，1992（1）.
[61] 郭恢扬 .“适用”的两重性 [J]. 新建筑，1984（4）.
[62] 何镜堂 . 岭南建筑创作思想：60 年回顾与展望 [J]. 建筑学报，2009（10）.
[63] 何如 . 事件、话题与图录：30 年来的中国建筑 [J]. 时代建筑，2009（3）.
[64] 贺桂梅 . 1980 年代“文化热”的知识谱系与意识形态 [J]. 励耘学刊，2008（1）.
[65] 洪子诚 .“作为方法”的“八十年代”[J]. 文艺研究，2010（2）.
[66] 荒漠 . 香山饭店设计的得失 [J]. 建筑学报，1983（4）.
[67]《建筑学报》编辑部 . 北京市土建学会城市规划专业委员会举行维护北京古都风貌问题的学术讨论会 [J]. 建筑学报，1987（4）.
[68]《建筑学报》编辑部 . 繁荣建筑创作座谈会发言摘登 [J]. 建筑学报，1985（4）.
[69]《建筑学报》编辑部 . 关于长城饭店的建筑评论和保护北京古城风貌座谈会（发言摘要）[J]. 建筑学报，1986（7）.
[70]《建筑学报》编辑部 . 继承传统，不断创新：记首都建筑艺术委员会召开的繁荣建筑创作座谈会 [J]. 建筑学报，1987（6）.
[71]《建筑学报》编辑部 .《建筑学报》2005 年编委会在南宁召开 [J]. 建筑学报，2006（1）.
[72]《建筑学报》编辑部 . 为实现今年更大更好更全面的跃进而斗争：刘秀峰部长在全国建筑工程厅局长扩大会议上的总结报告纪要 [J]. 建筑学报，1959（4）.

[73]《建筑学报》编辑部．现代中国建筑创作大纲[J]．建筑学报，1985(7).

[74]《建筑学报》编辑部．中国建筑学会第五次代表大会在北京召开[J]．建筑学报，1981(1).

[75] 蒋妙菲．建筑杂志在中国[J]．时代建筑，2004(2).

[76] 金秋野．建筑批评的心智：中国与世界[J]．建筑学报，2009(10).

[77] 克罗齐．一切历史都是当代史[J]．田时纲，译．世界哲学，2002(6).

[78] 赖德霖．重构建筑学与国家的关系：中国建筑现代转型问题再思[J]．建筑师，2008(132).

[79] 黎澍．中国社会科学三十年[J]．历史研究，1979(11).

[80] 李东，许铁铖．批评视野中的十年“民间叙事”(1999—2009)：兼论中国当代建筑的批评．建筑师，2010(7).

[81] 李洪林．读书无禁区[J]．读书，1979(1).

[82] 李华．“现代”的幻像：中国摩天楼的另一种解读[J]．Domus中文版，2005(5).

[83] 李华．“组合”与建筑知识的制度化构筑：从3本书看20世纪80和90年代中国建筑实践的基础[J]．时代建筑，2009(3).

[84] 李凯生．乡村空间的清正[J]．时代建筑，2007(4).

[85] 李士桥．有中国特色的形式主义[J]．城市环境设计，2010(Z1).

[86] 李陀．另一个八十年代[J]．读书，2006(10).

[87] 李翔宁．多元的建筑实践与批判的实用主义：新生代中国青年建筑师[J]．时代建筑，2016(1).

[88] 李翔宁，倪旻卿．24个关键词：图绘当代中国青年建筑师的境遇、话语与实践策略[J]．时代建筑，2011(2).

[89] 李翔宁．“青浦—嘉定”现象与中国当代建筑[J]．时代建筑，2012(1).

[90] 李翔宁．权宜建筑：青年建筑师与中国策略[J]．时代建筑，2005(6).

[91] 李翔宁．想象中国的方法[J]．世界建筑，2014(8).

[92] 李翔宁．作为抵抗的建筑学：王澍和他的建筑[J]．世界建筑，2012(5).

[ 93 ] 李耀培 . 波特曼的“共享空间”[ J ]. 建筑学报，1980（6）.
[ 94 ] 刘涤宇 . 从“启蒙”回归日常　新一代前沿建筑师的建筑实践运作 [ J ]. 时代建筑，2011（2）.
[ 95 ] 刘涤宇 . 起点：20 世纪 80 年代的建筑设计竞赛与 50—60 年代生中国建筑师的早期专业亮相 [ J ]. 时代建筑，2013（1）.
[ 96 ] 刘东洋 . 到方塔园去 [ J ]. 时代建筑，2011（1）.
[ 97 ] 刘力 . 印象与启示 [ J ]. 建筑学报，1982（9）.
[ 98 ] 刘晓都，孟岩，王辉 . 用“当代性”来思考和制造“中国式”[ J ]. 时代建筑，2006（3）.
[ 99 ] 刘秀峰 . 创造中国的社会主义的建筑新风格 [ J ]. 建筑学报，1959（Z1）.
[ 100 ] 刘亦师 .《建筑学报》创刊始末 [ J ]. 建筑学报，2014（Z1）.
[ 101 ] 刘亦师 . 中国建筑学会 60 年史略：从机构史视角看中国现代建筑的发展 [ J ]. 新建筑，2015（2）.
[ 102 ] 刘征鹏 . 附录：“建筑历史与理论”博士学位论文目录辑要 [ J ]. 建筑史，2012（1）.
[ 103 ] 卢端芳，金秋野 . 建筑中的现代性：述评与重构 [ J ]. 建筑师，2011（1）.
[ 104 ] 卢思孝 . 从“方盒子”谈起 [ J ]. 建筑师，1981（6）.
[ 105 ] 卢思孝 . 漫谈“神似”：兼谈建筑师的艺术追求 [ J ]. 建筑师，1985（22）.
[ 106 ] 卢永毅 . 实践与想象：西方现代建筑在近代上海的早期引介与影响 [ J ]. 时代建筑，2016（3）.
[ 107 ] 吕舟 . 中国文化遗产保护三十年 [ J ]. 建筑学报，2008（12）.
[ 108 ] 罗长青 .“重返八十年代”研究述评 [ J ]. 海南师范大学学报（社会科学版），2010（6）.
[ 109 ] 罗哲文 . 我国历史文化名城保护与建设的重大措施 [ J ]. 文物，1982（5）.
[ 110 ] 马国馨 . 筚路蓝缕　兼收并蓄：记《建筑学报》50 年 [ J ]. 建筑学报，2004（7）.
[ 111 ] 马国馨 . 1979—1999，二十年盘点话旧时 [ J ]. 建筑学报，2009（9）.

[112] 马国馨 . 关于建筑设计竞赛 [J]. 建筑学报，1985 (5).
[113] 马国馨 . 环境杂谈 [J]. 美术，1986 (3).
[114] 闵晶，卢永毅 ."空间构图"：中国现代建筑"空间"话语的一个重要概念 [J]. 时代建筑，2013 (6).
[115] 母兴元 . 错误的建筑理论必须批判 [J]. 建筑学报，1966 (4).
[116] 南帆 . 理论的焦虑 [J]. 文艺争鸣，2008 (5).
[117] 彭华亮 .《建筑学报》片断追忆 [J]. 建筑学报，2014 (Z1).
[118] 彭华亮 . 理性的探索：介绍《广义建筑学》[J]. 建筑学报，1990 (5).
[119] 彭怒，王炜炜，姚彦斌 . 中国现代建筑的一个经典读本：习习山庄解析 [J]. 时代建筑，2007 (5).
[120] 彭怒，伍江 . 中国建筑师的分代问题再议 [J]. 建筑学报 . 2002 (12).
[121] 彭怒，支文军 . 中国当代实验性建筑的拼图：从理论话语到实践策略 [J]. 时代建筑，2002 (5).
[122] 彭培根 . 从贝聿铭的北京"香山饭店"设计谈现代中国建筑之路 [J]. 建筑学报，1980 (4).
[123] 彭一刚 . 传统建筑文化与当代建筑创新 [J]. 中国科学院院刊，1997 (2).
[124] 彭一刚 . 传统与现代的断裂、撞击与融合：厦门日东公园的设计构思 [J]. 建筑师，2007 (4).
[125] 彭一刚 . 高屋建瓴创造建筑理论研究新风气：建国以来建筑理论研究的回顾与展望 [J]. 建筑学报，1984 (9).
[126] 彭一刚 . 空间、体形及建筑形式的周期性演变：答窦武同志 [J]. 建筑师，1985 (21).
[127] 齐康 . 构思的钥匙：记南京大屠杀纪念馆方案的创作 [J]. 新建筑，1986 (2).
[128] 齐康 . 入门的启示：评《建筑空间组合论》[J]. 建筑师，1985 (21).
[129] 齐鹏飞 . 当代人如何写当代史 [N]. 人民日报，2008 (9).
[130] 钱江帆，李伯健，徐力 . 建筑教育改革的探索 [J]. 建筑学报，1985 (5).

[131] 钱冷，赵红 . 理论旅行与翻译延异：谈西方思潮在中国的延异与阐释 [J]. 科技信息，2007（20）.

[132] 秦蕾，杨帆中国当代建筑在海外的展览 [J]. 时代建筑，2012（4）.

[133] 邱秀文 . 展望建筑创作繁荣的春天：1986 年“优秀建筑设计评选”项目述评 [J]. 建筑学报，1986（11）.

[134] 饶小军 . 边缘实验与建筑学的变革 [J]. 新建筑，1997（3）.

[135] 饶小军 . 建筑学的社会意义：写在中国建筑传媒奖之后 [J]. 新建筑，2009（3）.

[136]《人民日报》社论 . 反对建筑中的浪费现象 [N]. 人民日报，1958-3-28.

[137] 阮仪三，孙萌 . 我国历史街区保护与规划的若干问题研究 [J]. 城市规划，2001（10）.

[138] 史建 . 当代建筑及其趋向：近十年中国建筑的一种描述 [J]. 城市建筑，2010（12）.

[139] 市明 . 贝聿铭谈建筑创作侧记 [J]. 建筑学报，1980（4）.

[140] 唐克扬 . 当代中国建筑的第三条路 [J]. 建筑学报，2014（3）.

[141] 唐克扬 . 积微成著：《建筑学报》1954—1959 年对基本建筑问题的讨论 [J]. 建筑学报，2014（9）.

[142] 唐培 . 从翻译伦理透视文学翻译中的文化误读 [J]. 解放军外国语学院学报，2006（1）.

[143] 陶德坚 . 重新找到空间 · 时间与文化的连续性：阙里宾舍述评 [J]. 新建筑，1985（4）.

[144] 陶宗震 . 中华人民共和国“建筑方针”的提出和启示 [J]. 南方建筑，2005（5）.

[145] 汪涤华 . 对“谈建筑中‘社会主义内容，民族形式’的口号”的意见 [J]. 建筑学报，1981（12）.

[146] 汪定曾，张皆正 . 上海宾馆设计札记 [J]. 建筑学报，1981（7）.

[147] 汪晖 . 当代中国思想状况与现代性问题 [J]. 天涯，1997（5）.

[148] 汪季琦 . 中国建筑学会成立大会情况回忆 [J]. 建筑学报，1983（9）.

[ 149 ] 汪之力，朱畅中，齐康 . 风景名胜区规划与建设纲要 [ J ]. 建筑学报，1983 ( 9 ).
[ 150 ] 王弗 . 关于建筑方针的史料 [ J ]. 建筑师，1992 ( 4 ).
[ 151 ] 王寒妮 . 传播与介入：建筑媒体的当代角色 [ J ]. 世界建筑，2015 ( 1 ).
[ 152 ] 王华彬 . 古为今用，推陈出新 [ J ]. 建筑师，1978 ( 1 ).
[ 153 ] 王军 . 大屋顶：半个世纪沉重的话题：首都建筑艺术采访手记 ( 上 )[ J ]. 瞭望新闻周刊，1996 ( 40 ).
[ 154 ] 王骏阳 .《建构文化研究》译后记 ( 下 )[ J ]. 时代建筑，2011 ( 6 ).
[ 155 ] 王凯，曾巧巧，武卿 . 三代人的十年：2000 年以来建筑专业杂志话语回顾与图解分析 [ J ]. 时代建筑，2014 ( 1 ).
[ 156 ] 王明贤 . 八五时期的“当代建筑文化沙龙”[ J ]. 雕塑，2016 ( 1 ).
[ 157 ] 王明贤 . 戴念慈现象与中国当代建筑史 [ J ]. 建筑师，1992 ( 48 ).
[ 158 ] 王明贤，史建 . 九十年代中国实验性建筑 [ J ]. 文艺研究，1998 ( 1 ).
[ 159 ] 王明贤 . 中国建筑界的当下状态 [ J ]. 华中建筑，1995 ( 2 ).
[ 160 ] 王硕 . 脱散的轨迹：对当代中国建筑师思考与实践发展脉络的另一种描述 [ J ]. 时代建筑，2012 ( 4 ).
[ 161 ] 王天锡 . 香山饭店设计对中国建筑创作民族化的探讨 [ J ]. 建筑学报，1981 ( 6 ).
[ 162 ] 王炜炜 . 从“主义”之争到建筑本体理论的回归：1930 年代以来西方建筑理论的引进与讨论 [ J ]. 时代建筑，2006 ( 5 ).
[ 163 ] 王学典 .“二十世纪中国史学”是如何被叙述的：对学术史书写客观性的一种探讨 [ J ]. 清华大学学报 ( 哲学社会科学版 )，2008 ( 2 ).
[ 164 ] 王学典 .“80 年代”是怎样被“重构”的？：若干相关论作简评 [ J ]. 中国图书评论，2010. ( 2 ).
[ 165 ] 王颖，卢永毅 . 对批判的地域主义的批判性阅读 [ J ]. 建筑师，2007 ( 10 ).
[ 166 ] 王颖，王凯 . 姿态、视角与立场：当代中国建筑与城市的境外报道与研究的十年 [ J ]. 时代建筑，2010 ( 4 ).
[ 167 ] 王玉成 . 邓小平旅游经济思想与中国旅游业的发展 [ J ]. 河北大学学报 ( 哲学

社会科学版)，2002(1).
[168] 吴国力.现代中国建筑创作研究小组的创立[J].世界建筑导报，1995(2).
[169] 吴良镛.北京旧城居住区的整治途径[J].建筑学报，1989(7).
[170] 吴良镛.历史文化名城的规划结构、旧城更新与城市设计[J].城市规划，1983(6).
[171] 吴志宏.现代建筑“中国性”探索的四种范式[J].华中建筑，2008(10).
[172] 熊明.关于建筑创作的若干问题[J].建筑师，1980(2).
[173] 徐建得.中小型建筑创作[J].建筑学报，1982(6).
[174] 徐卫国.数字新锐：正在涌现的中国新一代建筑师[J].时代建筑，2011(2).
[175] 薛求理.输入外国建筑设计(1978—2010)[J].新建筑，2012(6).
[176] 薛求理.中国特色的建筑设计院[J].时代建筑，2004(1).
[177] 阎子祥.解放思想脚踏实地努力做好建工勘察设计工作：1979年8月22日在全国建工勘察设计工作会议上的讲话(摘要)[J].建筑学报，1979(6).
[178] 杨建觉.对Context作出反应：一种设计哲学[J].建筑学报，1990(5).
[179] 杨筱平.回归与超越：新时期建筑“现代导向”的困境[J].华中建筑，1989(3).
[180] 尹培桐.何谓“神似”[J].新建筑，1990(12).
[181] 应若.谈建筑中“社会主义内容，民族形式”的口号[J].建筑学报，1981(2).
[182] 余庆康.当代世界建筑趋向小议[J].世界建筑，1983(2).
[183] 雨辰.解放“内部书”[J].读书，1979(1).
[184] 袁镜身.回顾三十年建筑思想发展的里程[J].建筑学报，1984(6).
[185] 袁镜身.开展学术活动，总结新的经验：在建筑设计学术委员会学术交流会上的总结发言[J].建筑学报，1982(7).
[186] 袁镜身.使祖国的风景名胜永放光彩：在“风景名胜区规划与建设学术讨论会”的总结发言[J].建筑学报，1983(9).
[187] 曾巧巧，李翔宁.中国20世纪80年代建筑观念演变：基于建筑专业期刊文献话语的文本分析[J].时代建筑，2014(6).

[188] 曾昭奋. 从曲阜到广州 [J]. 南方建筑，1987(3).
[189] 曾昭奋. 建筑评论的思考与期待：兼及“京派”“广派”“海派”[J]. 建筑师，1984(17).
[190] 曾昭奋. 一种严重倒退的建筑创作指导思想新建筑 [J]. 新建筑，1989(4).
[191] 张勃. “神似”刍议：试探建筑造型艺术的继承与创新 [J]. 建筑师，1982(12).
[192] 张镈，郑孝燮，张开济，等. 曲阜阙里宾舍建筑设计座谈会发言摘登 [J]. 建筑学报，1986(1).
[193] 张锦秋. 继承发扬，探索前进：对建筑创作中继承发扬建筑文化民族传统的几点认识 [J]. 建筑学报，1986(2).
[194] 张开济. 反对“建筑八股”拥护“百家争鸣”[J]. 建筑学报，1956(7).
[195] 张钦楠. 八十年代中国建筑创作的回顾 [J]. 世界建筑，1992(4).
[196] 张钦楠. 从打破“千篇一律”谈繁荣建筑创作 [J]. 时代建筑，1985(1).
[197] 张钦楠. 历史地回顾过去，开拓地迎接未来：重读刘秀峰《创造中国的社会主义的建筑新风格》后几点体会 [J]. 建筑学报，1989(8).
[198] 张钦楠. 明确目标，创造环境：对繁荣建筑创作的几点认识 [J]. 建筑学报，1986(2).
[199] 张钦哲. 贝聿铭谈中国建筑创作 [J]. 建筑学报，1981(6).
[200] 张庭伟. 建筑创作的“双重评价”议 [J]. 建筑师，1982(10).
[201] 张旭鹏. 观念史的过去与未来：价值与批判 [J]. 武汉大学学报，2018(2).
[202] 张永和. 第三种态度 [J]. 建筑师，2004(4).
[203] 章明，张姿. 当代中国建筑的文化价值认同分析(1978—2008)[J]. 时代建筑，2009(3).
[204] 赵冰. 解读方塔园 [J]. 新建筑，2009(6).
[205] 赵立瀛. 我国建筑“民族形式”创作的回顾 [J]. 建筑师，1981(9).
[206] 赵牧. “重返八十年代”与“重建政治维度”[J]. 文艺争鸣，2009(1).
[207] 哲智. 中国现代建筑理论问题琐谈 [J]. 华中建筑，1984(1).

[ 208 ] 郑光复 . 风景区的美学问题 [ J ]. 建筑师，1984 ( 19 ).
[ 209 ] 郑光复 . 文脉与现代化 [ J ]. 建筑学报，1988 ( 9 ).
[ 210 ] 郑时龄 . 当代中国建筑的基本状况思考 [ J ]. 建筑学报，2014 ( 3 ).
[ 211 ] 郑时龄 . 境外建筑师在中国的实验与中国建筑师的边缘化 [ J ]. 时代建筑，2005 ( 1 ).
[ 212 ] 郑孝燮 . 关于历史文化名城的传统特点和风貌的保护 [ J ]. 建筑学报，1983 ( 12 ).
[ 213 ] 郑振纮 . 得之桑榆，失之东隅：评中国大酒店和白天鹅宾馆的选址 [ J ]. 建筑学报，1987 ( 11 ).
[ 214 ] 钟训正，奚树祥 . 建筑创作中的“百花齐放，百家争鸣”[ J ]. 建筑学报，1980 ( 1 ).
[ 215 ] 周卜颐 . 发展中国新建筑的希望在岭南 [ J ]. 建筑学报，1992 ( 9 ).
[ 216 ] 周卜颐 . 谈后现代与我国的建筑创作 [ J ]. 建筑学报，1991 ( 5 ).
[ 217 ] 周卜颐 . 中国建筑出现了“文脉”热：对 Contextualism 一词译为“文脉主义”提出质疑兼论最近建筑的新动向 [ J ]. 建筑学报，1989 ( 3 ).
[ 218 ] 周干峙 . 现实的多层面展开的建筑学思想：我所理解的广义建筑学 [ J ]. 华中建筑，1990 ( 3 ).
[ 219 ] 周鸣浩 . 20 世纪 80 年代中国建筑观念中“环境”概念的兴起 [ J ]. 时代建筑，2014 ( 3 ).
[ 220 ] 周庆琳 .“夺”式建筑可以休矣 [ J ]. 建筑学报，1996 ( 2 ).
[ 221 ] 周榕 . 被公民的中国建筑与被传媒的中国建筑奖 [ J ]. Domus，2011 ( 1 ).
[ 222 ] 周榕 . 时间的棋局与幸存者的维度：从松江方塔园回望中国建筑 30 年 [ J ]. 时代建筑，2009 ( 3 ).
[ 223 ] 周诗岩，王家浩 . 重写，或现场：中国建筑与当代艺术结合的十年 [ J ]. 时代建筑，2008 ( 1 ).
[ 224 ] 朱剑飞 . 关于“20 片高地”：中国大陆现代建筑的系谱描述 ( 1910s—2010s ) [ J ]. 时代建筑，2007 ( 5 ).
[ 225 ] 朱剑飞 . 现代中国建筑研究的现状和有关方法问题 [ J ]. 2009 ( 10 ).

[226] 朱亮，孟宪学 . 文献计量法与内容分析法比较研究 [J]. 图书馆工作与研究，2013（6）.

[227] 朱涛 . 近期西方"批评"之争与当代中国建筑状况："批评的演化：中国与西方的交流"引发的思考 [J]. 时代建筑，2006（5）.

[228] 朱涛 ."摸着石头过河"改革时代的中国建筑和政治经济学：1978—2008 [J]. 时代建筑，2009（1）.

[229] 朱涛 . 圈内十年：从三个事务所的三个房子说起 [J]. Domus 中文版，2004（1）.

[230] 朱涛 . 中国建筑师的历史意识 [J]. 建筑师，2010（6）.

[231] 朱亦民 . 设计思想与设计竞赛：中国建筑师与日本《新建筑》设计竞赛 [J]. 时代建筑，2010（1）.

[232] 朱自煊 . 对香山饭店设计的两点看法 [J]. 建筑学报，1983（3）.

[233] 朱自煊 . 关于夺回古都风貌的几点建议 [J]. 北京规划建设，1995（2）.

[234] 诸葛净 . 断裂或延续：历史、设计、理论：1980 年前后《建筑学报》中"民族形式"讨论的回顾与反思 [J]. 建筑学报，2014（Z1）.

[235] 邹德侬 . 八十年代中国的外来建筑影响：四谈引进外国建筑理论的经验教训 [J]. 世界建筑，1993（4）.

[236] 邹德侬 . 从半个后现代到多个解构：三谈引进外国建筑理论的经验教训 [J]. 世界建筑，1992（4）.

[237] 邹德侬 . 大风大浪中的建筑进步：中华人民共和国建筑的第一个 30 年（1949—1978）[J]. 建筑学报，2009（9）.

[238] 邹德侬 . 呼唤开放的社团精神！：纪念当代建筑文化沙龙成立 10 周年 [J]. 新建筑，1996（3）.

[239] 邹德侬 . 回归第三世界，回归基本目标 [J]. 建筑师，1992（8）.

[240] 邹德侬 . 建筑理论、批评和创作 [J]. 建筑学报，1986（4）.

[241] 邹德侬 . 可知、可行，建筑理论的必备品格：再谈引进外国建筑理论的经验教训 [J]. 建筑学报，1991（4）.

[ 242 ] 邹德侬 . 两次引进外国建筑理论的教训：从“民族形式”到“后现代建筑”[ J ]. 建筑学报，1989（11）.

[ 243 ] 邹德侬 .“适用、经济、美观”：全社会应当共守的建筑原则 [ J ]. 建筑学报，2004（12）.

[ 244 ] 邹德侬，张向炜，戴路 . 20 世纪 50—80 年代中国建筑的现代性探索 [ J ]. 时代建筑，2007（5）.

[ 245 ] 邹德侬 . 中国现代建筑理论的解困：五谈引进外国建筑理论的经验教训 [ J ]. 华中建筑，1998（3）.

[ 246 ] 邹鸿良 . 建筑思潮与旅馆：从波特曼的旅馆谈起 [ J ]. 建筑师，1980（3）.

## 二、专著

[ 1 ] ALORS，La Chine [ M ]. Paris：Centre Pompidou，2003.

[ 2 ] ARMITAGE D. Civil Wars：A History in Ideas [ M ]. New York：Alfred A. Knopf，2017.

[ 3 ] BANHAM. Theory and Design in the First Machine Age [ M ]. Cambridge：MIT Press，1980（1）.

[ 4 ] BERGER J，MCLUHAN M. The Medium is the Massage：An Inventory of Effects [ M ]. London：Penguin Classics，2008（9）.

[ 5 ] CARRIER D. Principles of Art History Writing [ M ]. Philadelphia：Pennsylvania State University Press，1993（2）.

[ 6 ] CODY J. Building in China [ M ]. Hong Kong：Chinese University Press，2001（4）.

[ 7 ] CRYSLER G C. Writing Spaces：Discourse of Architecture，Urbanism，and the Built Environment，1960—2000 [ M ]. London：Routledge，2003（8）.

[ 8 ] DARNTON R. The Great Cat Massacre and Other Episodes in French Cultural History [ M ]. New York：Vintage Books，1985.

[ 9 ] DE SOLÀ-MORALES I. Differences：Topographies of Contemporary Architecture

(Writing Architecture)[M]. Cambridge: MIT Press, 1996 (12).

[10] DURHAM M G, KELLNER D. Media and Cultural Studies [M]. New Jersey: Wiley-Blackwell, 2005 (9).

[11] FORTY A. Words and Buildings: A Vocabulary of Modern Architecture [M]. London: Thames & Hudson, 2004 (5).

[12] GAUSA M, GUALLART V. Metapolis Dictionary of Advanced Architecture: City, Technology and Society in the Information Age [M]. New York: Actar, 2003 (9).

[13] GIEDION S. Space, Time and Architecture: The Growth of a New Tradition [M]. Cambridge, Massachusetts and London: Harvard University Press, 2008.

[14] GREGOTTI V. Inside Architecture [M]. Cambridge: MIT Press, 1996 (10).

[15] HAYS M. Architecture Theory 1968 [M]. Cambridge: Cambridge: MIT Press, 1998.

[16] HAYS M. Oppositions Reader: Selected Readings from a Journal for Ideas and Criticism in Architecture [M]. London: Academy Editions, 1992.

[17] HEYNEN H. Architecture and Modernity: A Critique [M]. Cambridge: MIT Press, Revised ed, 2000 (4).

[18] HUBBARD W. A Theory for Practice: Architecture in Three Discourses [M]. Cambridge: MIT Press, 1996 (3).

[19] KOOLHAAS R. Delirious New York: A Retroactive Manifesto for Manhattan [M]. New York: Monacelli Press, 1997 (12).

[20] LOVEJOY A O. The Great Chain of Being: A Study of the History of an Idea [M]. Cambridge, Massachusettes and London: Harvard University Press, 2001.

[21] MASON J H. The Value of Creativity: The Origins and Emergence of a Modern Belief [M]. Aldershot: Ashgate, 2003.

[22] MCLUHAN M. Understanding Media: The Extensions of Man [M]. Cambridge: MIT Press, 1994 (12).

[23] NESBITT K. Theorizing a New Agenda for Architecture: An Anthology of

Architectural Theory（1965—1995）[ M ]. New York：Princeton Architectural Press，1996（3）.

[ 24 ] OCKMAN J. Architecture Criticism Ideology [ M ]. New York：Princeton Architectural Press，1996（1）.

[ 25 ] ROSSI A. The Architecture of the City [ M ]. Cambridge：MIT Press，1984（1）.

[ 26 ] SCULLY V. Modern Architecture and Other Essays [ M ]. Princeton：Princeton University Press，2005（7）.

[ 27 ] SKINNER Q. Liberty before Liberalism [ M ]. Cambridge：Cambridge University Press，1998.

[ 28 ] SKINNER Q. Rhetoric and Conceptual Change [ M ]. Finnish Yearbook of Political Thought，[ S. l. ]：SoPhi Academic Press，1999.

[ 29 ] SKINNER Q. The Foundations of Modern Political Thought：Vol.1. The Renaissance [ M ]. Cambridge：Cambridge University Press，1978.

[ 30 ] SMITH K. Introducing Architectural Theory：Debating a Discipline [ M ]. London：Routledge，2012（2）.

[ 31 ] SYKES A K. Constructing a New Agenda：Architectural Theory 1993—2009 [ M ]. New York：Princeton Architectural Press，2010.

[ 32 ] SYKES A K. The Architecture Reader：Essential Writings from Vitruvius to the Present [ M ]. New York：George Braziller Inc，2007.

[ 33 ] TAFURI M. Theories and History of Architecture [ M ]. London：Icon（Harpe），1981（10）.

[ 34 ] TOURNIKIOTIS P，The Historiogrphy of Modern Architecture [ M ]. Cambridge：MIT Press，1999.

[ 35 ] VENTURI R. Complexity and Contradiction in Architecture [ M ]. New York：Museum of Modern Art，2nd Revised edition，1977（12）.

[ 36 ] VENTURI R. Learning from Las Vegas：The Forgotten Symbolism of Architectural

Form [ M ]. Cambridge：MIT Press，1977（1）.
[ 37 ] WAERN R. Crucial Words：Conditions for Contemporary Architecturee [ M ]. Basel：Birkhäuser Basel，2008（3）.
[ 38 ] WHATMORE R. What Is Intellectual History？[ M ]Cambridge：Polity Press，2016.
[ 39 ] 安东尼·吉登斯 . 现代性的后果 [ M ]. 田禾，译 . 南京：译林出版社，2000.
[ 40 ] 巴赫金 . 巴赫金全集：第 2 卷 [ M ]. 钱中文，等译 . 石家庄：河北教育出版社，1998.
[ 41 ] 彼得·埃森曼 . 建筑经典：1950—2000 [ M ]. 范路，陈洁，王靖，译 . 北京：商务印书馆，2015.
[ 42 ] 陈保胜 . 中国建筑四十年：建筑设计精选 [ M ]. 上海：同济大学出版社，1992.
[ 43 ] 陈志华 . 北窗杂记：建筑学术随笔 [ M ]. 郑州：河南科学技术出版社，1999.
[ 44 ]《当代中国》丛书编委会 . 当代中国的城市建设 [ M ]. 北京：中国社会科学出版社，1990.
[ 45 ] 道格拉斯·凯尔纳 . 媒体文化：介于现代与后现代之间的文化研究、认同性与政治 [ M ]. 丁宁，译 . 北京：商务印书馆，2003.
[ 46 ] 道格拉斯·凯尔纳，斯蒂文·贝斯特 . 后现代理论：批判性的质疑 [ M ]. 张志斌，译 . 北京：中央编译出版社，2011.
[ 47 ] 邓庆坦 . 中国近、现代建筑历史整合研究论纲 [ M ]. 北京：中国建筑工业出版社，2008.
[ 48 ] 费大为 . 85 新潮：中国第一次当代艺术运动 [ M ]. 上海：上海人民出版社，2007.
[ 49 ] 费斯克 . 关键概念：传播与文化研究辞典 [ M ]. 北京：新华出版社，2004.
[ 50 ] 甘阳 . 中国当代文化意识 [ M ]. 台北：风云时代出版股份有限公司，1989.
[ 51 ] 高名潞，等 . 中国当代美术史：1985—1986 [ M ]. 上海：上海人民出版社，1991.
[ 52 ] 葛兆光 . 宅兹中国：重建有关“中国”的历史论述 [ M ]. 北京：中华书局，2011.
[ 53 ] 龚德顺，邹德侬，窦以德 . 中国现代建筑史纲：1949—1985 [ M ]. 天津：天津科学技术出版社，1989.

[54] 郭大钧，耿向东 . 中国当代史［M］. 北京：北京师范大学出版社，2007.

[55] 哈罗德·布鲁姆 . 影响的焦虑：一种诗歌理论［M］. 徐文博，译 . 北京：生活·读书·新知三联书店，1989.

[56] 贺桂梅 . “新启蒙”知识档案：80 年代中国文化研究［M］. 北京：北京大学出版社，2010.

[57] 霍布斯鲍姆，兰格 . 传统的发明［M］. 顾航，庞冠群，译 . 南京：译林出版社，2004.

[58]《建筑创作》杂志社 . 建筑中国六十年：机构卷［M］. 天津：天津大学出版社，2009.

[59]《建筑创作》杂志社 . 建筑中国六十年：评论卷［M］. 天津：天津大学出版社，2009.

[60]《建筑创作》杂志社 . 建筑中国六十年：人物卷［M］. 天津：天津大学出版社，2009.

[61]《建筑创作》杂志社 . 建筑中国六十年：事件卷［M］. 天津：天津大学出版社，2009.

[62]《建筑创作》杂志社 . 建筑中国六十年：作品卷［M］. 天津：天津大学出版社，2009.

[63] 蒋原伦 . 媒体文化与消费时代［M］. 北京：中央编译出版社，2004.

[64] 蒋原伦，史建 . 溢出的都市［M］. 桂林：广西师范大学出版社，2004.

[65] 金观涛，刘青峰 . 观念史研究：中国现代重要政治术语的形成［M］. 北京：法律出版社，2009.

[66] 雷蒙·威廉斯 . 关键词：文化与社会的词汇［M］. 刘建基，译 . 北京：生活·读书·新知三联书店，2005.

[67] 李士桥 . 现代思想中的建筑［M］. 北京：中国水利水电出版社，2009.

[68] 李翔宁 . 想象与真实：当代城市理论的多重视角［M］. 中国电力出版社，2008.

[69] 李晓东 . 中国空间［M］. 北京：中国建筑工业出版社，2007.

[ 70 ] 李怡 . 词语的历史与思想的嬗变：追问中国现代文学的批评概念 [ M ] . 成都：巴蜀书社，2013.
[ 71 ] 李泽厚 . 中国现代思想史论 [ M ] . 天津：天津社会科学院出版社，2003.
[ 72 ]《历史研究》编辑部 . 历史研究五十年论文选书评 [ M ] . 北京：社会科学文献出版社，2005.
[ 73 ] 利萨・泰勒，安德鲁・威利斯 . 媒介研究：文本、机构与受众 [ M ] . 吴靖，黄佩，译 . 北京：北京大学出版社，2004.
[ 74 ] 刘昶 . 人心中的历史 [ M ] . 成都：四川人民出版社，1987.
[ 75 ] 刘涤宇 . 扎根 [ M ] . 南京：江苏人民出版社，2013.
[ 76 ] 刘禾 . 跨语际实践：文学，民族文化与被译介的现代性（中国，1900—1937）[ M ] . 宋伟杰，等，译 . 北京：生活・读书・新知三联书店，2002.
[ 77 ] 刘香成 . 中国：1976—1983 [ M ] . 北京：世界图书出版公司，2011.
[ 78 ] 卢永毅 . 建筑理论的多维视野 [ M ] . 北京：中国建筑工业出版社，2009.
[ 79 ] 罗杰・法约尔 . 批评：方法与历史 [ M ] . 怀宇，译 . 天津：百花文艺出版社，2002.
[ 80 ] 罗兰・巴尔特 . 写作的零度 [ M ] . 李幼蒸，译 . 北京：中国人民大学出版社，2008.
[ 81 ] 马泰・卡林内斯库 . 现代性的五副面孔 [ M ] . 顾爱彬，李瑞华，译 . 南京：译林出版社，2015.
[ 82 ] 马歇尔・伯曼 . 一切坚固的东西都烟消云散了：现代性体验 [ M ] . 北京：商务印书馆，2013.
[ 83 ] 米歇尔・福柯 . 词与物：人文科学考古学 [ M ] . 莫伟民，译 . 上海：上海三联书店，2001.
[ 84 ] 米歇尔・福柯 . 知识考古学 [ M ] . 谢强，马月，译 . 北京：生活・读书・新知三联书店，2003.
[ 85 ] 南方都市报，等 . 走向公民建筑 [ M ] . 桂林：广西师范大学出版社，2012.
[ 86 ] 诺曼・费尔克拉夫 . 话语与社会变迁 [ M ] . 殷晓蓉，译 . 北京：华夏出版社，2003.
[ 87 ] 彭一刚 . 建筑空间组合论 [ M ] . 北京：中国建筑工业出版社，1983.

［88］乔纳森·卡勒．文学理论入门［M］．李平，译．南京：译林出版社，2008.
［89］让·鲍德里亚．消费社会［M］．刘成富，全志钢，译．南京：南京大学出版社，2014.
［90］让-弗朗索瓦·利奥塔．话语，图形［M］．谢晶，译．上海：上海人民出版社，2011.
［91］塞德曼．后现代转向［M］．吴世雄，译．沈阳：辽宁教育出版社，2001.
［92］《世界建筑》杂志社．80年代国际建筑设计竞赛优秀获奖作品［M］．深圳：海天出版社，1991.
［93］唐克扬．在空间的密林中［M］．南京：江苏人民出版社，2013.
［94］同济大学建筑与城市规划学院．建筑弦柱：冯纪忠论稿［M］．上海：上海科学技术出版社，2003.
［95］汪晖．亚洲视野：中国历史的叙述［M］．香港：牛津大学出版社（中国）有限公司，2010.
［96］王铭铭．西方作为他者：论中国“西方学”的谱系与意义［M］．北京：世界图书出版公司，2007.
［97］王学典，陈峰．二十世纪中国史学史论［M］．北京：北京大学出版社，2010.
［98］王颖．探求一种“中国式样”：早期现代中国建筑中的风格观念［M］．北京：中国建筑工业出版社，2015.
［99］王振复．建筑美学［M］．昆明：云南人民出版社，1987.
［100］威廉·J.R. 柯蒂斯．20世纪世界建筑史［M］．北京：中国建筑工业出版社，2011.
［101］吴良镛．广义建筑学［M］．北京：清华大学出版社，1989.
［102］伍江．上海百年建筑史［M］．上海：同济大学出版社，1997.
［103］西格弗莱德·吉迪恩．空间·时间与建筑：一个新传统的成长［M］．王锦堂，孙全文，译．武汉：华中科技大学出版社，2014.
［104］希尔德·海嫩．建筑与现代性：批判［M］．卢永毅，周鸣浩，译．1版．北京：商务印书馆，2015.
［105］《新周刊》杂志．我的故乡在八十年代［M］．北京：中信出版社，2014.

[106] 许纪霖，罗岗 . 启蒙的自我瓦解：1990年代以来中国思想文化界重大论争研究［M］. 长春：吉林出版集团有限责任公司，2007.

[107] 薛求理 . 建造革命：1980年以来的中国建筑［M］. 水润宇，喻蓉霞，译 . 清华大学出版社，2009.

[108] 薛求理 . 全球化冲击：海外建筑设计在中国［M］. 上海：同济大学出版社，2006.

[109] 薛求理 . 世界建筑在中国［M］. 古丽茜特，译 . 上海：东方出版中心，2010.

[110] 雅克・德里达 . 书写与差异［M］. 张宁，译 . 北京：生活・读书・新知三联书店，2001.

[111] 杨继绳 . 邓小平时代：中国改革开放纪实［M］. 北京：中央编译出版社，1998.

[112] 杨念群，黄兴涛，毛丹 . 新史学：多学科对话的图景［M］. 北京：中国人民大学出版社，2003.

[113] 杨永生 . 哲匠录［M］. 北京：中国建筑工业出版社，2005.

[114] 查建英 . 80年代访谈录［M］. 北京：生活・读书・新知三联书店，2006.

[115] 赵一凡，张中载，李德恩 . 西方文论关键词［M］. 北京：外语教学与研究出版社，2006.

[116] 中共中央文献研究室 . 三中全会以来重要文献选编［M］. 北京：人民出版社，1982.

[117] 中国80年代建筑艺术优秀作品评选组织委员会 . 中国80年代建筑艺术［M］. 香港：经济管理出版社，1990.

[118]《中国建筑年鉴》编委会 . 中国建筑年鉴：1984—1985［M］. 北京：中国建筑工业出版社，1985.

[119]《中国建筑年鉴》编委会 . 中国建筑年鉴：1986—1987［M］. 北京：中国建筑工业出版社，1987.

[120]《中国建筑年鉴》编委会 . 中国建筑年鉴：1988—1989［M］. 北京：中国建筑工业出版社，1989.

[121] 中国美术馆 . 中国美术年鉴：1949—1989［M］. 南宁：广西美术出版社，1993.

[122] 中国社会科学院哲学研究所美学研究室 . 美学译文［M］. 北京：中国社会科学出版社，1982.

[123] 周畅 . 建筑学报五十年精选［M］. 北京：中国计划出版社，2004.

[124] 朱剑飞 . 中国建筑 60 年（1949—2009）：历史理论研究［M］. 北京：中国建筑工业出版社，2009.

[125]《住宅建筑设计原理》编写组 . 住宅建筑设计原理［M］. 北京：中国建筑工业出版社，1980.

[126] 邹德侬，王明贤，张向炜 . 中国建筑 60 年（1949—2009）：历史纵览［M］. 北京：中国建筑工业出版社，2009.

[127] 邹德侬 . 中国现代建筑史［M］. 天津：天津科学技术出版社，2001.

## 三、专著析出文献

[1] DARNTON R. Intellectual History and Cultural History［M］//KAMMEN M. The Past Before US：Contemporary Historical Writing in the United States. Ithaca，N.Y.：Cornell University Press，1980.

[2] HINTIKKA J. Gaps in the Great Chain of Being：An Exercise in the Methodology of the History of Ideas［C］// Proceedings and Addresses of the American Philosophical Association，1975—1976.

[3] LOVEJOY A O. The Historiography of Ideas［C］// Proceedings of the American Philosophical Society，1938.

[4] MCMAHON D M. The Return of the History of Ideas?［M］//MCMAHON D M，MOYN S. Rethinking Modern European Intellectual History. Oxford：Oxford University Press，2014.

[5] 陈志华 . 中国当代建筑史论纲［M］// 顾孟潮，张在元 . 中国建筑评析和展望 . 天津：天津科学技术出版社，1989.

[6] 邓小平 . 关于建筑业和住宅问题的谈话［M］// 中国建筑年鉴编委会 . 中国建筑

年鉴：1984—1985. 北京：中国建筑工业出版社，1985.

[7] 邓小平 . 解放思想，实事求是，团结一致向前看 [M]// 中共中央文献研究室 . 三中全会以来重要文献选编（上）. 北京：人民出版社，1982.

[8] 高介华 . 建筑与文化论集 [C]. 武汉：湖北美术出版社，1993.

[9] 顾云昌 . 城镇住宅建设 [M]//《中国建筑年鉴》编委会 . 中国建筑年鉴：1984—1985. 北京：中国建筑工业出版社，1985.

[10] 黄兴涛 . 近代中国新名词的思想史意义发微 [M]// 杨念群，黄兴涛，毛丹 . 新史学：多学科对话的图景 . 第一版 . 北京：中国人民大学出版社，2003.

[11] 林徽因 . 论中国建筑之几个特征 [M]// 林徽因文集：建筑卷 . 天津：百花文艺出版社，1999.

[12] 谭峥 . 时代语境下的世界建筑史教学与研究 [C]// 第五届世界建筑史教学与研究国际研讨会 . 2013.

[13] 王澍 . 回想方塔园 [C]// 中国公园协会 2012 年论文集 . 2012.

[14] 王筠 . 乡村建设 [M]//《中国建筑年鉴》编委会 . 中国建筑年鉴：1984—1985. 北京：中国建筑工业出版社，1985.

[15] 新时期建设部门的光荣使命 [M]//《中国建筑年鉴》编委会 . 中国建筑年鉴：1984—1985. 北京：中国建筑工业出版社，1985.

[16] 曾昭奋 . 二十多年来的后现代建筑 [M]// 创作与形式：当代中国建筑评论 . 天津：天津科学技术出版社，1989.

[17] 曾昭奋 . "古都风貌"能维护住么？[M]// 创作与形式：当代中国建筑评论 . 天津：天津科学技术出版社，1989.

[18] 曾昭奋 . 建筑形式的袭旧与创新 [M]// 创作与形式：当代中国建筑评论 . 天津：天津科学技术出版社，1989.

[19] 曾昭奋 . 阳光道与独木桥：谈谈当前建筑创作的三种途径 [M]// 创作与形式：当代中国建筑评论 . 天津：天津科学技术出版社，1989.

[20] 张景沸，韩骥 . 保护古城　发挥优势 [C]// 中国建筑学会 . 建筑・人・环境：

中国建筑学会第五次代表大会论文集 . 1981.

［21］章清 . “普遍历史”与中国历史之书写［M］// 杨念群，黄兴涛，毛丹 . 新史学：多学科对话的图景 . 第一版 . 北京：中国人民大学出版社，2003.

［22］赵紫阳 . 建筑业首先进行全行业改革［M］//《中国建筑年鉴》编委会 . 中国建筑年鉴：1984—1985. 北京：中国建筑工业出版社，1985.

## 四、学位论文

［1］陈舜波 . 设计竞赛与当代中国建筑思潮研究［D］. 重庆大学，2013.

［2］程晓喜 . 中国当代建筑评论的开展及传播研究［D］. 清华大学，2006.

［3］戴路 . 经济转型时期建筑文化震荡现象五题［D］. 天津大学，2004.

［4］冯健明 . 广州“旅游设计组”（1964—1983）建筑创作研究［D］. 华南理工大学，2007.

［5］高蓓 . 媒体与建筑学［D］. 同济大学，2006.

［6］耿士玉 .《建筑学报》的话语流变：1954—2008 年［D］. 东南大学，2015.

［7］郝曙光 . 当代中国建筑思潮研究［D］. 东南大学，2006.

［8］蒋才姣 . 误读研究［D］. 湖南师范大学，2009.

［9］李丁勇 . 中国现代建筑历史的现代性批判［D］. 同济大学，2007.

［10］李凌燕 . 从当代中国建筑期刊看当代中国建筑的发展［D］. 同济大学，2007.

［11］钱锋 . 现代建筑教育在中国（1920s—1980s）［D］. 同济大学，2005.

［12］钱海平 . 以《中国建筑》与《建筑月刊》为资料源的中国建筑现代化进程研究［D］. 浙江大学，2011.

［13］任少峰 . 威尼斯建筑双年展的历史研究［D］. 同济大学，2012.

［14］孙海燕 .1980 年代的中国设计与现代化想象［D］. 中央美术学院，2009.

［15］王河 . 岭南建筑学派研究［D］. 华南理工大学，2011.

［16］王凯 . 现代中国建筑话语的发生：近代文献中建筑话语的“现代转型”研究（1840—1937）［D］. 同济大学，2009.

[ 17 ] 温玉清 . 二十世纪中国建筑史学研究的历史：观念与方法［ D ］. 天津大学，2006.

[ 18 ] 袁英 . 话语理论的知识谱系及其在中国的流变与重构［ D ］. 华中师范大学，2011.

[ 19 ] 张向炜 . 新时期中国建筑思想论题［ D ］. 天津大学，2008.

[ 20 ] 章明 . 当代中国建筑的文化价值认同（ 1978—2008 )［ D ］. 同济大学，2008.

[ 21 ] 周鸣浩 .1980 年代中国建筑转型研究［ D ］. 同济大学，2011.

# 致　谢

2011 年，我进入同济大学求学，有幸跟随导师李翔宁教授开展博士阶段的学习和研究工作，至今十年有余，不禁感慨时光飞逝！求学期间，无论是课题研究还是生产实践，导师不仅为我提供了广阔的研究平台，还培养了我开阔的学习视野。尤其在当代中国建筑话语研究、建筑评论、展览和出版工作方面，导师以身作则，让我深知学术的求索是毕生的事业，必须全情投入、专注认真、严谨治学并且不断拓展对学科前沿的眼界和洞见。

本书的撰写主要基于我的博士学位论文《20 世纪 80 年代中国建筑话语研究》。在导师李翔宁教授主持的国家社会科学基金艺术学重大项目“中国建筑艺术的理论与实践研究（1949—2019）”支持下，历经近三年的准备，此书终将出版面世。此时此刻，我需要感谢和致敬的名单也越来越长！首先，我要特别感谢同济大学的诸位师长，是你们的指导和帮助，让我的研究得以不断深化。在此，特别感谢同济大学卢永毅教授对我的认同与持续不断的关心鼓励；在研究开展的过程中，张晓春、王凯、谭峥、周鸣浩等诸位教授和老师给予我很多学业上的点拨与启发，很大程度上，你们是我迷茫求学路上的明灯和榜样。同时，还要郑重感谢同济的诸位同学及挚友，是你们的关爱和无私帮助让我得以顺利开展并完成相关研究工作，在此，特别感谢江嘉玮、宋玮、张子岳、熊雪君、倪旻卿、姚伟伟、杨丹、吕凝珏、陈迪佳、高长军、莫万莉、邓圆也、黄钰婷、朱晔、李晓、侯实、刘成、王衍、邱兆达、李纯等好友，你们的出现是我求学路上的惊喜和荣幸。

在此，也感谢我所在的工作单位的各位师长对我的研究给予的帮助和认同，尤其是翟辉、杨毅、何俊萍、王冬、杨大禹、吕彪等师长在本书的撰写过程中给予我意见和建议，你们对我的包容和肯定，是我今后在科研探索道路上不断前行的动力。

随着本书编辑和出版工作的开展，在此感谢广西师范大学出版社各位编辑的帮助和配合。同时，也特别感谢中央美术学院刘治治老师为本书封面设计做出的一系列工作。

最后，感谢这么多年来我的家人无微不至的包容和关爱，这是我这一生最大的致谢，同样也是最深切的致歉。

希望在接下来的人生里，等待我的是“A ture adventure more erotic than any fantasy”。正如卡瓦菲斯所言：“当你启程前往伊萨卡岛，愿你的道路漫长，充满奇迹，充满发现。”以此勉励！

**图书在版编目(CIP)数据**

20世纪80年代中国建筑话语演变：有关“中国性”的话语分析和文本研究／曾巧巧著. —桂林：广西师范大学出版社，2021.10
(当代中国建筑理论与批评研究系列／李翔宁主编)
ISBN 978－7－5598－3105－7

Ⅰ. ①2… Ⅱ. ①曾… Ⅲ. ①建筑史－研究－中国－现代 Ⅳ. ①TU－092.7

中国版本图书馆CIP数据核字(2020)第198785号

20世纪80年代中国建筑话语演变：
有关“中国性”的话语分析和文本研究
20 SHIJI 80 NIANDAI ZHONGGUO JIANZHU HUAYU YANBIAN:
YOUGUAN “ZHONGGUOXING” DE HUAYU FENXI HE WENBEN YANJIU

出 品 人：刘广汉
责任编辑：刘孝霞 朱 夷
执行编辑：吕解颐
封面设计：刘治治

广西师范大学出版社出版发行
(广西桂林市五里店路9号 邮政编码:541004
网址:http://www.bbtpress.com)
出版人:黄轩庄
全国新华书店经销
销售热线：021－65200318 021－31260822－898
山东韵杰文化科技有限公司印刷
(山东省淄博市桓台县桓台大道西首 邮政编码：256401)
开本：690mm×960mm 1/16
印张：19.75 字数：260千字
2021年10月第1版 2021年10月第1次印刷
定价：78.00元

---